21 世纪全国高职高专机电类规划教材

机械制造应用数学

主编　晋其纯　林文焕

主审　杨先立

北京大学出版社

PEKING UNIVERSITY PRESS

内 容 提 要

这是一本机械制造类专业大学生使用的教科书,它将机械制造行业中常见的计算收于其中,为各类人员提供了很大的方便。本书以机械制造中常见的零件为线索,分别对这些零件在设计、加工、工艺编制和检验测绘中需要的计算进行公式推导,举例演算,并对相关数据列出表格以供查询。

本书可供大、中专学生和工厂工程技术人员使用。

图书在版编目(CIP)数据

机械制造应用数学/晋其纯,林文焕主编. —北京:北京大学出版社,2010.8
(21 世纪全国高职高专机电类规划教材)
ISBN 978-7-301-17528-6

Ⅰ.①机… Ⅱ.①晋…②林… Ⅲ.机械制造—应用数学—高等学校:技术学校—教材 Ⅳ.①TH123

中国版本图书馆 CIP 数据核字(2010)第 134847 号

书 名:	机械制造应用数学
著作责任者:	晋其纯 林文焕 主编
责 任 编 辑:	胡伟晔
标 准 书 号:	ISBN 978-7-301-17528-6/TH·0202
出 版 发 行:	北京大学出版社
地 址:	北京市海淀区成府路 205 号 100871
电 话:	邮购部 62752015 发行部 62750672 编辑部 62765126 出版部 62754962
网 址:	http://www.pup.cn
电 子 信 箱:	zyjy@ pup.cn
印 刷 者:	北京鑫海金澳胶印有限公司
经 销 者:	新华书店

787 毫米×1092 毫米 16 开本 18 印张 446 千字
2010 年 8 月第 1 版 2010 年 8 月第 1 次印刷

定 价:36.00 元

前　　言

在机械制造行业的设计、加工、工艺编制和测量中，经常会遇到各种各样的计算，这些计算虽然不是很难，但计算公式的推导和建立却比较烦琐。编撰本书的目的在于能根据实例对读者有所启发，使其能迅速地找到计算方案，从而熟练地、准确地进行计算，以服务于生产。

这些计算问题解决的步骤是：

1. 根据问题作出相关几何图形（编者注：本书注重计算，所作图形为示意图）；

2. 根据几何图形找出已知量和未知量；

3. 推导出未知量的计算公式并进行计算；

4. 根据计算结果判断加工的零件是否合格，或通过计算结果为设计提供依据。

在以上四个步骤中，第 1 步骤至关重要，因为要解决的实际问题并非一目了然，需要在作图时添加各种辅助线，如平行线、角平分线、延长线、切线或法线，才能获得可供计算的图形，从而进行公式推导和计算。因此，读者要充分运用三角、几何和代数知识对实际问题进行分析，推导出正确的计算公式，才能进行正确计算。

在现实生产和学生学习过程中会出现这样的情形——生产一线工人遇到了计算问题，不知用什么数学方法去解决；学生学完了相当多的数学知识，但是不知道这些知识用来解决什么实际问题。两者之间缺少一座桥梁，而本书为两者之间架起了这座桥梁。本书的可贵之处还在于教会读者操作技能，为读者设计出合理的检测方案，并提供操作步骤。因为在实际工作中只"知道"还不行，还得"会做"，不能纸上谈兵。只有这样，数学才能成为解决实际问题的有力工具。

本书不作纯数学讲解，而是从实际问题出发，运用所学过的数学知识解决问题，因此，对数学知识本身不作求证。

本书以工作中需要计算的问题（项目）为脉络，不以数学知识体系为主线进行编撰，以便于读者根据自己需要解决的问题加以对照，快速地找到解决问题的办法。不以章节编撰，而以项目（要解决的问题）为题，再从其中分解出子项目，这样，脉络更为清晰。

附录中收集了相关数据资料，便于读者根据需要查询。

本书的编写得到了贵州航天职业技术学院实训中心和机械工程系的大力协助，在此表示感谢。山东临沂金星机床有限公司为本书的编写提供了大量生产一线的宝贵资料，在此一并致谢。

由于编者才疏学浅，书中难免存在不妥及疏漏之处，敬请读者批评指正。

晋其纯

2010 年 3 月于遵义市

目 录

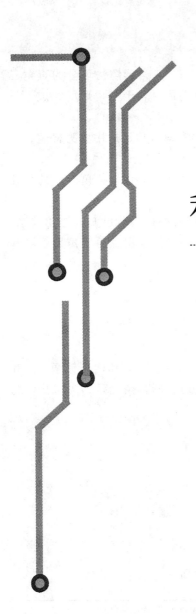

项目 1
利用直角三角形的计算

1.1　概　　述

三角形解法是机械制造中运用最为普遍的数学方法之一。三角形解法可分为直角三角形解法和斜三角形解法。平面和立体上的直型图可以看成是由若干三角形所组成，只要能找出它们之间的边角关系，运用三角函数关系便可求解。

在直角三角形的求解中，特殊角（30°、45°、60°）的直角三角形运用更为普遍，一般的设计都尽量使用特殊角度的三角形，这样可以使问题简化。

另外，勾股（弦）定理也是运用广泛的数学定理，它主要用于直角三角形边的相互关系求解。将两者共同运用于实际问题，会收到更好的效果。

对于分布在同一平面上的各孔，在加工或测量中常常需要根据某些已知的边角关系，按照具体加工要求计算某些未知的边和角。解决这类问题往往要应用直角三角形解法和勾股定理。

1.2　直角三角形解法

在零件的加工中，经常运用直角三角形解法来进行计算。

图 1-1（a）所示为直角三角形。其中有 5 个元素：三边 a、b、c 和两个锐角 $\angle A$ 和 $\angle B$。只要知道 5 个元素中的两个元素（但至少要已知一边），则其余元素即可求出。为了便于应用，将计算公式列于表 1-1。

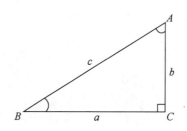

图 1-1（a）　直角三角形

表 1-1　直角三角形计算公式

序　　号	已　　知	求未知量的公式		
1	a、b	$c = \sqrt{a^2 + b^2}$	$\tan\angle A = \dfrac{a}{b}$	
2	a、c	$b = \sqrt{c^2 - a^2}$	$\sin\angle A = \dfrac{a}{c}$	
3	b、c	$a = \sqrt{c^2 - b^2}$	$\cos\angle A = \dfrac{b}{c}$	$\angle B = 90° - \angle A$
4	a、$\angle A$	$c = a \times \csc\angle A$	$b = a \times \cot\angle A$	
5	b、$\angle A$	$c = b \times \sec\angle A$	$a = b \times \tan\angle A$	
6	c、$\angle A$	$a = c \times \sin\angle A$	$b = c \times \cos\angle A$	

图 1-1（b）为常用特殊直角三角形，其三角函数值如表 1-2 所示。

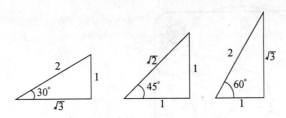

图 1-1（b）　常用特殊直角三角形

表 1-2　常用特殊角三角函数值

函数 ＼ 角（α）	30°	45°	60°
$\sin\alpha$	$0.5 = \dfrac{1}{2}$	$0.70711 = \dfrac{1}{\sqrt{2}}$	$0.86603 = \dfrac{\sqrt{3}}{2}$
$\cos\alpha$	$0.86603 = \dfrac{\sqrt{3}}{2}$	$0.70711 = \dfrac{1}{\sqrt{2}}$	$0.5 = \dfrac{1}{2}$
$\tan\alpha$	$0.57735 = \dfrac{1}{\sqrt{3}}$	1	$1.73205 = \sqrt{3}$
$\cot\alpha$	$1.73205 = \sqrt{3}$	1	$0.57735 = \dfrac{1}{\sqrt{3}}$

其相互关系如下：

$$\sin 30° = \cos 60° \qquad \tan 30° = \cot 60°$$
$$\sin 45° = \cos 45° \qquad \tan 45° = \cot 45°$$
$$\sin 60° = \cos 30° \qquad \tan 60° = \cot 30°$$
$$\sin\angle A = \cos(90° - \angle A) \qquad \tan\angle A = \cot(90° - \angle A)$$
$$\cos\angle A = \sin(90° - \angle A) \qquad \cot\angle A = \tan(90° - \angle A)$$

【例题 1】

如图 1-2（a）所示，一法兰盘零件，在 $\phi 90$ mm 的圆周上加工 4 个 $\phi 9$ mm 的等分孔。测量时最简单的方法是在 $\phi 9$ mm 孔内插入心棒，用卡尺量得尺寸（$x + 9$）mm，即可确定两孔中心距是否正确。这时需要计算出尺寸 x。

解：画出计算图形 1-2（b），其中：

$$\angle A = \angle C = 45°, \quad \angle B = 90°, \quad AC = 90 \text{ mm}, \quad BC = AB = x$$

由三角函数定义：

$$\sin\angle A = \frac{BC}{AC}, \qquad \sin 45° = \frac{x}{90}$$

计算得：

$$x = 90 \times \sin 45° = 90 \times 0.7071 = 63.64 \text{（mm）}$$

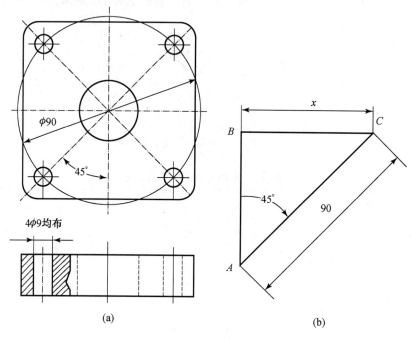

(a)   (b)

图 1-2   求孔心距 x

本例题还可用于钳工画线：用圆规找出 $\phi90$ mm 的圆心并画出 $\phi90$ mm 的大圆，确定一个 $\phi9$ mm 孔的位置（即圆心），用圆规测量长度 63. 64 mm，以第一个 $\phi9$ mm 孔圆心为基准，画出另外 3 个 $\phi9$ mm 孔的圆心。

【例题 2】

如图 1-3（a）所示的零件，铣平面 M 时，需由钳工画线，试求角度 α。

解： 分析零件图，画出计算图形图 1-3（b），其中：

$$\angle B = 90°, \quad \angle A = \alpha, \quad BC = 12 - 9.5 = 2.5 \, (\text{mm})$$

由三角函数定义：

$$\tan\alpha = \frac{BC}{AB} = \frac{2.5}{15} = 0.1667$$

得

$$\alpha = \arctan 0.1667 = 9.47° = 9°28'$$

【例题 3】

如图 1-4（a）所示零件，要在底面上钻两个孔，试求孔心距 x。

解： 根据图纸所给尺寸，作出计算图形图 1-4（b），已知：

$$AC = 34 - 14 = 20 \, (\text{mm}), \quad BC = 35 - 10 = 25 \, (\text{mm})$$

用勾股定理进行计算，得

$$x = AB = \sqrt{AC^2 + BC^2} = \sqrt{20^2 + 25^2} = \sqrt{1025} = 32.02 \, (\text{mm})$$

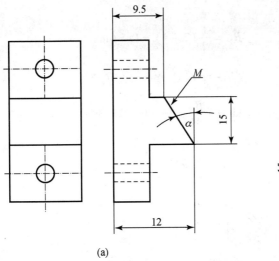

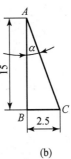

图 1-3 求零件的角度 α

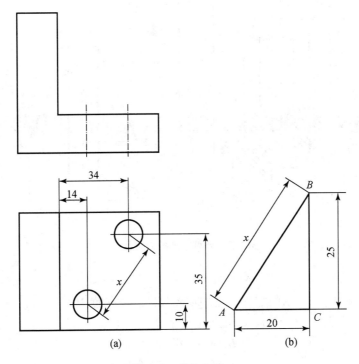

图 1-4 求孔心距 x

【例题4】

如图 1-5（a）所示，在车削轴承盖梯形槽时，车刀刀尖应磨多少度？

解： 车刀的刀尖角由梯形槽角度决定，在计算图 1-5（b）中∠BDE 为所求。

设∠BDE = 2α，在直角三角形 ABC 中，

$$\tan\alpha = \frac{BC}{AC}$$

从图 1-5 （b）可知，

$$BC = \frac{1}{2}(7-4) = 1.5\,(\text{mm})$$

$$AC = \frac{1}{2}(54-40) = 7\,(\text{mm})$$

$$\tan\alpha = \frac{BC}{AC} = \frac{1.5}{7} = 0.2143$$

得

$$\alpha = 12.09^{\circ} = 12^{\circ}6'$$

则车刀的刀尖角 $2\alpha = 24^{\circ}12'$。

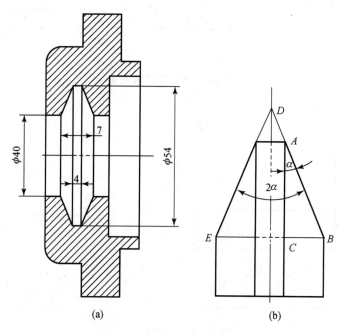

(a)　　　　　　　　(b)

图 1-5　计算车刀的刀尖角 2α

【例题 5】

铣削如图 1-6 （a）所示的零件，已知如图尺寸，求长度 H。

解：画出计算图形 1-6 （b），求出尺寸 L 和 Y：

$$L = 40 - 16 = 24\,(\text{mm}),$$

$$Y = 50 - 24 = 26\,(\text{mm})$$

再求出 X：

$$X = Y \times \tan30^{\circ}$$

$$= 26 \times 0.57735 = 15.011\,(\text{mm})$$

此时，

$$H = L - X$$

$$= 24 - 15.011 = 8.989\,(\text{mm})$$

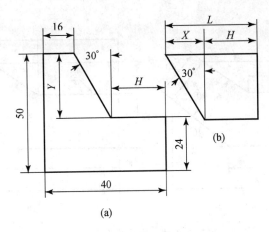

图 1-6　求尺寸 H

【例题 6】

要加工如图 1-7（a）所示的长方形零件，至少需要多大直径的棒料？

解： 画出计算图形图 1-7（b），先计算出尺寸 x 和 y：

$$x = \frac{14}{2} = 7 \text{（mm）}$$

$$y = 28 - 10 = 18 \text{（mm）}$$

根据勾股定理得：

$$R = \sqrt{x^2 + y^2} = \sqrt{7^2 + 18^2} = \sqrt{49 + 324} = \sqrt{373} = 19.313 \text{（mm）}$$

故棒料最小直径为：

$$\phi d = 2R = 2 \times 19.313 = 38.63 \text{（mm）}$$

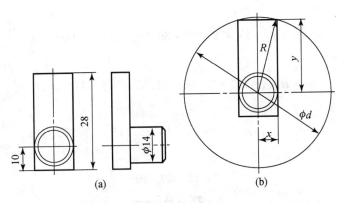

图 1-7　求最小棒料直径 ϕd

【例题 7】

要铣削如图 1-8（a）所示的零件，试计算加工表面 A 时需要知道的尺寸 H 和 L。

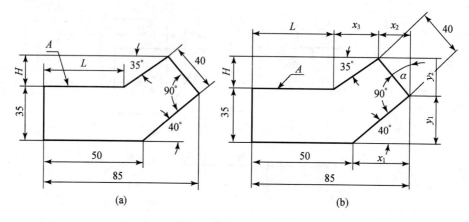

(a)   (b)

图 1-8   求尺寸 H 和 L

解：画出计算图形图 1-8（b），按下列步骤进行计算：

（1）计算尺寸 x_1 和 y_1

$$x_1 = 85 - 50 = 35 \text{（mm）}$$

$$y_1 = x_1 \times \tan 40° = 35 \times 0.8391 = 29.369 \text{（mm）}$$

（2）计算角度 α

$$\alpha = 180° - 90° - (90° - 40°) = 40°$$

（3）计算尺寸 x_2 和 y_2

$$x_2 = 40\sin\alpha = 40 \times \sin 40° = 40 \times 0.6428 = 25.71 \text{（mm）}$$

$$y_2 = 40\cos\alpha = 40 \times \cos 40° = 40 \times 0.766 = 30.64 \text{（mm）}$$

（4）计算尺寸 H

$$H = y_1 + y_2 - 35 = 29.369 + 30.64 - 35 = 25.009 \text{（mm）}$$

（5）计算尺寸 x_3

$$x_3 = H \times \cot 35° = 25.009 \times 1.4281 = 35.715 \text{（mm）}$$

（6）计算尺寸 L

$$L = 85 - x_2 - x_3 = 85 - 25.71 - 35.715 = 23.575 \text{（mm）}$$

故：

$$H = 25.009 \text{（mm）}$$

$$L = 23.575 \text{（mm）}$$

【例题 8】

如图 1-9（a）、图 1-9（b）所示，有一零件在夹具上定位铣削斜面 A，试确定夹具定位平面与夹具体底面的夹角 θ 以及对刀块的安装高度 y。已知：对刀塞尺厚度为 3 mm，检验棒直径为 $\phi 8$。

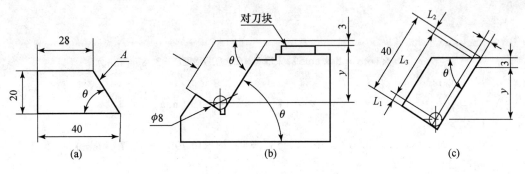

图 1-9 铣床夹具尺寸计算

解：由图 1-9（a）计算出夹角 θ：

$$\tan\theta = \frac{20}{40-28} = \frac{20}{12} = 1.6667$$

$$\theta = 59.036° = 59°2'$$

由计算图 1-9（c）可计算安装高度 y。计算步骤如下：

$$L_1 = 4 \, (\text{mm})$$

$$L_2 = 4\cot\theta = 4\cot59.036° = 4 \times 0.60007 = 2.4 \, (\text{mm})$$

$$L_3 = 40 - L_1 - L_2 = 40 - 4 - 2.4 = 33.6 \, (\text{mm})$$

由此可得：

$$y = L_3\sin\theta - 3 = 33.6 \times \sin59.036° - 3 = 33.6 \times 0.85749 - 3 = 25.812 \, (\text{mm})$$

【例题 9】

如图 1-10 所示零件部分结构和尺寸，在铣削型腔时需要计算角度 α 和尺寸 H。

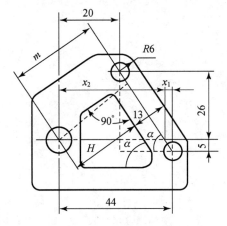

图 1-10 求型腔的 α 和尺寸 H

解：在图 1-10 内添加辅助线（图中的虚线），求角度 α：

$$\tan\alpha = \frac{26+5}{44-20} = \frac{31}{24} = 1.2917$$

得

$$\alpha = 52.253^\circ = 52^\circ 15'$$

求尺寸 x_1：

$$x_1 = 5 \times \cot\alpha = 5 \times \cot 52.253^\circ = 5 \times 0.77428 = 3.87 \, (\text{mm})$$

求尺寸 x_2：

$$x_2 = 44 - x_1 = 44 - 3.87 = 40.13 \, (\text{mm})$$

求尺寸 m：

$$m = x_2 \sin\alpha = 40.13 \times \sin 52.253^\circ = 40.13 \times 0.7907 = 31.73 \, (\text{mm})$$

由此计算出尺寸 H：

$$H = m - (13 - 6) = 31.73 - 7 = 24.73 \, (\text{mm})$$

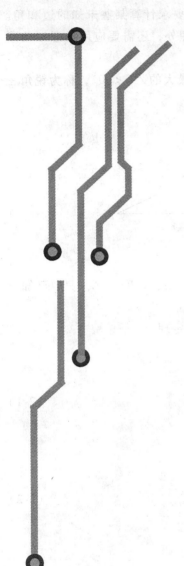

项目 2
利用任意三角形的计算

对于分布在同一平面上的各孔，在设计、加工或测量中，尤其是在变速箱的设计中，常常需要根据某些已知的边角关系，按照具体设计和加工要求计算某些未知的边和角。解决这类问题除项目 1 中应用直角三角形解法和勾股定理外，还需要应用任意三角形解法。

如图 2-1 所示，设两个任意三角形，图 2-1（a）中，最大的 $\angle C < 90°$，称为锐角三角形；图 2-1（b）中，最大的 $\angle C > 90°$，称为钝角三角形。

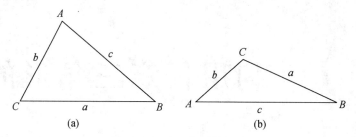

(a)   (b)

图 2-1 任意三角形的解法

在任意三角形中共有 6 个元素，即三边 a、b、c 和三角 $\angle A$、$\angle B$、$\angle C$。只要已知三个元素（但至少要有一边），则其余元素即可求出。

解任意三角形时，最常用的计算公式有正弦定理和余弦定理。

1. 正弦定理

$$\frac{a}{\sin\angle A} = \frac{b}{\sin\angle B} = \frac{c}{\sin\angle C} \tag{2-1}$$

2. 余弦定理

$$\left.\begin{array}{l} a^2 = b^2 + c^2 - 2bc \times \cos\angle A \\ b^2 = a^2 + c^2 - 2ac \times \cos\angle B \\ c^2 = b^2 + a^2 - 2ab \times \cos\angle C \end{array}\right\} \tag{2-2}$$

或改写为：

$$\left.\begin{array}{l} \cos\angle A = \dfrac{b^2 + c^2 - a^2}{2bc} \\[2mm] \cos\angle B = \dfrac{a^2 + c^2 - b^2}{2ac} \\[2mm] \cos\angle C = \dfrac{b^2 + a^2 - c^2}{2ab} \end{array}\right\} \tag{2-3}$$

【例题 1】

如图 2-2 所示，要在坐标镗床上加工各孔，并以孔 A 为找正基准（即坐标原点），试将图中各尺寸换算成坐标尺寸。

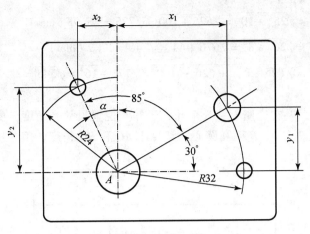

图 2-2 将尺寸换算成坐标尺寸

解：先求出角 α：

$$\alpha = 30° + 85° - 90° = 25°$$

再计算各坐标尺寸：

$$x_1 = 32 \times \cos 30° = 32 \times 0.86603 = 27.713 \,(\text{mm})$$

$$x_2 = 24 \times \sin 25° = 24 \times 0.42262 = 10.143 \,(\text{mm})$$

$$y_1 = 32 \times \sin 30° = 32 \times 0.5 = 16 \,(\text{mm})$$

$$y_2 = 24 \times \cos 25° = 24 \times 0.90631 = 21.751 \,(\text{mm})$$

【例题 2】

如图 2-3 所示零件上的 3 个孔，已知其坐标尺寸，为了检验的需要，将其换算成中心距。

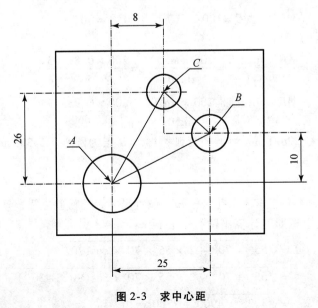

图 2-3 求中心距

解：在图中作出辅助线，计算的中心距为：

$$AB = \sqrt{25^2 + 10^2} = \sqrt{625 + 100} = \sqrt{725} = 26.93 \text{ (mm)}$$

$$AC = \sqrt{26^2 + 8^2} = \sqrt{676 + 64} = \sqrt{740} = 27.2 \text{ (mm)}$$

$$BC = \sqrt{(25-8)^2 + (26-10)^2} = \sqrt{17^2 + 16^2} = \sqrt{545} = 23.35 \text{ (mm)}$$

【例题3】

如图2-4所示，要在底座上钻3个孔，已知其位置尺寸和角度，要由钳工画线确定孔的中心。操作时先确定 A、B 两孔圆心，计算出 AC 和 BC 长度，用圆规画出两段圆弧，交点即为 C 孔圆心。

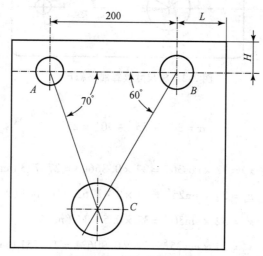

图2-4　求孔 C 的位置

解：图中辅助线组成一个任意三角形，在此任意三角形中，已知：

$$AB = 200 \text{ (mm)}, \quad \angle A = 70°, \quad \angle B = 60°$$

$$\angle C = 180° - (70° + 60°) = 50°$$

根据正弦定理（2-1）得：

$$AC = \frac{AB \times \sin \angle B}{\sin \angle C} = \frac{200 \times \sin 60°}{\sin 50°} = \frac{200 \times 0.86603}{0.76604} = 226.1 \text{ (mm)}$$

$$BC = \frac{AB \times \sin \angle A}{\sin \angle C} = \frac{200 \times \sin 70°}{\sin 50°} = \frac{200 \times 0.93969}{0.76604} = 245.3 \text{ (mm)}$$

以 A 点为圆心，226.1 mm 为半径画弧；再以 B 点为圆心，245.3 mm 为半径画弧，两圆弧的交点即为 C 点。

【例题4】

如图2-5所示，零件上有3个孔，已知其位置尺寸，因检验之需，计算两小孔中心距 L。

解：应用余弦定理即可计算出两孔中心距 L：

$$L = \sqrt{55^2 + 70^2 - 2 \times 55 \times 70 \times \cos 120°}$$

$$= \sqrt{55^2 + 70^2 - 2 \times 55 \times 70 \times \cos(90° + 30°)}$$

$$= \sqrt{3025 + 4900 + 7700 \sin 30°}$$

$$= \sqrt{7925 + 7700 \times 0.5}$$

$$= \sqrt{7925 + 3850}$$

$$= \sqrt{11775}$$

$$= 108.51 \, (\text{mm})$$

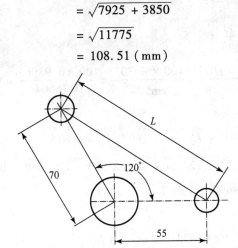

图2-5 求两孔中心距 L

【例题5】

在一个箱体上4个孔的位置如图2-6所示，在检验时需要知道孔 C 与孔 A、孔 C 与孔 B、孔 C 与孔 D 之间的中心距，试计算尺寸 L_1、L_2 和 L_3。

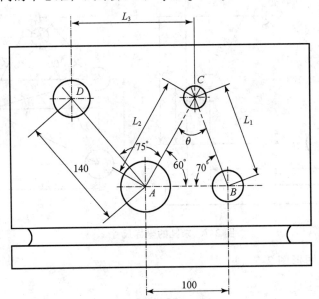

图2-6 求孔心距 L_1、L_2、L_3

解： 先求出 θ 角：

$$\theta = 180° - (70° + 60°) = 50°$$

（1）应用正弦定理求 L_1：

$$\frac{L_1}{\sin 60°} = \frac{100}{\sin \theta}$$

$$L_1 = \frac{100 \times \sin 60°}{\sin 50°} = \frac{100 \times 0.86603}{0.76604} = 113.052 \, (\text{mm})$$

（2）应用正弦定理求 L_2：

$$\frac{L_2}{\sin 70^\circ} = \frac{100}{\sin \theta}$$

$$L_2 = \frac{100 \times \sin 70^\circ}{\sin \theta} = \frac{100 \times \sin 70^\circ}{\sin 50^\circ} = \frac{100 \times 0.93969}{0.76604} = 122.668 (\text{mm})$$

（3）利用余弦定理求 L_3：

$$L_3 = \sqrt{140^2 + L_2^2 - 2 \times 140 \times L_2 \times \cos 75^\circ}$$

$$= \sqrt{140^2 + 122.668^2 - 2 \times 140 \times 122.668 \times 0.25882}$$

$$= \sqrt{19600 + 15047.44 - 8889.7}$$

$$= \sqrt{25757.74}$$

$$= 160.49 (\text{mm})$$

【例题6】

在齿轮箱上有 A、B、C、D 四个孔，其位置关系如图 2-7 所示。现要在坐标镗床上加工各孔，试计算孔 C 的坐标尺寸 x、y。

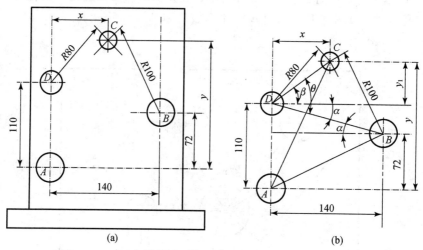

(a)   (b)

图 2-7　求孔的坐标尺寸 x、y

解：画出计算图形图 2-7（b）。

（1）计算 α 角：

$$\tan \alpha = \frac{110 - 72}{140} = \frac{38}{140} = 0.27143$$

得

$$\alpha = 15.186^\circ = 15^\circ 11'$$

（2）求孔心距 BD：

$$BD = \frac{140}{\cos \alpha} = \frac{140}{\cos 15.186^\circ} = \frac{140}{0.96509} = 145.066 (\text{mm})$$

（3）求 θ 角：

用余弦定理求 θ 角，

$$100^2 = 80^2 + BD^2 - 2 \times 80 \times BD \times \cos\theta$$

$$\cos\theta = \frac{80^2 + BD^2 - 100^2}{2 \times 80 \times BD} = \frac{80^2 + 145.066^2 - 100^2}{2 \times 80 \times 145.066} = 0.75156$$

$$\theta = 41.274° = 41°17'$$

（4）求 β 角：

$$\beta = \theta - \alpha = 41.274° - 15.186° = 26.088° = 26°6'$$

（5）求 x、y_1：

$$x = 80 \times \cos\beta = 80 \times \cos26.088° = 80 \times 0.89811 = 71.849 \, (\text{mm})$$

$$y_1 = 80 \times \sin\beta = 80 \times \sin26.088° = 80 \times 0.43994 = 35.195 \, (\text{mm})$$

（6）求 y：

$$y = 110 + y_1 = 110 + 35.195 = 145.195 \, (\text{mm})$$

故所求坐标尺寸为：

$$x = 71.849 \, (\text{mm})$$

$$y = 145.195 \, (\text{mm})$$

【例题 7】

在设计齿轮传动箱时，有大量的坐标计算，这些计算相当烦琐。尽管如此，它们仍有规律可循，一般有三种形式：1. 与一轴定距的传动轴坐标计算；2. 与两轴定距的传动轴坐标计算；3. 与三轴等距的传动轴坐标计算。

1. 与一轴定距的传动轴坐标计算

这一问题的实质，是根据一根轴的已知坐标和齿轮啮合中心距计算出所求轴的坐标。从图 2-8 中可以看出，是要求三角形斜边端点的坐标。计算时，运用勾股定理即可。

已知：O 点为一已知轴的轴心，设为坐标原点，即 O（0，0）；R 为两轴所给定的齿轮啮合中心距；B 为所求轴的轴心坐标点，即：B（x，y）。

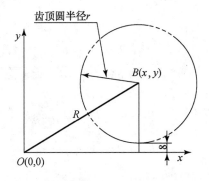

图 2-8 与一轴等距的传动轴坐标计算

设：

$$x = a$$

$$y = b$$

则：

$$x = \sqrt{R^2 - b^2}$$

$$y = \sqrt{R^2 - a^2}$$

(2-4)

a 和 b 可根据设计的需要确定。如要求齿顶圆距箱体壁的距离大于 8 mm，则 B 点的 y 坐标即可定为 $(r + 8)$ mm。

2. 与两轴定距的传动轴坐标计算

计算时根据两根已知轴的坐标和给定的两个齿轮的啮合中心距，计算出所求轴的坐标。即已知齿轮啮合三角形的两个顶点坐标的三条边，求另一顶点的坐标。

已知：$O(0, 0)$，$A(a, b)$，R_1，R_2。

作图：从 B 点向 OA 作垂线 h 交于 C，如图 2-9 所示。

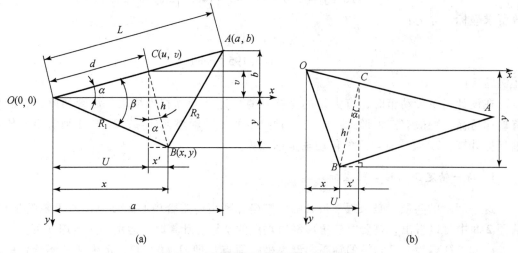

(a)   (b)

图 2-9 与两轴定距的传动轴坐标计算

第一种公式推导

（1）由勾股定理得：

$$L = \sqrt{a^2 + b^2}$$

$$h = \sqrt{R_1^2 - d^2}$$

（2）由余弦定理得：

$$R_2^2 = R_1^2 + L^2 - 2R_1 L\cos\beta$$

$$R_1\cos\beta = \frac{R_1^2 - R_2^2 + L^2}{2L}$$

因为：

$$d = R_1\cos\beta$$

故：

$$d = \frac{R_1^2 - R_2^2 + L^2}{2L}$$

$$= \frac{1}{2}\left(\frac{R_1^2 - R_2^2}{L}\right) + \frac{1}{2}L$$

（3）
$$U = d\cos\alpha = d \times \frac{a}{L}$$

$$x' = h\sin\alpha = h \times \frac{b}{L}$$

（4）
$$x = \mid U \pm x' \mid = \left| \frac{ad \pm bh}{L} \right|$$

由图 2-9（a）可知，
$$x = U + x' \tag{2-5a}$$

由图 2-9（b）可知，
$$x = U - x' \tag{2-5b}$$

$$y = \sqrt{R_1^2 - x^2} \tag{2-6}$$

与两轴定距的传动轴坐标计算还有很多计算公式，下面再介绍一种计算公式。

第二种公式推导

（1）由勾股定理得：
$$L^2 = a^2 + b^2$$

（2）由余弦定理得：
$$R_2^2 = R_1^2 + L^2 - 2R_1 L\cos\beta$$

$$R_1\cos\beta = \frac{R_1^2 - R_2^2 + L^2}{2L}$$

因为：
$$d = R_1\cos\beta$$

故：
$$d = \frac{R_1^2 - R_2^2 + L^2}{2L}$$

令 $\dfrac{d}{L} = D$

则：
$$D = \frac{R_1^2 - R_2^2 + L^2}{2L^2} = \frac{R_1^2 - R_2^2}{2L^2} + 0.5$$

（3）$U = d\cos\alpha = d \times \dfrac{a}{L} = aD$

（4）因为：
$$x' = h\sin\alpha, \quad h = \sqrt{R_1^2 - d^2}, \quad \sin\alpha = \frac{b}{L}$$

故：
$$x' = \frac{b}{L}\sqrt{R_1^2 - d^2} = b\sqrt{\frac{R_1^2}{L^2} - D^2}$$

令 $\sqrt{\dfrac{R_1^2}{L^2} - D^2} = k$

于是
$$x' = bk$$

（5）由图 2-9 知

$$x = |U \pm x'|$$

由图 2-9（a）可知，

$$x = U + x' \tag{2-5a}$$

由图 2-9（b）可知，

$$x = U - x' \tag{2-5b}$$

$$y = \sqrt{R_1^2 - x^2} \tag{2-6}$$

3. 与三轴等距的传动轴坐标计算

计算这种类型的坐标，实质是求三角形外接圆圆心的坐标。

如图 2-10 所示：

$$L_1^2 = a_1^2 + b_1^2 \tag{2-7}$$

$$L_2^2 = a_2^2 + b_2^2 \tag{2-8}$$

在图 2-10 中增加辅助线 AE、DE、DF 和 BF，获得 $\mathrm{Rt}\triangle EAD$ 和 $\mathrm{Rt}\triangle EBD$，根据勾股定理：

$$R^2 = AE^2 + DE^2 ; \qquad R^2 = DF^2 + BF^2$$

则

$$AE = a_1 - x, \quad DE = b_1 - y ; \quad DF = a_2 - x, \quad BF = y - b_2$$

得方程组：

$$\begin{cases} R^2 = (a_1 - x)^2 + (b_1 - y)^2 \\ R^2 = (a_2 - x)^2 + (y - b_2)^2 \end{cases}$$

$$\begin{cases} R^2 = a_1^2 + b_1^2 + x^2 + y^2 - 2a_1 x - 2b_1 y \\ R^2 = a_2^2 + b_2^2 + x^2 + y^2 - 2a_2 x - 2b_2 y \end{cases}$$

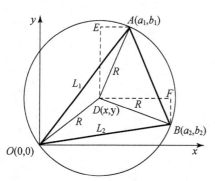

图 2-10　与三轴定距的传动轴坐标计算

将 $R^2 = x^2 y^2$ 和 $L_1^2 = a_1^2 + b_1^2$，$L_2^2 = a_2^2 + b_2^2$ 代入方程组，得：

$$L_1^2 - 2a_1 x - 2b_1 y = 0 \qquad ①$$

$$L_2^2 - 2a_2 x - 2b_2 y = 0 \qquad ②$$

由式①得：

$$x = \frac{L_1^2 - 2b_1 y}{2a_1} \qquad ③$$

将式③代入式②并化简：

$$y = \frac{a_2 L_1^2 - a_1 L_2^2}{2(a_2 b_1 - a_1 b_2)}$$

将 y 值代入式①得

$$x = \frac{b_1 L_2^2 - b_2 L_1^2}{2(a_2 b_1 - a_1 b_2)} \tag{2-9}$$

$$y = \frac{a_2 L_1^2 - a_1 L_2^2}{2(a_2 b_1 - a_1 b_2)} \tag{2-10}$$

$$R = \sqrt{x^2 + y^2} \tag{2-11}$$

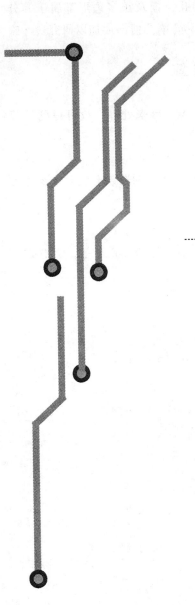

项目 3
等分工件的计算

等分要求在机械零件中是比较常见的，如圆周均布的孔、槽及正多边形都属于等分结构。一些复杂的具有等分要求的图形常常可以分解为若干简单几何图形加以研究。

3.1　正多边形等分的计算

正多边形几何关系的计算，通常可以把它作为圆的内接图形来处理，故可得到计算简单的直角三角形。

【例题1】

一个边长为 30 mm 的正三角形电火花电极如图 3-1 所示，计算制造该电极时需要棒料的最小直径。

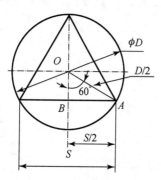

图 3-1　求正三角形的外接圆直径 D

解： 增添相关辅助线。

在直角三角形 ABO 中，已知 $AB = \dfrac{S}{2}$，$\angle AOB = 60°$，斜边 AO 即为棒料半径 $\dfrac{D}{2}$。

因为

$$\sin 60° = \frac{AB}{AO} = \frac{S/2}{D/2} = \frac{S}{D}$$

故：

$$D = \frac{S}{\sin 60°} = \frac{S}{\sqrt{3}/2} = 1.1547S$$

本公式可作为正三角形外接圆直径计算公式。

本例将 $S = 30$ mm 代入上式进行计算得：

$$D = 1.1547S = 1.1547 \times 30 = 34.641\,(\text{mm})$$

这是理论计算，实际生产中应选择一种标准尺寸棒料，以便于采购。

【例题2】

要加工边长为 20 mm 的正四边形工件，如图 3-2 所示。试计算用作原料的圆钢最小直径。

解： 此题实际是求正四边形的外接圆直径。

D 在直角三角形 ABC 中，已知 $AB = BC = S$ 为正四边形零件的边长，斜边 AC 为外接圆直径，也即最小棒料直径。由图 3-2 可知：

$$AC = \sqrt{AB^2 + BC^2} = \sqrt{2S^2} = \sqrt{2}S = 1.414S$$

即：

$$D = 1.414S$$

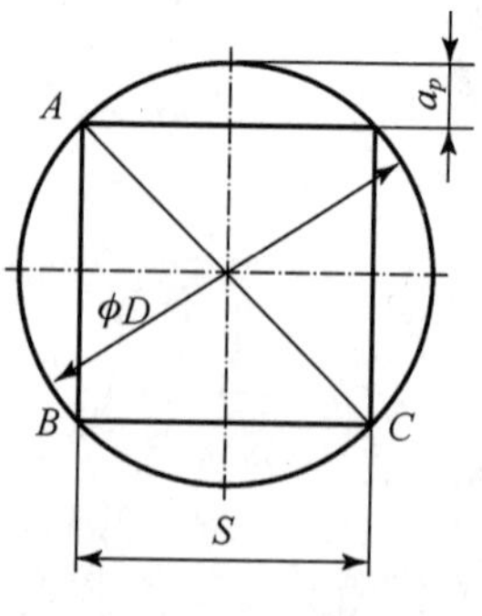

图 3-2　求正四边形外接圆直径 D

这便是正四边形外接圆计算公式。本例将 $S = 20$ mm 代入公式计算，得：

$$D = 1.414S = 1.414 \times 20 = 28.28 \, (\text{mm})$$

在例题 2 的基础上，计算铣削正四方形工件时的背吃刀量 a_p。

由图 3-2 可知，

$$a_p = \frac{D - S}{2} = 0.207S$$

$$a_p = 0.207S = 0.207 \times 20 = 4.14 \, (\text{mm})$$

【例题 3】

三角形法兰盘尺寸如图 3-3 所示，试求毛坯最小直径。

解：这是一等腰梯形零件，故应比较 BD 和 AB 的大小来决定毛坯直径 d。

在 Rt$\triangle ABC$ 中，

$$AB = \sqrt{BC^2 + AC^2}$$
$$= \sqrt{17.5^2 + 29.5^2} = 34.3 \, (\text{mm})$$

已知

$$AB > BD$$

故毛坯直径应选在 AB 边上，则：

$$d = (34.3 + 10) \times 2 = 88.6 \, (\text{mm})$$

说明：这是纯理论计算，没有考虑加工时的加工余量及公差。

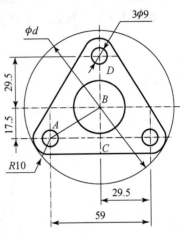

图 3-3 求毛坯直径 d

【例题 4】

现需要用圆钢铣成六方加工六角螺母，如图 3-4 所示，试求圆钢最小直径 d。

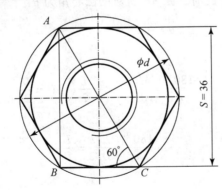

图 3-4 求正六边形外接圆直径 d

解：增添辅助线获得 Rt$\triangle ABC$。

图 3-4 中：$AB = S$，$AC = d$，$\angle BCA = 60°$，由图可知：

$$AC = S \times \csc 60° = S \times 1.1547$$

则：

$$d = 1.1547S$$

此公式可作为正六边形外接圆计算公式。本例将 $S = 36 \, \text{mm}$ 代入公式得：

$$d = 1.1547S = 1.1547 \times 36 = 41.6 \text{ (mm)}$$

3.2　圆周等分计算

在生产实践中，常常遇到一些在圆周上均匀分布若干孔的问题。有 n 个孔，就是对该圆周进行 n 等分。在确定这些孔的位置时，就涉及求每一等分弦长的计算问题。

在图 3-5 中，在直径为 D 的圆周上均匀分布 n 个孔，求每等分弦长 L。

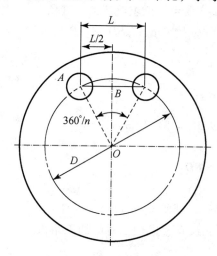

图 3-5　圆周等分计算

作出直角三角形 ABO，此时，弦 AB 所对的圆心角为 θ：

$$\theta = \frac{1}{2}\left(\frac{360^\circ}{n}\right) = \frac{180^\circ}{n}$$

则

$$\sin\frac{180^\circ}{n} = \frac{AB}{AO}, \quad AB = \frac{L}{2}, \quad AO = \frac{D}{2}$$

故

$$\sin\frac{180^\circ}{n} = \frac{L/2}{D/2} = \frac{L}{D}$$

得

$$L = D \times \sin\frac{180^\circ}{n}$$

此公式便是等分直径为 D 的圆周时，每一等分弦长 L 的计算公式。

【例题 5】

钳工要在直径为 65 mm 的圆周上钻 20 个等距的小孔，试求两孔中心距。

解：将已知条件代入公式得：

$$L = D \times \sin\frac{180^\circ}{n} = 65 \times \sin\frac{180^\circ}{20} = 65 \times 0.15643 = 10.17 \text{ (mm)}$$

在生产中，等分圆周的问题很多，为了方便，将 $n = 3$，4，5，6，…代入式 $\sin\dfrac{180^\circ}{n}$，并设其值为 K，制成圆周等分系数表（如表 3-1 所示），以供查询。

表 3-1 圆周等分系数表

等分数	等分系数 K	等分数	等分系数 K	等分数	等分系数 K
1		35	0.089 640	69	0.045 514
2		36	0.087 156	70	0.044 864
3	0.866 03	37	0.084 805	71	0.044 233
4	0.707 11	38	0.082 580	72	0.043 619
5	0.587 79	39	0.080 466	73	0.043 022
6	0.500 00	40	0.078 460	74	0.042 441
7	0.433 88	41	0.076 549	75	0.041 875
8	0.382 68	42	0.074 731	76	0.041 325
9	0.342 02	43	0.072 995	77	0.040 788
10	0.309 02	44	0.071 339	78	0.040 265
11	0.281 73	45	0.069 756	79	0.039 757
12	0.258 82	46	0.068 243	80	0.039 260
13	0.239 32	47	0.066 792	81	0.038 775
14	0.222 52	48	0.065 403	82	0.038 302
15	0.207 91	49	0.064 073	83	0.037 841
16	0.195 09	50	0.062 791	84	0.037 391
17	0.183 75	51	0.061 560	85	0.036 951
18	0.173 65	52	0.060 379	86	0.036 522
19	0.164 59	53	0.059 240	87	0.036 120
20	0.156 43	54	0.058 145	88	0.035 692
21	0.149 04	55	0.057 090	89	0.035 291
22	0.142 32	56	0.056 071	90	0.034 899
23	0.136 17	57	0.055 087	91	0.034 516
24	0.130 53	58	0.054 138	92	0.034 141
25	0.125 33	59	0.053 222	93	0.033 774
26	0.120 54	60	0.052 336	94	0.033 415
27	0.116 09	61	0.051 478	95	0.033 064
28	0.111 97	62	0.050 649	96	0.032 719
29	0.108 12	63	0.049 845	97	0.032 381
30	0.104 53	64	0.049 067	98	0.032 051
31	0.101 17	65	0.048 313	99	0.031 728
32	0.098 015	66	0.047 581	100	0.031 410
33	0.095 056	67	0.046 872		
34	0.092 269	68	0.046 183		

【例题 6】

一个 12 等分的分度盘如图 3-6（a）所示，现要测量各分度槽的等分准确度。为此在槽中放两个直径为 6 mm 的圆柱销，试求圆柱销所在圆周的直径 D 及其节距 T。

解： 画出计算图形图 3-6（b），由图可得：

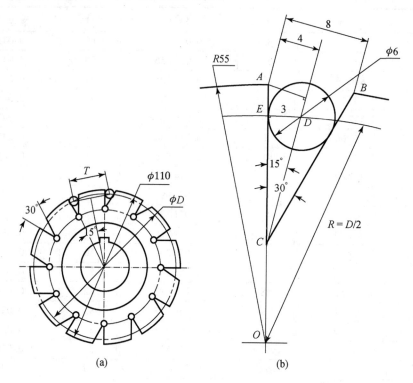

图 3-6　分度盘测量的计算

$$AC = \frac{4}{\sin 15°} = \frac{4}{0.2588} = 15.455 \, (\text{mm})$$

$$EC = \frac{3}{\tan 15°} = \frac{3}{0.2679} = 11.196 \, (\text{mm})$$

$$OC = OA - AC = 55 - 15.455 = 39.545 \, (\text{mm})$$

$$OE = OC + EC = 39.545 + 11.196 = 50.741 \, (\text{mm})$$

由此可得：

$$OD = R = \sqrt{OE^2 + ED^2} = \sqrt{50.741^2 + 3^2} = \sqrt{2574.7 + 9} = \sqrt{2583.65} = 50.829 \, (\text{mm})$$

圆柱销所在圆周的直径为：

$$D = 2R = 2 \times 50.829 = 101.659 \, (\text{mm})$$

两销节距为：

$$T = 2R\sin 15° = 2 \times 50.829 \times 0.2588 = 26.31 \, (\text{mm})$$

【例题 7】

设计如图 3-7 所示的链轮，已知齿数 $Z = 20$，选取标准节距 $t = 15.87$ mm，试计算节径 D_0。

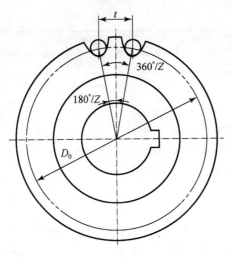

图 3-7 求链轮节径

解：由图 3-7 可知，节距的圆心角为 $\dfrac{360^\circ}{Z}$，圆心半角为 $\dfrac{180^\circ}{Z}$。设链轮的节圆半径为 R_0。

则：

$$R_0 = \frac{\dfrac{t}{2}}{\sin\dfrac{180^\circ}{Z}}$$

直径为：

$$D_0 = \frac{t}{\sin\dfrac{180^\circ}{Z}}$$

将已知量代入上式：

$$D_0 = \frac{t}{\sin\dfrac{180^\circ}{Z}} = \frac{15.87}{\sin\dfrac{180^\circ}{20}} = \frac{15.87}{\sin 9^\circ} = \frac{15.87}{0.1564} = 101.47\,(\mathrm{mm})$$

常见等分孔坐标尺寸计算公式如表 3-2 所示。

表 3-2 常见等分孔坐标尺寸计算公式

圆周等分数	图　示	计算公式	圆周等分数	图　示	计算公式
三等分		$A = 0.18164d$ $B = 0.55902d$ $C = 0.40451d$	八等分		$A = 0.27059d$ $B = 0.27059d$ $C = 0.46194d$ $D = 0.19134d$

圆周等分数	图　　示	计算公式	圆周等分数	图　　示	计算公式
五等分		$A = 0.25060d$ $B = 0.43301d$ $C = 0.86603d$ $D = 0.29289d$	九等分		$A = 0.46985d$ $B = 0.17101d$ $C = 0.26201d$ $D = 0.21985d$ $E = 0.38302d$ $F = 0.32139d$ $G = 0.17101d$ $H = 0.29620d$
六等分		$A = 0.43301d$ $B = 0.25000d$ $C = 0.50000d$	十等分		$A = 0.29389d$ $B = 0.09549d$ $C = 0.18164d$ $D = 0.25000d$ $E = 0.30902d$
七等分		$A = 0.27052d$ $B = 0.33922d$ $C = 0.45049d$ $D = 0.21694d$ $E = 0.31175d$ $F = 0.39092d$	十二等分		$A = 0.22415d$ $B = 0.12941d$ $C = 0.48296d$ $D = 0.12941d$ $E = 0.25882d$
八等分		$A = 0.35355d$ $B = 0.14645d$			

注：d 为等分孔所在圆直径。

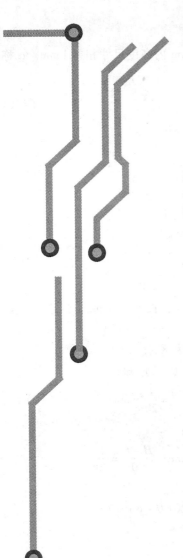

项目 4
斜度、锥度零件在加工时的计算

4.1　斜　度　计　算

图 4-1 所示为一斜键，图纸上标注斜度 $1:n$ 表示在 $n\,\mathrm{mm}$ 内高度尺寸相差 $1\,\mathrm{mm}$。α 称为斜角，则：

$$\tan\alpha = \frac{H-h}{L} = \frac{1}{n} \tag{4-1}$$

此公式便是斜度计算公式。

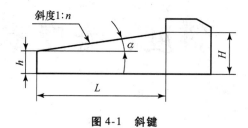

图 4-1　斜键

【例题 1】

图 4-2 所示为一斜垫铁，斜度 $1:20$，小端尺寸 $h=6\,\mathrm{mm}$，长 $L=70\,\mathrm{mm}$，试求大端尺寸，以便按大端尺寸备料。

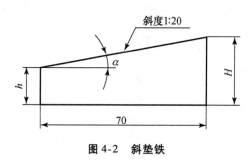

图 4-2　斜垫铁

解：设斜度为 K，

则根据公式（4-1）知：

$$K = \frac{1}{20} = \tan\alpha$$

又由图可知：

$$\tan\alpha = \frac{H-6}{70} = \frac{1}{20}$$

则：

$$20(H-6) = 70$$

得：

$$H = \frac{70}{20} + 6 = 3.5 + 6 = 9.5\,(\mathrm{mm})$$

4.2　锥　度　计　算

如图 4-3 所示为一圆锥零件。图中标注锥度为 $1:n$，即表示在长度为 $n\,\mathrm{mm}$ 时，两端直径相差 $1\,\mathrm{mm}$，或半径相差 $0.5\,\mathrm{mm}$。

（1）已知大小头直径 D、d 和长度 L，求斜角 α。

在 $\triangle ABC$ 中

$$\tan\alpha = \frac{BC}{AC} = \frac{\dfrac{D-d}{2}}{L}$$

故：

$$\tan\alpha = \frac{D-d}{2L} \tag{4-2}$$

（2）已知锥度 $1:n$，求斜角 α 和锥角 ϕ。

根据锥度定义，得：

$$\frac{D-d}{L} = \frac{1}{n} \tag{4-3}$$

将上式等号两端除以 2，并代入公式（4-2）得：

$$\tan\alpha = \frac{1}{2n} \tag{4-4}$$

设锥角为 ϕ，则由图 4-3 可知：

$$\phi = 2\alpha \tag{4-5}$$

（3）大小头直径互算。

在图 4-3 中知 D 和 d 之差等于 $2\times BC$，而 $BC = L\times\tan\alpha$，故得：

$$D = d + 2L\times\tan\alpha \tag{4-6}$$

$$d = D - 2L\times\tan\alpha \tag{4-7}$$

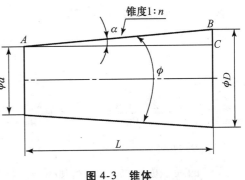

图 4-3　锥体

【例题 2】

有一圆锥销，其锥度为 $1:50$，大端直径为 30 mm，小端直径为 28.8 mm，求锥体长度 L，斜角 α 和锥角 ϕ。

解：由公式（4-4）可知：

$$\tan\alpha = \frac{1}{2n} = \frac{1}{2\times50} = \frac{1}{100} = 0.01$$

得：

$$\alpha = 35'$$

按公式（4-2）求锥体长度 L：

$$L = \frac{D-d}{2\times\tan\alpha} = \frac{30-28.8}{2\times0.01} = 60\ (\text{mm})$$

按公式（4-5）计算锥体锥角 ϕ：

$$\phi = 2\alpha = 2\times35' = 1°10'$$

【例题 3】

要磨削如图 4-4（a）所示的套类零件外圆，部分尺寸如图 4-4（b）所示。现设计小锥度心轴进行装夹，其锥度为 $\frac{0.04}{100}$，小端直径为 $\phi 14.98_{-0.005}$ mm，长度 $L = 120$ mm，试确定大端直径（其公差与小端相同）。并计算此心轴装上工件后，零件右端面距心轴小端的最小距离 x_1 及零件左端面距心轴大端的最小距离 x_2。

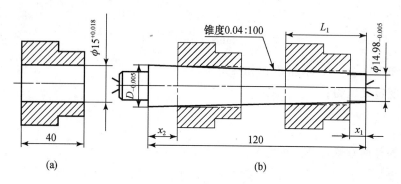

图 4-4　小锥度心轴的计算

解：（1）计算心轴的大端直径

按公式（4-3）知：

$$\frac{D-14.98}{120}=\frac{0.04}{100}$$

得

$$D=\frac{120\times0.04}{100}+14.98=\frac{4.8}{100}+14.98=0.048+14.98=15.028\,(\text{mm})$$

（2）计算 x_1

零件的最小极限尺寸为 15.00 mm，心轴小端最大尺寸应为 14.98 mm，以保证最小的孔能装到心轴上。按公式（4-3）计算得：

$$\frac{15-14.98}{L_1}=\frac{0.04}{100}$$

$$L_1=\frac{100(15-14.98)}{0.04}=\frac{100\times0.02}{0.04}=\frac{2}{0.04}=50\,(\text{mm})$$

$$x_1=L_1-40=50-40=10\,(\text{mm})$$

（3）计算 x_2

零件孔的最大极限尺寸为 15.018 mm，心轴大端最小直径为 15.028，以保证工件不至于穿出心轴。按公式（4-3）计算得：

$$\frac{15.028-15.018}{x_2}=\frac{0.04}{100}$$

$$x_2=\frac{100(15.028-15.018)}{0.04}=\frac{100\times0.01}{0.04}=25\,(\text{mm})$$

4.3　圆锥体垂直高和斜高的计算

如图 4-5 是一个圆锥体，垂直高为 h，斜高为 L，底圆直径为 D。在 $\triangle ABC$ 中，

$$AC^2 = AB^2 + BC^2 \quad 即 \quad L^2 = h^2 + \left(\frac{D}{2}\right)^2$$

于是
$$L = \sqrt{h^2 + \left(\frac{D}{2}\right)^2} \qquad (4\text{-}8)$$

$$h = \sqrt{L^2 - \left(\frac{D}{2}\right)^2} \qquad (4\text{-}9)$$

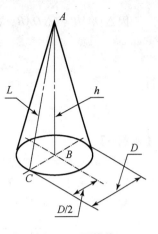

图 4-5　圆锥体

【例题 4】

一圆锥体底圆直径 $D = 50\,\text{mm}$，垂直高 $h = 70\,\text{mm}$，求斜高 L。

解：用公式（4-8）进行计算：

$$L = \sqrt{\left(\frac{D}{2}\right)^2 + h^2} = \sqrt{\left(\frac{50}{2}\right)^2 + 70^2} = \sqrt{5525} = 74.33\,(\text{mm})$$

4.4　圆台垂直高和斜高的计算

图 4-6 是一个圆台，上下底径分别是 d 和 D，垂直高为 h，斜高为 L。在 $\triangle ABC$ 中，

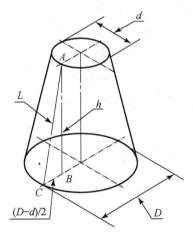

图 4-6　圆台

$$L^2 = \left(\frac{D-d}{2}\right)^2 + h^2$$

于是，
$$L = \sqrt{\left(\frac{D-d}{2}\right)^2 + h^2}$$
$$= \frac{1}{2}\sqrt{(D-d)^2 + 4h^2} \qquad (4\text{-}10)$$

$$h = \sqrt{L^2 - \left(\frac{D-d}{2}\right)^2}$$
$$= \frac{1}{2}\sqrt{4L^2 - (D-d)^2} \qquad (4\text{-}11)$$

【例题 5】

一圆台上底直径 $d = 100\,\text{mm}$，下底直径 $D = 160\,\text{mm}$，垂直高 $h = 105\,\text{mm}$，求斜高 L。

解：利用公式（4-10）得：

$$L = \sqrt{\left(\frac{D-d}{2}\right)^2 + h^2} = \frac{1}{2}\sqrt{(D-d)^2 + 4h^2} = \frac{1}{2}\sqrt{(160-100)^2 + 4 \times 105^2}$$

$$= \frac{1}{2}\sqrt{47700} = \frac{1}{2} \times 218.40 = 109.20\,(\text{mm})$$

4.5　圆台大小端直径的计算

如图 4-7 所示，设圆台的大端直径为 D_e，小端直径为 D_{e1}。

因 $\triangle OA'B' \backsim \triangle OAB$，故

$$\frac{D_{e1}}{D_e} = \frac{A'B'}{AB} = \frac{OA'}{OA} = \frac{L-b}{L}$$

得

$$D_{e1} = \frac{L-b}{L} \times D_e \qquad (4\text{-}12)$$

【例题6】

如图4-8所示的圆锥齿轮，已知大端外径 $D_e = 52.83\text{ mm}$，齿宽 $b = 11\text{ mm}$，锥距 $L = 35.35\text{ mm}$。求小端外径 D_{e1}。

解： 按公式（4-12）得小端外径

$$D_{e1} = \frac{L-b}{L} \times D_e = \frac{35.35 - 11}{35.35} \times 52.83 = 36.39\ (\text{mm})$$

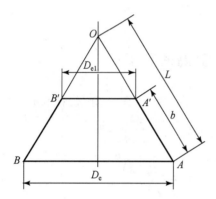

图4-7　圆台大小径计算

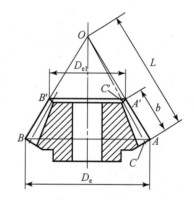

图4-8　求圆锥齿轮小端外径

4.6　小端带有圆头的锥体斜角的计算

已知小端带有圆头的锥体，其尺寸如图4-9所示，计算斜角 α。

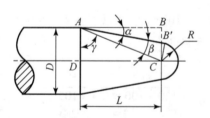

图4-9　求锥体的斜角

从图4-9可知，在 Rt$\triangle ADC$ 中，

$$\tan\gamma = \frac{DC}{AD} = \frac{L}{\dfrac{D}{2}} = \frac{2L}{D} \qquad (4\text{-}13)$$

在 Rt$\triangle ABC$ 中，

$$BC = \frac{D}{2}$$

$$AC = \sqrt{\left(\frac{D}{2}\right)^2 + L^2} = \frac{1}{2}\sqrt{D^2 + 4L^2}$$

在 Rt$\triangle AB'C$ 中，

$$\sin\beta = \frac{B'C}{AC} = \frac{R}{\dfrac{1}{2}\sqrt{D^2 + 4L^2}} = \frac{2R}{\sqrt{D^2 + 4L^2}} \qquad (4\text{-}14)$$

由公式（4-13）和（4-14）分别计算出 β 和 γ 后即可求得 α：

$$\alpha = 90° - (\beta + \gamma) \tag{4-15}$$

【例题 7】

在车床上加工如图 4-10 所示的零件，计算加工锥体时小刀架旋转的角度。

解：分析所给问题是求小端带有圆弧锥体的斜角 α，按公式（4-13）

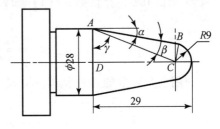

$$\tan\gamma = \frac{2L}{D} = \frac{2 \times (29-9)}{28} = \frac{2 \times 20}{28} = 1.4286$$

得

图 4-10　求小刀架转角

$$\gamma = 55.007° = 55°1'$$

按公式（4-14）

$$\sin\beta = \frac{2R}{\sqrt{D^2 + 4L^2}} = \frac{2 \times 9}{\sqrt{28^2 + 4 \times 20^2}} = \frac{18}{\sqrt{2384}} = \frac{18}{48.8} = 0.36885$$

得

$$\beta = 21.633° = 21°38'$$

按公式（4-15）得

$$\alpha = 90° - (\beta + \gamma) = 90° - (55°1' + 21°38') = 13°21'$$

【例题 8】

要在车床上用成型车刀加工如图 4-11（a）所示零件的锥体和圆头。零件图上已给定出相关尺寸和锥角，现要求出锥体和圆头组合部分的长度尺寸 H，以便确定如图 4-11（b）所示成型车刀的型面深度 H_D，使 $H_D > H$（这样在锥面与圆柱相交处才不会产生台阶）。

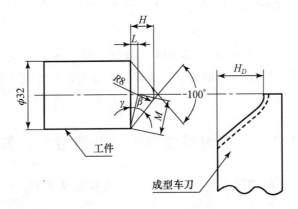

图 4-11　求成型车刀尺寸

解：如图 4-11（a）所示，画出相关辅助线，其中

$$\beta + \gamma = 90° - \frac{100°}{2} = 40° \tag{1}$$

由 Rt$\triangle ADC$ 知

$$m = \frac{8}{\sin\beta} \qquad (2)$$

由 Rt$\triangle ADC$，并根据式（1）知，

$$m = \frac{\frac{32}{2}}{\cos\gamma} = \frac{16}{\cos(40°-\beta)} \qquad (3)$$

利用三角函数的和差公式，将式（3）转化为：

$$m = \frac{16}{\cos40°\cos\beta + \sin40°\sin\beta} \qquad (4)$$

将式（2）和（4）联立求解得：

$$\frac{8}{\sin\beta} = \frac{16}{\cos40°\cos\beta + \sin40°\sin\beta}$$

化简得，

$$2\sin\beta = \cos40°\cos\beta + \sin40°\sin\beta$$

等式两端除以 $\sin\beta$，得

$$2 = \cos40°\cot\beta + \sin40°$$

$$\cot\beta = \frac{2 - \sin40°}{\cos40°} = \frac{2 - 0.6428}{0.766} = 1.7718$$

得

$$\beta = 29°26'$$

$$\gamma = 40° - \beta = 40° - 29°26' = 10°34'$$

由此可知

$$L = \frac{32}{2} \times \tan\gamma = 16 \times \tan10°34' = 16 \times 0.18426 = 2.948 \, (\text{mm})$$

故得所求尺寸 H 为：

$$H = L + 8 = 2.948 + 8 = 10.948 \, (\text{mm})$$

在设计成型刀时只要 $H_D > H$ 即可，为考虑刀具重磨时尺寸变化和尺寸标准化，本例取 $H_D = 12 \, \text{mm}$。

4.7 锥管内螺纹底孔钻头直径的计算

锥管内螺纹在加工时应计算小端直径，以便选择钻头直径。计算时利用锥体计算公式。

【例题9】

如图 4-12 所示，一个 3/4″锥管内螺纹，孔深 25 mm。按标准，在基面（大端平面）上的内径 $d = 23.666 \, \text{mm}$，现要使工件全长内都攻出螺纹，其小头内径 d_1 为多大（即选择多大的钻头）？

解： 按标准规定，螺纹内锥规定为 1：16，按公式（4-3）

$$\frac{1}{n} = \frac{d - d_1}{L}$$

得

$$d_1 = d - \frac{L}{n} \tag{4-16}$$

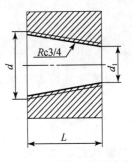

将已知数据代入式（4-16）得：

$$d_1 = 23.666 - \frac{25}{16} = 23.666 - 1.5625 = 22.103（\text{mm}）$$

故可选择 $\phi 22$ mm 的钻头钻孔。

图 4-12　求锥管内螺纹底径

4.8　锥堵的设计计算

【例题 10】

锥堵是常用的简单夹具。一锥堵的尺寸如图 4-13 所示，为保证锥堵压入锥孔后紧密接触，留凸出量 $2.5 \sim 3.5$ mm。试确定锥孔直径 D 及其 δ_D，并计算锥堵装平后其下端面与 $\phi 5$ mm 孔口之间的距离 $L \pm \delta_L$ 及此距离的极大值与极小值。

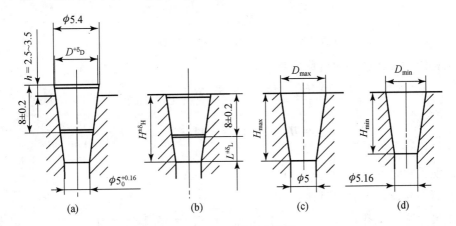

图 4-13　堵头的设计计算

解：

（1）计算锥孔口部直径 $D^{+\delta_D}$（不计 $\phi 5.4$ mm 的公差）。

先求当凸出量 $h_{max} = 3.5$ mm 时的锥孔最小直径 D_{min}，按公式（4-3）

$$\frac{5.4 - D_{min}}{3.5} = \frac{1}{50}$$

得

$$D_{min} = 5.4 - \frac{3.5}{50} = 5.4 - 0.07 = 5.33（\text{mm}）$$

再求出当凸出量 $h_{min} = 2.5$ mm 时的锥孔最大直径 D_{max}，按公式（4-3）

$$\frac{5.4 - D_{max}}{2.5} = \frac{1}{50}$$

得

$$D_{max} = 5.4 - \frac{2.5}{50} = 5.4 - 0.05 = 5.35 \,(\text{mm})$$

设锥孔直径 D 为单向正偏差，则

$$D = D_{min} = 5.33 \,(\text{mm})$$

$$\delta_D = D_{max} - D_{min} = 5.35 - 5.33 = 0.02 \,(\text{mm})$$

故得锥孔直径尺寸为

$$D^{+\delta_D} = \phi 5.33^{+0.02} \,(\text{mm})$$

（2）计算锥孔深度 $H \pm \delta_H$（设直孔尺寸为 $\phi 5^{+0.16}$ mm）。

先求出 D_{max} 及 $\phi 5$ mm 时的锥孔深度 H_{max}（如图 4-13（c）所示），按公式（4-3）得

$$\frac{D_{max} - 5}{H_{max}} = \frac{1}{50}$$

$$H_{max} = 50(D_{max} - 5) = 50(5.35 - 5) = 17.5 \,(\text{mm})$$

再求出 D_{min} 及 $\phi 5.16$ mm 时的锥孔深度 H_{min}（如图 4-13（d）所示），

$$\frac{D_{min} - 5.16}{H_{min}} = \frac{1}{50}$$

$$H_{min} = 50(D_{min} - 5.16) = 50(5.33 - 5.16) = 8.5 \,(\text{mm})$$

设锥孔深度 H 的公差为对称公差，则

$$H = \frac{H_{max} + H_{min}}{2} = \frac{17.5 + 8.5}{2} = \frac{26}{2} = 13 \,(\text{mm})$$

$$\delta_H = \pm \frac{H_{max} - H_{min}}{2} = \pm \frac{17.5 - 8.5}{2} = \pm \frac{9}{2} = \pm 4.5 \,(\text{mm})$$

得锥孔深度尺寸为 $H \pm \delta_H = 13 \pm 4.5$ mm。

（3）计算锥堵压入后的距离 $L \pm \delta_L$。

画出尺寸链计算图 4-13（b）。由图可知，距离 L 的公称尺寸为

$$L = H - 8 = 13 - 8 = 5 \,(\text{mm})$$

距离 L 的公差为

$$\delta_L = \pm(\delta_H + 0.2) = \pm(4.5 + 0.2) = \pm 4.7 \,(\text{mm})$$

故得锥堵压平后其下端面与 $\phi 5$ 孔口之间的距离为

$$L \pm \delta_L = 5 \pm 4.7$$

由此可得

$$L_{max} = 5 + 4.7 = 9.7 \,(\text{mm})$$

$$L_{min} = 5 - 4.7 = 0.3 \,(\text{mm})$$

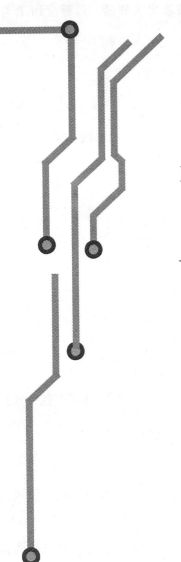

项目 5
弓形零件在加工及测量
时的计算

在实际生产中时常会遇到一些非整圆工件，或称弓形工件。在加工或测量这些工件时，需要根据某些参数求出未知量，以适应加工与测量。

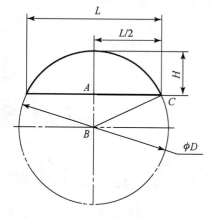

图 5-1 弓形的计算

如图 5-1 为一弓形，图中

D——弓形所属圆的直径；

L——弓形弦长；

H——弓形高。

在直角三角形 ABC 中，由勾股定理可知

$$BC^2 = AB^2 + AC^2$$

根据已知条件：

$$BC = \frac{D}{2}, \quad AB = \frac{D}{2} - H, \quad AC = \frac{L}{2}$$

故

$$\left(\frac{D}{2}\right)^2 = \left(\frac{D}{2} - H\right)^2 + \left(\frac{L}{2}\right)^2$$

$$\frac{D^2}{4} = \frac{D^2}{4} - DH + H^2 + \frac{L^2}{4}$$

$$DH = H^2 + \frac{L^2}{4}$$

得

$$D = H + \frac{L^2}{4H} \qquad (5-1)（求直径公式）$$

又由上式可知

$$L^2 = 4H(D - H)$$

得

$$L = 2\sqrt{H(D - H)} \qquad (5-2)（求弦长公式）$$

由 $4H^2 - 4DH + L^2 = 0$ 求 H 得

$$H = \frac{D \pm \sqrt{D^2 - L^2}}{2} \qquad (5-3)（求弓形高公式）$$

由 $D = 2R$ 得

$$H = R \pm \frac{1}{2}\sqrt{4R^2 - L^2} \qquad (5-4)$$

在公式（5-3）和（5-4）中，当弓形小于半圆时取"－"号；大于半圆时取"＋"号。

【例题 1】

图 5-2 是一个残缺的皮带轮，用卡尺测得弦长 $L = 245$ mm，已知卡脚高度 $H = 63.5$ mm，试求该皮带轮的直径 D。

解：这个问题是求弓形所属圆的直径。按公式（5-1）得

$$D = H + \frac{L^2}{4H} = 63.5 + \frac{245^2}{4 \times 63.5} = 63.5 + 236.32$$

$$= 299.82 \approx 300 \, (\text{mm})$$

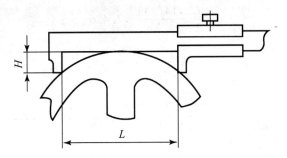

图 5-2   求残缺带轮直径

【例题 2】

如图 5-3 所示轴的直径为 22 mm，端部圆头半径为 20 mm，求圆头部分的高度 H。

解：此问题是求弓形的高。根据图 5-3 所示，本例 $L = 22 \, \text{mm}$，$D = 2R = 2 \times 20 = 40 \, (\text{mm})$。

用公式（5-3）取负号，得

$$H = \frac{D - \sqrt{D^2 - L^2}}{2} = \frac{40 - \sqrt{40^2 - 22^2}}{2}$$

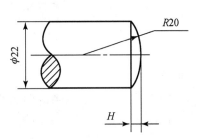

图 5-3   求轴端圆头高度

$$= \frac{40 - \sqrt{1600 - 484}}{2} = \frac{40 - 33.41}{2} = 3.3 \, (\text{mm})$$

【例题 3】

要加工图 5-4 气门挺杆头部。已知球部直径 $D = 25 \, \text{mm}$，杆部直径 $d = 15 \, \text{mm}$，求尺寸 H。

解：该图形是大于半圆的弓形。杆部直径 d 即是弓形弦长，所求即为弓形的高。用公式（5-3）进行计算，并取正号：

$$H = \frac{D + \sqrt{D^2 - L^2}}{2} = \frac{25 + \sqrt{25^2 - 15^2}}{2}$$

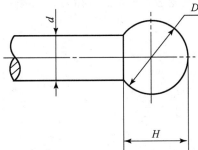

$$= \frac{25 + 20}{2} = 22.5 \, (\text{mm})$$

【例题 4】

要加工如图 5-5 所示的阶梯轴，已知图中所给尺寸，求圆角长度 x。

图 5-4   求球头高度

解：圆角长度 x 为弓形弦长的 $\frac{1}{2}$，即 $x = \frac{L}{2}$。

此处弦高 $H = \frac{1}{2}(35 - 25) = \frac{10}{2} = 5 \, (\text{mm})$，$D = 2 \times 8 = 16 \, (\text{mm})$，按公式（5-2）求出弓形弦长 L 为：

$$L = 2\sqrt{H(D - H)} = 2\sqrt{5(16 - 5)} = 2\sqrt{5 \times 11} = 2\sqrt{55} = 14.832 \, (\text{mm})$$

故

$$x = \frac{L}{2} = \frac{14.832}{2} = 7.416\,(\text{mm})$$

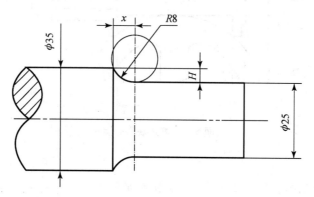

图 5-5　求轴的圆角长度 x

【例题 5】

如图 5-6 所示，求半圆键的长度 L。

解：此例是求弓形的弦长。已知：$H = 9\,\text{mm}$，$D = 22\,\text{mm}$，按公式（5-2）得

$$L = 2\sqrt{H(D-H)} = 2\sqrt{9(22-9)} = 2\sqrt{9 \times 13}$$
$$= 2\sqrt{117} = 2 \times 10.82 = 21.64\,(\text{mm})$$

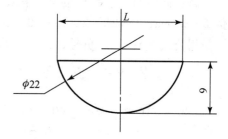

图 5-6　求半圆键的 L

【例题 6】

如图 5-7 所示的零件，要求平面长度尺寸 25 mm 末端用圆弧光滑过渡。试求加工此圆弧时使用的立铣刀直径 D。

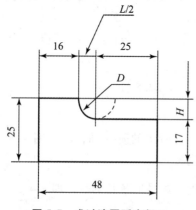

图 5-7　求过渡圆弧直径 D

解：此处弓形弦高 $H = 25 - 17 = 8\,(\text{mm})$，弦长的 $1/2$，即：

$$\frac{L}{2} = 48 - (25 + 16) = 7\,(\text{mm})$$

弦长 $L = 14\,(\text{mm})$

按公式（5-1）得

$$D = H + \frac{L^2}{4H} = 8 + \frac{14^2}{4 \times 8} = 8 + \frac{196}{32}$$
$$= 8 + 6.125 = 14.125\,(\text{mm})$$

故选用 $D = 14\,\text{mm}$ 的立铣刀进行加工。

【例题 7】

有一零件如图 5-8（a）所示，试计算铣削时毛坯的最小尺寸 x。（未考虑加工余量及公差，仅作纯理论计算）

解：由图 5-8（b）所示，

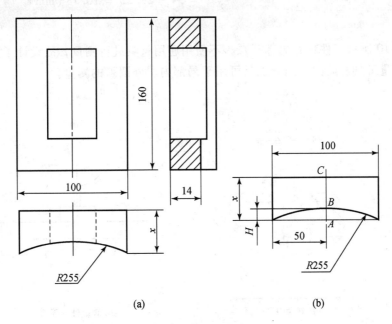

图 5-8 求毛坯厚度 x

$x = AB + BC$，已知 $BC = 14\,mm$，$AB = H$（弦高）。按公式（5-4）求尺寸 H。因弓形小于半圆，故式中应取负号：

$$H = R - \frac{1}{2}\sqrt{4R^2 - L^2}$$

$$= 255 - \frac{1}{2}\sqrt{4 \times 255^2 - 100^2}$$

$$= 255 - \frac{1}{2}\sqrt{250100}$$

$$= 255 - \frac{1}{2} \times 500.1$$

$$= 4.95\,(mm)$$

故得毛坯尺寸 $x = 14 + 4.95 = 18.95\,(mm)$。

【例题 8】

如图 5-9 所示的弧形样板，已知尺寸如图。现为了加工和测量的需要，试计算水平边 A 的长度。

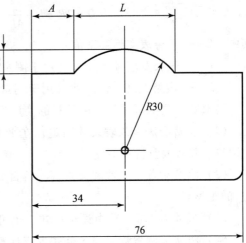

图 5-9 求样板尺寸 A

解：先计算弦长 L，按公式（5-2）得

$$L = 2\sqrt{H(D - H)} = 2\sqrt{11 \times (2 \times 30 - 11)}$$

$$= 2\sqrt{11 \times 49} = 2\sqrt{539} = 2 \times 23.22 = 46.44\,(mm)$$

由图可知尺寸 A 为：

$$A = 34 - \frac{L}{2} = 34 - \frac{46.44}{2} = 34 - 23.22 = 10.78 \, (\text{mm})$$

【例题9】

如图5-10所示工件带有局部圆弧，不便用通用量具进行测量，故设计了如图5-10所示的专用测量工具。此圆弧测量工具可用于局部内、外圆弧的测量。

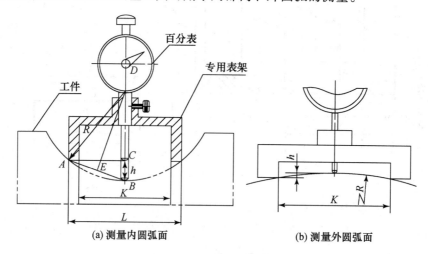

(a) 测量内圆弧面   (b) 测量外圆弧面

图5-10　求局部圆弧半径

经推导得：

$$D = 2R = h + \frac{L^2}{4h} \quad \text{或} \quad D = 2R = h + \frac{K^2}{4h} \qquad \text{即公式（5-1）}$$

其中：h——百分表实际移动值；

　　　L——表架宽度设计尺寸（用于测量内圆弧）；

　　　K——表架宽度设计尺寸（用于测量外圆弧）。

局部圆弧测量原理及专用量具的使用说明：

（1）将百分表装入表架并固定，在平板上对齐，得百分表触头在C点的读数，记住此读数，并且表盘位置不变。

（2）将表架置于工件圆弧内，测得百分表触头在B点的读数，两读数之差为BC（即h）的距离。

（3）尺寸L（或K）由设计可知，也可现场进行测量。

（4）将实际测量数据代入公式进行计算可得R的实际尺寸。

【例题10】

有一小半圆轴瓦，要检测其半径（或直径），可用如图5-11所示的方法：用3根直径相同的检验心轴，如图所示放置，用深度游标卡尺或深度千分尺测量出尺寸H，通过计算便可获得。

已知：$d = 20 \, \text{mm}$，$H = 2 \, \text{mm}$，则：

$$2R = \frac{d(d+H)}{H} = \frac{20(20+2)}{2} = 220 \, (\text{mm})$$

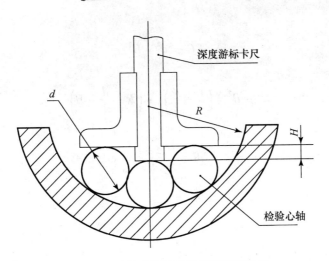

图 5-11　用检验心轴检测局部圆弧半径

以下是公式推导过程，其示意图如图 5-12 所示。

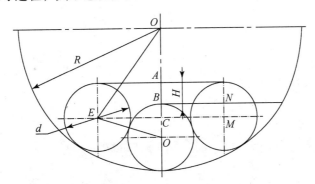

图 5-12　公式推导示意图

在 $\triangle OEC$ 中，根据勾股定理得：

$$OE^2 = OC^2 + EC^2$$
$$EC^2 = OE^2 - OC^2$$

其中：

$$OE = \left(R - \frac{d}{2}\right)^2, \quad OC = R - d + BC = R - d + MN = R - d + \left(\frac{d}{2} - H\right) = R - \frac{d}{2} - H$$

则

$$EC^2 = \left(R - \frac{d}{2}\right)^2 - \left(R - \frac{d}{2} - H\right)^2$$

又，在 $\triangle ECD$ 中，根据勾股定理得：

$$DE^2 = CD^2 + EC^2$$
$$EC^2 = DE^2 - CD^2$$

其中：

$$DE = d, \quad CD = R - \frac{d}{2} - OC = R - \frac{d}{2} - \left(R - \frac{d}{2} - H\right) = H$$

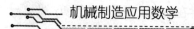
则

$$EC^2 = d^2 - H^2$$

故

$$d^2 - H^2 = \left(R - \frac{d}{2} \right)^2 - \left(R - \frac{d}{2} - H \right)^2$$

解得：

$$2R = \frac{d(d+H)}{H}$$

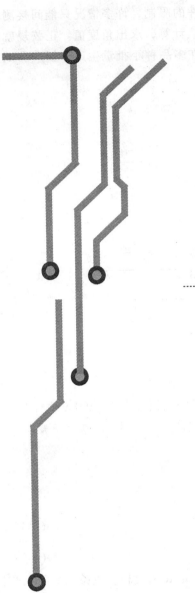

项目 6
在正弦规上加工和
测量时的计算

在零件角度的测量中，由于零件外形和测量仪器条件的限制，许多情况只能间接测量。这种方法通常是通过直线尺寸的测量，利用三角函数计算，求出角度值。正弦规就有这样的作用。它既是测量工具，又可以作夹具使用，在多品种小批量生产、新产品试制中应用较广。

图 6-1 所示为正弦规工作原理图，现作如下推导。

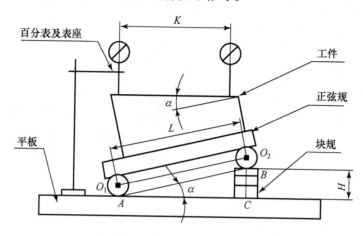

图 6-1   用正弦规测量锥度

在 $\triangle ABC$ 中，

AB 是固定值，即正弦规的规格，$AB = O_1 O_2 = L$。常用的正弦规有 $L = 100$ mm 和 $L = 200$ mm 两种。这个尺寸非常精确，它的制造误差可以忽略不计。

α 是个变量，按加工或测量工件的需要而定。

BC 是所垫块规高度，$BC = H$，按查表或计算获得。

由图可知

$$\sin\alpha = \frac{H}{L} \tag{6-1}$$

$$H = L \times \sin\alpha \tag{6-2}$$

给定块规高度 H 值，可按（6-1）式计算出角度 α；给定 α 角度值，可按（6-2）式计算出块规高度值 H。

在正弦规上测量工件时，应与百分表联合使用，如图 6-1 所示。操作时，将正弦规放在测量平板上，按工件的 α 角计算出块规值 H，并将块规垫于正弦规圆柱下方，使正弦规抬起角度 α。这时工件被测表面基本上呈水平状态，然后移动百分表座测量工件被测表面。

由于制造时工件的 α 角存在一定误差，因此测量工件两端所获得的数据并不相等，即读数会出现误差值 δ_h。也可以通过测量误差值 δ_h 计算出角度误差 δ_α。计算公式如下：

$$\delta_h = K \times \sin\delta_\alpha \tag{6-3}$$

$$\sin\delta_\alpha = \frac{\delta_h}{K} \tag{6-4}$$

如果工件角度 α 公差较大时，则按其最大值和最小值用公式（6-2）计算出两个 H 值，分别进行测量，以判断工件的角度误差是否在允许范围内。

【例题1】

用正弦规测量一锥体零件，正弦规的规格为 $L = 200\,mm$，工件锥角 $\alpha = 5°25'$，试求所垫块规高度 H。若百分表的测量长度 $K = 30\,mm$，问角度公差 $\delta_\alpha = \pm 10'$ 反映在百分表上的读数允差 $\pm \delta_h$ 是多少？

解：按公式（6-2）求得应垫块规高度 H 为：
$$H = L \times \sin\alpha = 200 \times \sin 5°25' = 200 \times 0.0944 = 18.88\,(mm)$$

按公式（6-3）求得百分表读数 δ_h 为：
$$\delta_h = K \times \sin\delta_\alpha = \pm 30 \times \sin 10' = \pm 30 \times 0.00291 = \pm 0.087\,(mm)$$

算式中 δ_h 的正负号表示大端比小端不高于 0.087 mm 或比小端不低于 0.087 mm。

【例题2】

如图 6-2 所示，钳工要在 $L = 200\,mm$ 的正弦规上测量夹具倾斜角度，测量时以平面 A 为定位基准。求正弦抬起的角度 α 及所垫块规的高度 H。

测量时在钻套孔中插入检验心轴，百分表在 a 点测量时对零，在 b 点测量时差值为 0.05 mm，试验算孔的角度误差 δ_α 是否合格。

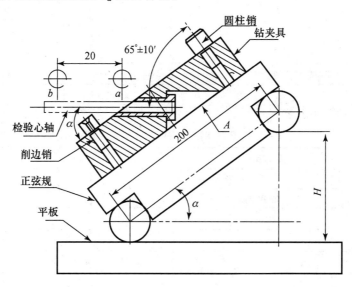

图 6-2　检测钻夹具斜孔

解：

（1）求正弦抬起的角度 α

由图 6-2 可知，$\alpha = 90° - 65° \pm 10' = 25° \pm 10'$

（2）求块规尺寸 H

按公式（6-2）
$$H = L \times \sin\alpha = 200 \times \sin 25° = 200 \times 0.42262 = 84.524\,(mm)$$

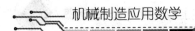

（3）求斜孔的角度误差 δ_α

按公式（6-4）

$$\sin\delta_\alpha = \frac{\delta_h}{20} = \frac{0.05}{20} = 0.0025$$

查表得：

$$\delta_\alpha \approx 0.1432° = 8'$$

得

$$\delta_\alpha = 8' < 10'$$

故此夹具钻模板板孔角度合格。

测量莫氏圆锥时的块规组合如表 6-1 所示。

表 6-1　测量莫氏圆锥时的块规组合

莫氏圆锥	锥度 C	块规组合 H/mm	
		正弦规 $L = 100$	正弦规 $L = 200$
0	0.05205	5.2014	10.4028
1	0.04988	4.9848	9.9696
2	0.04995	4.9918	9.9836
3	0.05020	5.0168	10.0336
4	0.05194	5.1904	10.3808
5	0.05263	5.5593	10.5186
6	0.05124	5.2104	10.4208

测量常用圆锥使用的块规组合尺寸表如表 6-2 所示。

表 6-2　测量常用圆锥使用的块规组合尺寸表

锥度与锥角				块规组合 H/mm	
基本值		推算值		$L = 100$	$L = 200$
系列 1	系列 2	圆锥角 α	比例		
120°			1 : 0.288675		
90°			1 : 0.500000	100	200
	75°		1 : 0.651613	96.5926	193.1851
60°			1 : 0.866025	86.6025	173.2051
45°			1 : 1.207107	70.7107	141.4214
30°			1 : 1.866025	50	100
1 : 3		18°55′28.7″	18.924644°	32.4324	64.8649
	1 : 4	14°15′0.1″	14.250033°	24.6153	49.2310
1 : 5		11°25′16.3″	11.421186°	19.8020	39.6040
	1 : 6	9°31′38.2″	9.527283°	16.5440	33.0880
	1 : 7	8°10′16.4″	8.171234°	14.2132	28.4264

锥度与锥角				块规组合 H/mm	
基本值		推算值		$L=100$	$L=200$
系列 1	系列 2	圆锥角 α	比例		
	1 : 8	7°9′9.6″	7.152 669°		12.451 4	24.902 7
1 : 10		5°43′29.3″	5.724 810°		9.975 1	19.950 1
	1 : 12	4°46′18.8″	4.771 888°		8.318 9	16.637 3
	1 : 15	3°49′5.9″	3.818 305°		6.659 3	13.318 5
1 : 20		2°51′51.1″	2.864 192°		4.996 9	9.993 8
1 : 30		1°54′34.9″	1.909 682°		3.332 4	6.664 8
	1 : 40	1°25′56.8″	1.432 222°		2.499 6	4.999 2
1 : 50		1°8′45.2″	1.145 877°		1.999 8	3.999 6
1 : 100		0°34′22.6″	0.572 953°		1	2
1 : 200		0°17′11.3″	0.286 478°		0.5	1
1 : 500		0°6′52.2″	0.114 591°		0.2	0.4
7 : 24		16°35′39.4″	16.594 290°	1 : 3.426 571	28.559 3	57.118 6

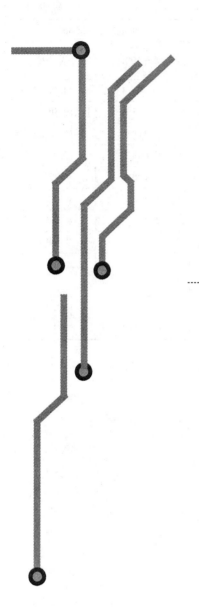

项目 7
V 形块在加工及
测量时的计算

V形块是一种常用的定位元件，可用于圆柱形工件的加工定位及测量。V形块有较高的制造精度，因此对它的计算显得尤为重要。

由 V 形块的计算还可演变为 V 形工件的计算，本项目一并予以介绍。

7.1　V 形块槽角 2α 的计算

在检验 V 形块的 V 形槽夹角时，选用两根直径不同的心轴进行间接测量，分别测得 H 和 h，通过三角函数计算出夹角实际值，如图 7-1（a）所示。

两根心轴半径分别为 R、r。通过心轴的圆心 A、B 分别作 V 形块斜面的垂线和平行线相交于 C，得 $\text{Rt}\triangle ABC$，如图 7-1（b）所示。

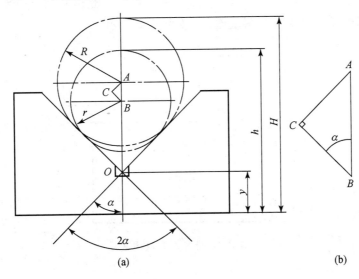

(a)　　　　　　　　　　　　　　　(b)

图 7-1　V 形块槽角的计算

因　　　　　　　　　　　　　　$\angle ABC = \alpha$

故　　　　　　　　　　　　　　$\sin\alpha = \dfrac{AC}{AB}$

其中　　　　　　　　$AC = R - r,\ \ AB = AO - BO$

而　　　　　　　　　$AO = H - R - y,\ \ BO = h - r - y$

故　　　　　$AB = (H - R - y) - (h - r - y) = (H - R) - (h - r)$

得　　　　　　　　$\sin\alpha = \dfrac{R - r}{(H - R) - (h - r)}$ 　　　　　　(7-1)

式中 H、h 是测量所得尺寸。

【例题 1】

如图 7-1 所示，要检测 V 形块槽角大小，试求角度 2α。

解：将 V 形块置于平板上，先将直径为 15.2 mm 的心轴置于槽内，测得心轴上母线至平板高度 $h = 83.4$ mm；再将直径为 18.5 mm 的心轴置于槽内重复以上操作，得 $H = 87.38$ mm。

用公式（7-1）

$$\sin\alpha = \frac{R - r}{(H - R) - (h - r)} = \frac{9.25 - 7.6}{(87.38 - 9.25) - (83.4 - 7.6)}$$

$$= \frac{1.65}{78.13 - 75.8} = \frac{1.65}{2.33} = 0.70815$$

得
$$\alpha = 45°5'$$

由此可知 V 形块槽角 $2\alpha = 90°10'$。

7.2　V 形块槽宽 B 的测量与计算

测量 V 形块的槽宽 B，可用一根心轴放在 V 形槽中，测出心轴上母线到 V 形块上端面的距离，通过计算即可求得 V 形块槽宽，如图 7-2 所示。

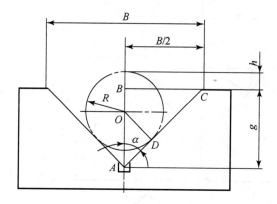

图 7-2　计算 V 形块槽宽

图 7-2 中，

B——V 形块槽宽

R——心轴半径

α——V 形块半槽角

h——心轴上母线到 V 形块上端面的距离

g——V 形块槽的理论深度

在 $\mathrm{Rt}\triangle ABC$ 中，

$$BC = \frac{B}{2} = g \times \tan\alpha$$

$$B = 2 \times g \times \tan\alpha$$

其中

$$g = AB = AO + (R - h)$$

从心轴 O 作到斜面的垂线 OD，在 $\mathrm{Rt}\triangle AOD$ 中

$$\sin\alpha = \frac{OD}{AO}, \qquad AO = \frac{OD}{\sin\alpha}$$

由此可得

$$B = 2 \times g \times \tan\alpha = 2 \times \tan\alpha \times (AO + R - h)$$

$$= 2 \times \tan\alpha \times \left(\frac{R}{\sin\alpha} + R - h \right)$$

即

$$B = 2 \times \tan\alpha \times \left(\frac{R}{\sin\alpha} + R - h \right) \tag{7-2}$$

【例题2】

用直径为25 mm 的心轴检验槽角为60°的 V 形块，心轴上母线到 V 形块上端面的距离 $h = 9.52$ mm，求槽宽 B。

解：按公式（7-2），得

$$B = 2 \times \tan\alpha \times \left(\frac{R}{\sin\alpha} + R - h \right) = 2 \times \tan30° \times \left(\frac{12.5}{\sin30°} + 12.5 - 9.52 \right)$$

$$= 2 \times 0.57735 \times \left(\frac{12.5}{0.5} + 12.5 - 9.52 \right) = 2 \times 0.57735 \times 27.98$$

$$= 32.309 \, (\text{mm})$$

7.3　凸 V 形导轨宽度的测量及计算

要准确测量凸 V 形导轨宽度 B，可利用两根直径相等的心轴如图7-3放置，测出心轴外侧的距离 M，然后经过计算求出宽度 B。

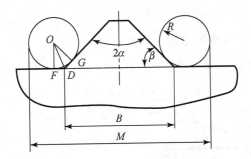

图 7-3　凸 V 形导轨的测量及计算

设凸 V 形导轨的角度为 2α，两心轴半径为 R（直径为 D）。在图中增加辅助线 OF、OG，可知，

$$\beta = 90° - \alpha, \quad \angle FOG = \beta$$

$$\angle FOD = \frac{1}{2} \angle FOG = \frac{\beta}{2}$$

在 Rt△FOD 中

$$FD = OF \times \tan \angle FOD = R \times \tan \frac{\beta}{2}$$

由于图形对称，于是

$$M = B + 2FD + 2R = B + 2R \times \tan\frac{\beta}{2} + 2R$$

即

$$M = B + D + D \times \tan\frac{\beta}{2} \tag{7-3}$$

$$B = M - D - D \times \tan\frac{\beta}{2} \tag{7-4}$$

【例题 3】

如图 7-3 所示的凸 V 形导轨，已知 $2\alpha = 90°$，检验心轴直径 12 mm，测得 $M = 60.05$ mm，试求其宽度 B。

解：此处角度 $\beta = 90° - \alpha = 90° - 45° = 45°$

按公式（7-4）得所求宽度为

$$B = M - D - D \times \tan\frac{\beta}{2} = 60.05 - 12 - 12 \times \tan 22°30'$$

$$= 60.05 - 12 - 12 \times 0.41421 = 48.05 - 4.97$$

$$= 43.08 \,(\text{mm})$$

7.4　工件在 V 形块中定位时误差的计算

【例题 4】

如图 7-4（a）所示的圆柱形工件，其外圆直径及公差为 $d_{-\delta_d}$，要设计夹具，用 V 形块定位铣削平面 A，试计算其定位误差 δ_h。

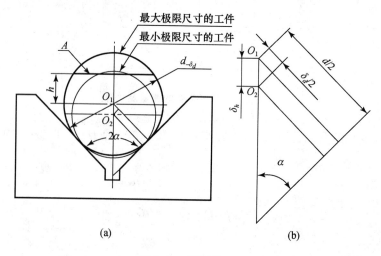

图 7-4　求定位误差

解：画出误差计算图形图 7-4（b），由图可知，定位误差 $\delta_h = O_1 O_2$

$$\delta_h = \frac{\frac{\delta_d}{2}}{\sin\alpha} = \frac{\delta_d}{2 \times \sin\alpha} \tag{7-5}$$

当使用 $2\alpha = 90°$ 的 V 形块时（设计夹具时一般常使用 $90°$ V 形块）

$$\delta_h = \frac{\delta_d}{2 \times \sin 45°} = \frac{1.4142 \times \delta_d}{2} = 0.7071\delta_d \tag{7-6}$$

即定位误差是工件定位尺寸公差的 0.7071 倍。由此可见，当 V 形块的槽角一定时，定位尺寸公差越大，定位误差越高。

【例题 5】

如图 7-4 所示，圆柱形工件在 $90°$ V 形块上铣削 A 平面时，要保证尺寸 h 的上下偏差均为 0.02 mm，问工件定位基准 d 的公差为多大时才能确保 h 的公差。

解：此题是上例的反计算。此处 $\delta_h = 0.04$ mm，用公式（7-6）计算。

$$0.04 = 0.7071 \times \delta_d$$

得

$$\delta_d = \frac{0.04}{0.7071} = 0.05656 \approx 0.056 \, (\text{mm})$$

即工件定位基准的尺寸公差应小于 0.056 mm，才能保证尺寸 h 的上下偏差为 0.02 mm。

【例题 6】

一圆柱零件（图 7-5（a））在端面上需要钻孔，设计了如图 7-5（b）所示的钻夹具。要求以外圆定位并夹紧，保证 $\phi 7$ mm 孔与外圆轴线之间的距离为 8 ± 0.1（mm）。采用 $2\alpha = 90°$ 的 V 形块，钻头直径为 $\phi 7^{+0.02}_{+0.01}$ mm。

解：按题意和图形可知影响加工精度的误差有下列几项。

（1）定位误差：即工件在 V 形块上定位时产生的误差。

（2）夹具制造误差：夹具在制造和装配过程中产生的误差。

（3）刀具引导误差：钻头与钻套配合造成的误差。

（4）其他误差：原因很多，本例暂不讨论，只确定一数值。

这些误差的对应关系如下。

定位误差 Δd：本例需要通过计算获得。即：

$$\Delta d = 0.7071 \times \delta_d = 0.7071 \times 0.05 = 0.0354 \, (\text{mm})$$

夹具制造误差 Δj：从夹具装配简图上可知，为钻套中心至 V 形块中心距公差 ± 0.03 mm 和钻套位置度公差 0.04 mm。

刀具引导误差 Δt：钻头与钻套的最大配合间隙 0.05 mm。

其他误差 Δq：其他因素导致的误差，本例叙述从略，预计为 0.05 mm。

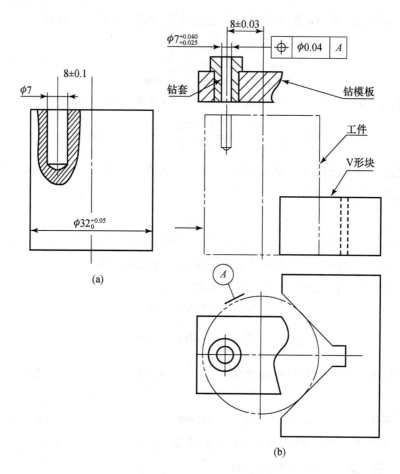

图 7-5　钻夹具误差计算

以上误差均会对钻孔时的工序尺寸 8 ± 0.1（mm）产生影响。

即　　　　$\Delta_8 = \Delta d + \Delta j + \Delta t + \Delta q = 0.0354 + (0.06 + 0.04) + 0.05 + 0.05 = 0.2354$（mm）

显然，这一误差已经超过零件的精度要求 0.2 mm。这是一种极端的情况，然而在生产中这种极端情况出现的概率较小，故误差项目较多时可用概率法进行计算。

概率法计算公式：

$$\Delta = \sqrt{\sum_{i=1}^{n-1} T^2} \tag{7-7}$$

其中 T 为各误差。

用此公式计算得 Δ 值，只要 $\Delta < \Delta_{工}$，则夹具视为合格。

将本例数据代入（7-7）得

$$\Delta = \sqrt{\sum_{i=1}^{n-1} T^2} = \sqrt{0.0354^2 + 0.06^2 + 0.04^2 + 0.05^2 + 0.05^2} = \sqrt{0.01145} = 0.107 \text{（mm）}$$

$$\Delta = 0.107 < \Delta_{工} = 0.2$$

结论：夹具能满足加工精度。

【例题7】

轴类零件在V形块上定位铣键槽时，由于工序尺寸标注方式不同，则定位误差的大小不同。本例对不同标注法的误差计算公式进行推导，以供设计夹具时选用。如图7-6所示。

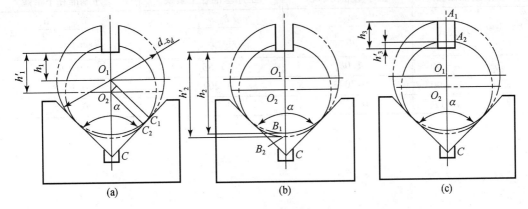

图7-6　工件在V形块上定位时定位误差的计算

（1）工件以外圆的中心 O_1 为工序基准，标注键槽加工尺寸为 h_1（图7-6（a））。因为工件的定位基准为外圆侧素线与V形块相接触，定位基准与工序基准不重合，必然产生定位误差。设工件外径为 $d_{-\delta_d}$，通过图形7-6（a）的 $\Delta O_1 C_1 C$ 与 $\Delta O_2 C_2 C$ 可求得工序基准沿本工序的加工方向上的最大变动量，即为定位误差 δ_{h_1}：

$$\delta_{h_1} = O_1 O_2 = O_1 C - O_2 C = \frac{O_1 C_1}{\sin \frac{\alpha}{2}} - \frac{O_2 C_2}{\sin \frac{\alpha}{2}} = \frac{d}{2\sin \frac{\alpha}{2}} - \frac{d - \delta_d}{2\sin \frac{\alpha}{2}} = \frac{\delta_d}{2\sin \frac{\alpha}{2}} \qquad (7\text{-}8)$$

（2）以工件外圆底素线为工序基准，标注键槽加工尺寸 h_2（图7-6（b））。同理从图7-6（b）的几何关系可知，定位误差 δ_{h_2} 为：

$$\delta_{h_2} = B_1 B_2 = O_1 O_2 + O_2 B_2 - O_1 B_1 = \frac{\delta_d}{2\sin \frac{\alpha}{2}} + \frac{d - \delta_d}{2} - \frac{d}{2} = \frac{\delta_d}{2} \left(\frac{1}{\sin \frac{\alpha}{2}} - 1 \right) \qquad (7\text{-}9)$$

（3）以工件外圆顶素线为工序基准，标注键槽尺寸 h_3（图7-6（c））。同理知定位误差 δ_{h_3}：

$$\delta_{h_3} = A_1 A_2 = O_1 A_1 + O_1 O_2 - O_2 A_2 = \frac{d}{2} + \frac{\delta_d}{2\sin \frac{\alpha}{2}} - \frac{d - \delta_d}{2} = \frac{\delta_d}{2} \left(\frac{1}{\sin \frac{\alpha}{2}} + 1 \right) \qquad (7\text{-}10)$$

上述三种情况说明，工件以其外圆素线在V形块上定位时，加工尺寸 h 的工序基准不同，其定位误差也不相同。其中以上素线为工序基准时误差最大，中心为基准时误差次之，以下素线为基准时误差最小。因此在设计键槽深度尺寸时，以其下素线为设计基准最好，这样可以减少加工误差。

V形块的V形角度有三种规格，即60°、90°和120°，从公式中可以看出，V形角度的大小也会对定位误差产生影响：60°的V形块定位误差最大，定位稳定性最好，90°的次之，120°的误差最小，但是，定位的稳定性最差，故设计夹具一般选用90°V形块。

现将三种工序尺寸标注和三种 V 形块定位误差列于表 7-1，以供参考。

表 7-1　V 形块的定位误差

工序基准位置		工序基准在中心	工序基准在上素线	工序基准在下素线
误差计算公式		$\dfrac{\delta_d}{2\sin\dfrac{\alpha}{2}}$	$\dfrac{\delta_d}{2\sin\dfrac{\alpha}{2}}+\dfrac{\delta_d}{2}$	$\dfrac{\delta_d}{2\sin\dfrac{\alpha}{2}}-\dfrac{\delta_d}{2}$
误差简化公式	$\alpha=60°$	$1.0\delta_d$	$1.5\delta_d$	$0.5\delta_d$
	$\alpha=90°$	$0.707\delta_d$	$1.207\delta_d$	$0.207\delta_d$
	$\alpha=120°$	$0.577\delta_d$	$1.077\delta_d$	$0.077\delta_d$

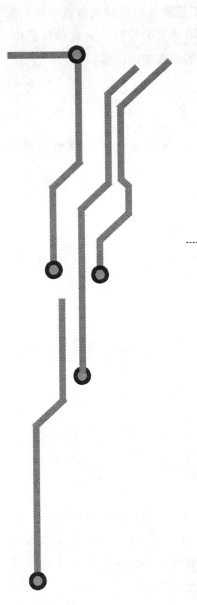

项目 8
燕尾装置的计算

在机械制造中，燕尾装置使用很广。例如，机床和工艺装备的设计及制造中经常采用燕尾导轨作为直线运动的引导装置或固定装置。在燕尾装置的设计、制造和检测中，常常要进行一些几何尺寸计算，本项目就机械制造中常见的形式加以讲解。

8.1　燕尾镶条尺寸计算

如图 8-1 所示，镶条尺寸在图纸上一般标注边宽 b，而实际加工时需要测量厚度 t。

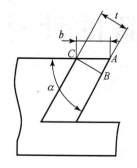

图 8-1　燕尾镶条

在 Rt$\triangle ABC$ 中，

$$\sin\alpha = \frac{BC}{AC} = \frac{t}{b}$$

于是　　　　　　　　$t = b \times \sin\alpha$ 　　　　　　(8-1)

一般燕尾槽角度 $\alpha = 55°$，于是得

$$t = 0.81915b$$ 　　　　　　(8-2)

【例题 1】

一燕尾镶条，角度 $\alpha = 55°$，边宽 $b = 8$ mm，如图 8-1 所示，求厚度 t。

解：用公式（8-1）得

$$t = b \times \sin\alpha = b \times 0.81915 = 8 \times 0.81915 = 6.55 \,(\text{mm})$$

8.2　燕尾斜形镶条斜度计算

燕尾斜形镶条比平行镶条调整方便，接触均匀，故常用。一般注明的斜度 $1:k$（标准斜度是 $1:50$ 和 $1:100$）总是指水平面 CA 内的斜度。这样便于计算燕尾两端宽度尺寸。如图 8-2 所示，长度 100 mm，斜度 $1:100$，若大端宽度 40 mm，则小端宽度是 39 mm。但是在加工斜形镶条时却需要知道法面 CB 内的斜度 $1:n$。

如果在 CA 平面内镶条两头的边宽各为 b_1 和 b_2，则

$$\frac{b_2 - b_1}{L} = \frac{1}{k}$$

设在法面 CB 平面内镶条两端的厚度各为 t_1 和 t_2，则

$$\frac{t_2 - t_1}{L} = \frac{1}{n}$$ 　　　　　　(1)

在直角三角形 ABC 中，$\sin\alpha = \dfrac{CB}{CA} = \dfrac{t_1}{b_1}$，即

$$t_1 = b_1 \times \sin\alpha$$ 　　　　　　(2)

同理　　$\sin\alpha = \dfrac{t_2}{b_2}$，即

$$t_2 = b_2 \times \sin\alpha \qquad\qquad (3)$$

将（2）和（3）式代入（1）式得

$$\frac{1}{n} = \frac{b_2 \times \sin\alpha - b_1 \times \sin\alpha}{L} = \frac{b_2 - b_1}{L}\sin\alpha$$

$$= \frac{1}{k}\sin\alpha = \frac{1}{\dfrac{k}{\sin\alpha}}$$

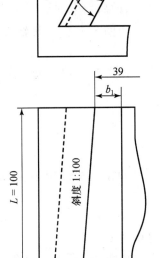

于是：

法面斜度　　$1 : n = 1 : \dfrac{k}{\sin\alpha} = 1 : (k \times \csc\alpha) \qquad (8\text{-}3)$

水平斜度　　$1 : k = 1 : (n \times \sin\alpha) \qquad\qquad (8\text{-}4)$

【例题 2】

　　一燕尾槽角度 $\alpha = 55°$，水平面（CA 平面）内的斜度是 $1 : 100$，问镶条在法面（CB 平面）内的斜度 $1 : n$ 是多少？

　　解：用公式（8-3）进行计算。

$$1 : n = 1 : (k \times \csc\alpha)$$

$$= 1 : (100 \times \csc 55°)$$

$$= 1 : (100 \times 1.2208)$$

$$= 1 : 122.08$$

图 8-2　燕尾斜形镶条

8.3　燕尾装置上下宽度计算

　　在燕尾装置的设计中，它的宽度、高度和角度之间的尺寸关系常常需要通过计算来确定，现推导相关计算公式。

　　图 8-3（a）和图 8-3（b）所示为一对燕尾装置，角度 α 相同。图 8-3（a）中燕尾高度为 h，上下宽度分别为 b_1 和 b_2，宽度差为 $2BC$；图 8-3（b）中燕尾槽的深度为 H，上下宽度各为 B_1 和 B_2，宽度差为 $2EF$。

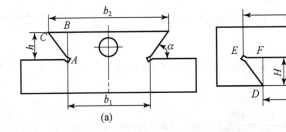

图 8-3　燕尾装置

　　在燕尾装置中，尺寸 H 和 h 是不相等的，因为水平面只能与一个面相接触。如果要求上面的一对与水平面相接触，则下面一对水平面之间应有间隙 Δh，即

$$\Delta h = h - H$$

如果要求下面的一对水平面接触，则上面一对水平面之间应有间隙 Δh，即

$$\Delta h = H - h$$

间隙 Δh 的大小可根据其结构要求和尺寸大小确定，一般在 $2 \sim 3\,\mathrm{mm}$ 之间选取。

推导：

由图 8-3（a）可知，在 $\mathrm{Rt}\triangle ABC$ 中，

$$BC = AB \times \cot\alpha = h \times \cot\alpha$$

由图 8-3（b）可知，在 $\mathrm{Rt}\triangle DEF$ 中，

$$EF = DF \times \cot\alpha = H \times \cot\alpha$$

于是得：

$$b_2 = b_1 + 2h \times \cot\alpha, \quad B_2 = B_1 + 2H \times \cot\alpha \tag{8-5}$$

$$b_1 = b_2 - 2h \times \cot\alpha, \quad B_1 = B_2 - 2H \times \cot\alpha \tag{8-6}$$

若 $\alpha = 55°$，则 $2\cot\alpha = 1.4$，于是

$$b_2 = b_1 + 1.4h, \quad B_2 = B_1 + 1.4H \tag{8-7}$$

$$b_1 = b_2 - 1.4h, \quad B_1 = B_2 - 1.4H \tag{8-8}$$

【例题3】

如图 8-3 所示，一溜板燕尾高度 $h = 18\,\mathrm{mm}$，$\alpha = 55°$，大端宽度 $b_2 = 100\,\mathrm{mm}$，求小端宽度 b_1。

解：用公式（8-8）进行计算。

$$b_1 = b_2 - 1.4h = 100 - 1.4 \times 18 = 100 - 25.2 = 74.8\,(\mathrm{mm})$$

【例题4】

如图 8-3 所示，一溜板燕尾槽高度 $H = 20\,\mathrm{mm}$，$\alpha = 55°$，小端宽度 $B_1 = 66\,\mathrm{mm}$，求大端宽度 B_2。

解：用公式（8-7）进行计算。

$$B_2 = B_1 + 1.4H = 66 + 1.4 \times 20 = 94\,(\mathrm{mm})$$

8.4 用心轴测量燕尾槽宽度的计算

在燕尾装置的加工和测量中，尺寸 b_1、B_1 不易测量准确，因此需要借助检验心轴进行测量和计算。现推导其计算公式。

如图 8-4 所示的燕尾槽，用直径 d 的检验心轴量出内侧尺寸 N，再计算宽度 B_1。从图可知

$$B_1 = N + 2AB + 2 \times \frac{d}{2} = N + 2AB + d$$

在 $\mathrm{Rt}\triangle ABC$ 中，

$$\tan\frac{\alpha}{2} = \frac{AB}{CB} = \frac{AB}{\dfrac{d}{2}}, \quad 则 \quad AB = \frac{d}{2} \times \tan\frac{\alpha}{2}$$

于是

$$B_1 = N + d \times \tan\frac{\alpha}{2} + d$$

即

$$B_1 = N + d\left(1 + \tan\frac{\alpha}{2}\right) \qquad (8\text{-}9)$$

若 $\alpha = 55°$，则

$$B_1 = N + 1.5206d \qquad (8\text{-}10)$$

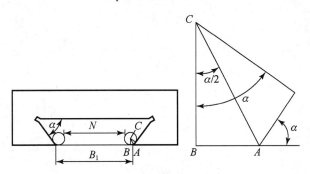

图 8-4　用检验心轴检测燕尾槽

【例题 5】

如图 8-4 所示的燕尾槽，角度 $\alpha = 55°$，使用 $d = 10\,\mathrm{mm}$ 的检验心轴测得内侧尺寸 $N = 50.75\,\mathrm{mm}$。试计算燕尾槽小端宽度 B_1。

解：用公式（8-10）进行计算。

$$B_1 = N + 1.5206d = 50.75 + 1.5206 \times 10 = 50.57 + 15.21 = 65.78\,(\mathrm{mm})$$

8.5　用心轴测量燕尾宽度的计算

图 8-5 所示的燕尾，用直径 d 的心轴测量出外侧尺寸 M，即可计算出宽度 b_1。由图可知：

$$b_1 = M - 2AB - d$$

在 $\triangle ABC$ 中，得

$$AB = BC \times \cot\frac{\alpha}{2} = \frac{d}{2} \times \cot\frac{\alpha}{2}$$

于是

$$b_1 = M - d \times \cot\frac{\alpha}{2} - d$$

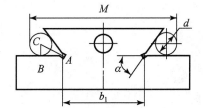

图 8-5　用心轴测量燕尾宽度

即

$$b_1 = M - d\left(1 + \cot\frac{\alpha}{2}\right) \qquad (8\text{-}11)$$

若 $\alpha = 55°$，则

$$b_1 = M - 2.921d \qquad (8\text{-}12)$$

【例题 6】

一燕尾角度 $\alpha = 55°$，用 $d = 10\,\mathrm{mm}$ 的心轴按图 8-5 的方法测得外侧尺寸 $M = 104.11\,\mathrm{mm}$，求它的宽度 b_1。

解：用公式（8-12）得

$$b_1 = M - 2.921d = 104.11 - 2.921 \times 10 = 74.90\,(\mathrm{mm})$$

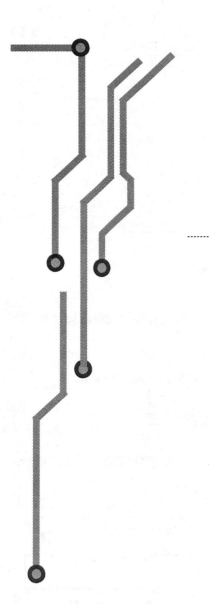

项目 9
尺寸链的计算

9.1 概 述

9.1.1 工艺尺寸

一张零件图上有很多尺寸，我们就是按照这些尺寸和其他技术要求把零件加工出来的。这些尺寸是设计人员根据产品的零件结构和使用要求制定出来的，所以叫设计尺寸。但是往往会发生这样的情形，我们无法直接把设计尺寸加工出来，或者要经过几个工序或工步，最后才能获得设计尺寸。这样，我们就有必要根据具体的加工条件规定一些尺寸，只有按照这些尺寸加工，才能最后达到设计尺寸的要求。这些尺寸是我们在加工零件时需要的，我们把它们叫做工艺尺寸。

在检验零件时，也会遇到类似的问题，就是不能直接按零件图上的尺寸进行检验，而要另外算出一个尺寸，这种尺寸也叫工艺尺寸。

如图 9-1（a）所示的零件用圆柱形铣刀加工台阶时，是用底面和侧面作定位基准，如图 9-1（b）所示。大批生产采用调整法加工，当调整铣刀相对于工件的位置时，需要用到尺寸 $A^{+\delta_A}$ 和尺寸 $30^{+0.35}$。因为尺寸 $A^{+\delta_A}$ 是零件图上没有的，所以是工艺尺寸。对比图 9-1（a）和图 9-1（b），可以发现，这个工艺尺寸是由于改变零件图上的尺寸标注而形成的。为什么要增加这个尺寸呢？因为这是调整机床的需要，或者说是由于工艺的要求。因为尺寸 $10^{+0.30}$ 的设计基准是表面 1，可是现在的定位基面是表面 2，所以不能再用原来的设计尺寸 $10^{+0.30}$ 来调整机床了。

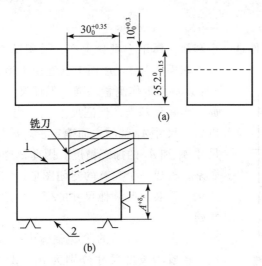

图 9-1 工艺尺寸

如果采用试切法加工该零件，就不需要这个工艺尺寸 $A^{+\delta_A}$ 了，加工时我们可以直接保证尺寸 $10^{+0.30}$ mm。

再看一例子。如图 9-2 所示是一个圆柱齿轮，它的内孔加工要经历的部分工艺过程为：半精车内孔（留磨削余量）、插键槽至某个尺寸（$A_j^{+\delta_j}$）、热处理淬火、磨内孔至图纸尺寸。根据孔的加工工艺，我们需要知道的是在插键槽时键槽深度尺寸 $A_j^{+\delta_j}$ 如何确定，当淬火、磨削内孔后，键槽深度尺寸能够得以保证。而尺寸 $A_j^{+\delta_j}$ 是图纸上没有的，但是加工中又需要，所以它也属于工艺尺寸。

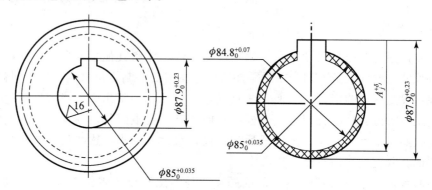

图 9-2　插槽时的工艺尺寸

对比一下这两个工艺尺寸，它们有何区别呢？它们各有各的特点，性质是不同的。前一例中的工艺尺寸 $A^{+\delta_A}$ 是由于工艺的要求，改变了零件图上的尺寸标注而形成的；后一例中的工艺尺寸 $A_j^{+\delta_j}$，它是从还须继续加工的表面（需要磨削的内孔表面）标注出的尺寸，将来这个表面被加工后，这个尺寸便不存在了。因此，工艺尺寸大体可以分为两类：第一类工艺尺寸是由于工艺要求，改变了零件图上的尺寸标注方法而形成的工艺尺寸；第二类是从需要继续加工的表面标注出的工艺尺寸。

9.1.2　尺寸链

如图 9-3 所示，工件是一个套筒，属于小批量生产，采用试切法加工。装夹好工件，加工端面 2 和 3。端面 1 已经由上道工序加工好，加工端面3 时以端面 1 作测量基准，保证尺寸 A_1；加工端面 2 时以端面 3 作测量基准，保证尺寸 A_2。当尺寸 A_1 和 A_2 被加工出来以后，尺寸 A_3 就随之而确定了。显然尺寸 A_3 的精度取决于尺寸 A_1 和 A_2 的加工精度。因此，这样一组尺寸，它们相互联系，构成一个完整的封闭图形；它们中间任何一个尺寸有变化，就会引起其他尺寸的变化，这种尺寸关系我们叫做尺寸链。

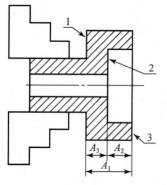

图 9-3　轴套的尺寸链

如图 9-4 所示的阶梯轴，由三段不同直径的外圆所组成，各段的长度尺寸分别为 A_1、A_2、A_3，总长为 A_4。这 4 个尺寸构成一个完整的封闭图形，它也是一个尺寸链。

我们知道，在绘制零件图时，是不允许把尺寸标注成这种封闭的尺寸链形式的。因为在加工时，我们只需要知道它们中间的任意 3 个尺寸，就能把这根轴按要求加工出来。也就是说，这 4 个尺寸所代表的长度，都是具体存在的，如果我们按 A_1、A_2、A_3 三个尺寸加工出这根轴，加工完后，总长 A_4 就自然地形成了。我们也可以根据 A_2、A_3、A_4 三个尺寸把轴加工出来，加工完后尺寸 A_1 就自然形成了。同样，我们也可以让尺寸 A_2 或 A_3

自然形成。

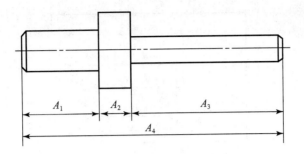

图 9-4　阶梯轴的尺寸链

由此可见，尺寸链中的尺寸，有两种不同的类型，一种是加工时直接形成的尺寸，另一种是加工后间接形成的尺寸。

为了方便起见，我们把尺寸链中的各个尺寸都叫做"环"。加工时直接形成的尺寸叫做"组成环"；加工后间接形成的尺寸叫做"封闭环"。因为是它（封闭环）才使尺寸链封闭起来。

一个尺寸链只有一个封闭环，而组成环可以有两个或者更多。

如图 9-5 所示为一尺寸链简图，我们绕此尺寸链的封闭轮廓，依次把各个尺寸写下来，并标上正负号，当改变方向时就改变符号，这样便可得尺寸链方程。

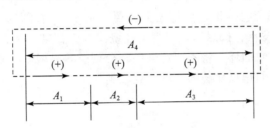

图 9-5　阶梯轴的尺寸链简图

具体做法是：从 A_1 向右写，A_2、A_3 都和 A_1 同方向，都标上正号；写到 A_4 时，向左回行了，方向与 A_1、A_2、A_3 都相反，所以标上负号。于是得到如下尺寸链方程：

$$A_1 + A_2 + A_3 - A_4 = 0 \tag{9-1}$$

尺寸链中，必有一个环是封闭环，究竟哪个环是封闭环，需要根据实际情况确定。

尺寸链方程充分表达了各组成环之间的尺寸关系，我们研究尺寸链的目的，就是研究尺寸链中封闭环与组成环的公称尺寸、极限尺寸以及公差之间的关系。

下面我们通过一个例子来探索这些关系。

如图 9-6 所示的尺寸链简图，假设尺寸 A_Δ 为封闭环。

将符号为正的写在方程式等号右侧，符号为负的写在等号左侧，则尺寸链方程为：

$$A_\Delta + A_1 + A_2 + A_3 = A_4 + A_5 + A_6 + A_7$$

整理得：

$$A_\Delta = (A_4 + A_5 + A_6 + A_7) - (A_1 + A_2 + A_3) \tag{9-2}$$

从式（9-2）中可以看出各组成环尺寸变化对封闭环 A_Δ 的影响规律：

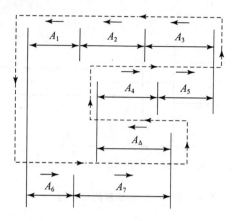

图 9-6　封闭环与组成环的关系

组成环 A_4，A_5，A_6，A_7 尺寸增加（其他尺寸不变），均会使封闭环 A_Δ 的尺寸增加；而组成环 A_1，A_2，A_3 尺寸增加（其他尺寸不变），均会使封闭环 A_Δ 的尺寸减小。

因此，我们把这种使封闭环随自己增加而增加的组成环叫做"增环"；把那种使封闭环随自己增加而减小的组成环叫做"减环"。即在图 9-6 中组成环 A_4，A_5，A_6，A_7 是增环；组成环 A_1，A_2，A_3 是减环。从图 9-6 中可以看出，封闭环 A_Δ 与减环的符号相同，故封闭环是减环。

在复杂的尺寸链中，如何判断增环和减环呢？一般根据现实问题先确定封闭环，然后确定其符号（其实确定它是正是负都无关紧要。由于封闭环是减环，因此一般确定为负号）。以封闭环为出发点，按照确定的箭头围绕尺寸链回转一周，标出与封闭环同向的环，再标出与封闭环异向的环，将不同符号的环分列于等号两侧，即可获得尺寸链方程。

根据公差原理，我们把尺寸链的计算公式归纳如下：

1. 封闭环的基本尺寸 A_0

$$A_0 = \sum_{i=1}^{m} \vec{A}_i - \sum_{i=m+1}^{n} \overleftarrow{A}_i \tag{9-3}$$

式中 m 为增环数，n 为组成环的环数。

2. 封闭环最大极限尺寸 A_{0max}

$$A_{0max} = \sum_{i=1}^{m} \vec{A}_{imax} - \sum_{i=m+1}^{n} \overleftarrow{A}_{imin} \tag{9-4}$$

3. 封闭环最小极限尺寸 A_{0min}

$$A_{0min} = \sum_{i=1}^{m} \vec{A}_{imin} - \sum_{i=m+1}^{n} \overleftarrow{A}_{imax} \tag{9-5}$$

4. 封闭环的上偏差 $ES(A_0)$

$$ES(A_0) = A_{0max} - A_0 = \sum_{i=1}^{m} ES(\vec{A}_i) - \sum_{i=m+1}^{n} EI(\overleftarrow{A}_i) \tag{9-6}$$

5. 封闭环的下偏差 EI (A_0)

$$EI(A_0) = A_{0min} - A_0 = \sum_{i=1}^{m} EI(\vec{A}_i) - \sum_{i=m+1}^{n} ES(\overset{\leftarrow}{A}_i) \quad (9\text{-}7)$$

6. 封闭环的公差 T_0

$$T_0 = A_{0max} - A_{0min} = ES(A_0) - EI(A_0) = \sum_{i=1}^{n} T_i \quad (9\text{-}8)$$

9.2 解工艺尺寸链

9.2.1 设计基准与工艺基准不重合的尺寸链

【例题 1】

如图 9-7（a）所示的套类零件，其工艺过程是：加工 A、B 两端面，保证总长 $50^{+0.1}$ mm；以平面 A 定位加工平面 C，保证尺寸 $40^{+0.2}$ mm，试求加工平面 C 时工序尺寸 L 及其偏差。

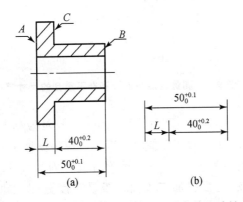

图 9-7 定位基准与设计基准不重合的尺寸链

解：尺寸 $40^{+0.2}$ mm 的设计基准是平面 B，但是用调整法加工时只能以平面 A 为定位基准，故这是一个定位基准与设计基准不重合的尺寸链计算问题。根据图形和题意，画出了如图 9-7（b）所示的尺寸链简图，并可知尺寸 $50^{+0.1}$ mm 是上道工序（或工步）获得的，尺寸 L 是本工序（或工步）直接获得的，而尺寸 $40^{+0.2}$ mm 是间接获得的（即自然形成的），故尺寸 $40^{+0.2}$ mm 是封闭环。也可知尺寸 $50^{+0.1}$ mm 是增环，尺寸 L 是减环。根据尺寸链计算公式可得：

L 的基本尺寸

$$L = 50 - 40 = 10 \, (\text{mm})$$

L 的上下偏差

$$0.2 = 0.1 - EI(L), \quad EI(L) = -0.1 \, (\text{mm})$$

$$0 = 0 - ES(L), \quad ES(L) = 0 \, (\text{mm})$$

故

$$L = 10_{-0.1} \, (\text{mm})$$

封闭环公差校核： $T_{40} = \sum_{i=1}^{n} T_i = 0.1 + 0.1 = 0.2 \, (\text{mm})$

【例题2】

如图9-8（a）所示的轴套，部分设计尺寸为 $10_{-0.25}$ mm 和 $50_{-0.1}$ mm。在加工内孔端面 C 时不便测量，须另择测量基准。为此，应以加工好的 B 平面定位保证尺寸 $10_{-0.25}$ mm，然后再车内孔和平面 C，以平面 A 为测量基准，直接控制尺寸 L，间接保证尺寸 $50_{-0.1}$ mm。这样，由尺寸 $10_{-0.25}$ mm 和 $50_{-0.1}$ mm 以及平面 A 组成尺寸链，尺寸 $50_{-0.1}$ mm 为封闭环，尺寸 $10_{-0.25}$ mm 为减环，尺寸 L 为增环。

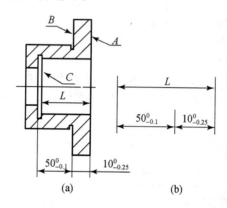

图9-8　测量基准与设计基准不重合的尺寸链

由尺寸链图9-8（b）可知，封闭环 $50_{-0.1}$ mm 的公差为 0.1 mm，小于组成环 $10_{-0.25}$ mm 的公差，更无法满足尺寸 L 的加工要求。因此，应根据加工时的经济精度重新分配各组成环的公差。分配时有两种方法，一是平均分配，即尺寸10分0.05 mm，尺寸 L 分0.05 mm。另一种分配方法是根据加工表面的难易程度分配，即容易保证精度的表面少分，不易保证精度的表面多分。本例中，加工内平面 C 难度大，不易保证加工精度，则多分；而外平面 A 容易加工，易保证加工精度，则少分。因此按照第二种分配方法，尺寸10分0.036 mm，尺寸 L 分（0.1−0.036=）0.064 mm。本例采用第二种分配方法，即车端面 A 时应保证尺寸 $10_{-0.036}$ mm。

计算尺寸 L 的基本尺寸及偏差：

$$L = 50 + 10 = 60 \, (\text{mm})$$

计算 L 的偏差：

根据 $0 = ES(L) - (-0.036)$ 得 $ES(L) = -0.036 \, (\text{mm})$。

根据 $-0.1 = EI(L) - 0$ 得 $EI(L) = -0.1 \, (\text{mm})$。

故：$L = 60_{-0.1}^{-0.036}$ mm，$T_L = -0.036 - (-0.1) = 0.064 \, (\text{mm})$。

验算封闭环公差：$T_{50} = T_{10} + T_L = 0.036 + 0.064 = 0.1 \, (\text{mm})$。验算合格。

以上尺寸链计算存在一个明显的问题，即提高了尺寸10的加工精度，将尺寸

$10_{-0.25}$ mm 改成 $10_{-0.036}$ mm，将其精度从 IT13 提高至 IT9。并且尺寸 60 和尺寸 10 均存在"假废品"现象，即符合设计要求的尺寸被工艺否定。如尺寸 10 的实际尺寸如果是9.85 mm，将被判为废品，但从设计的角度来看，它仍然是合格品，因为设计尺寸 10 的最小极限尺寸为 9.75 mm。同时，提高设计尺寸的精度会降低劳动生产率，增大生产成本，从经济上讲是不划算的。因此，在大批量生产中，通过改进工艺过程来避免这一现象的发生：

先以 B 面定位车端面 A、内孔和端面 C，直接车出尺寸 L；然后以内孔和端面 C 定位在专用夹具上车削端面 B，直接车出尺寸 K，间接保证尺寸 $50_{-0.1}$ mm。工件装夹如图 9-9所示。

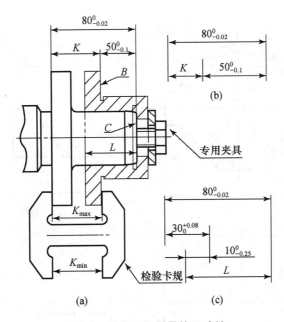

图 9-9 轴套加工测量的尺寸链

确定量规尺寸 K 的方法如下：

由尺寸 $50_{-0.1}$ mm、夹具设计的实际尺寸 $80_{-0.02}^{0}$ mm 和检验卡规尺寸 K 组成尺寸链图9-9（b）。在此尺寸链中，尺寸 $80_{-0.02}^{0}$ mm 是已知确定的尺寸；尺寸 K 是直接获得的尺寸；尺寸 $50_{-0.1}^{0}$ mm 是间接获得的，因此是封闭环。$80_{-0.02}^{0}$ mm 是增环，K 是减环。

计算尺寸链得：

$$K = 30_{0}^{+0.08} \text{（mm）}$$

计算工艺尺寸 L 的方法如下：

由尺寸 $80_{-0.02}^{0}$ mm、$30_{0}^{+0.08}$ mm、$10_{-0.25}$ mm 和 L 组成尺寸链图 9-9（c），并可知尺寸$10_{-0.25}$ mm 是自然形成的，是封闭环。其中 $80_{-0.02}^{0}$ mm 是减环，$30_{0}^{+0.08}$ mm 和 L 是增环。经计算得：

$$L = 60_{-0.25}^{-0.1} \text{（mm）}$$

比较两个不同的工艺方案，工序尺寸 60 发生了很大的变化，由前一方案的 $L =$

$60_{-0.1}^{-0.036}$ mm 改变为 $L=60_{-0.25}^{-0.1}$ mm，公差由 0.064 mm 增至 0.15 mm，使加工难度大为降低，生产率得以提高。因此，合理的工艺方案是优质、高产、低耗的保证。

9.2.2 从需要继续加工的表面标注出的工艺尺寸链的计算

【例题 3】

如图 9-10（a）所示为一齿轮内孔的局部简图。有如下设计尺寸：孔径 $\phi 40_0^{+0.05}$ mm；键槽深度 $43.6_0^{+0.34}$ mm。

部分加工工艺如下：半精车孔至 $\phi 39.6_0^{0.1}$ mm，插槽至设计尺寸 L，磨内孔至设计尺寸 $\phi 40_0^{+0.05}$ mm。

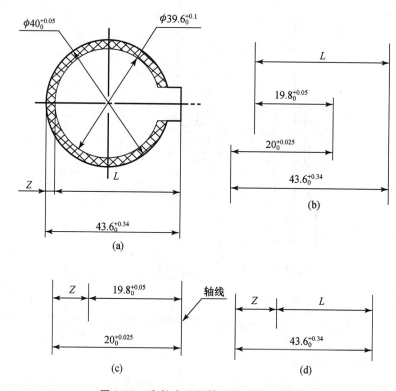

图 9-10 齿轮内孔插槽及磨孔的尺寸链

在工艺尺寸链中，设计尺寸 $43.6_0^{+0.34}$ mm 是磨削内孔后自然而然形成的，所以是封闭环。$\phi 40_0^{+0.05}$ mm 和 L 是增环；$\phi 39.6_0^{0.1}$ mm 是减环。图 9-10（c）所示尺寸链是磨孔尺寸链，图 9-10（d）所示尺寸链是插槽尺寸链，尺寸链中的 Z 是单边磨削余量。

根据尺寸链方程可得：

由 $43.6 = L + 20 - 19.8$　得 $L = 43.4$（mm）

由 $0.34 = ES(L) + 0.025 - 0$　得 $ES(L) = 0.315$（mm）

由 $0 = EI(L) + 0 - 0.05$　得 $EI(L) = 0.05$（mm）

则：$L = 43.4_{+0.05}^{+0.315}$（mm）

按照入体原则：$L = 43.45_0^{+0.265}$（mm）。

故：插槽时只需保证键槽深度为 $L = 43.45_0^{+0.265}$ mm，磨孔到设计尺寸后，键槽深度会自然而然达到 $43.6_0^{+0.34}$ mm。

【例题 4】

如图 9-11 所示工件局部视图，需要进行表面渗氮处理，然后磨孔达到图纸尺寸要求，并且保证规定的渗氮层厚度。已知：工件孔径为 $\phi 145_0^{+0.04}$ mm，渗氮层深度 $h = 0.3 \sim 0.5$ mm。

部分工艺过程如下：

粗磨孔至 $\phi 144.76_0^{+0.04}$ mm；

渗氮深度 h_0 mm；

精磨孔至 $\phi 145_0^{+0.04}$ mm，并保证渗氮层深度 $h = 0.3 \sim 0.5$ mm。

渗氮层的深度 h_0 需要经过工艺尺寸链的计算才能获得，确定了精磨内孔前的渗氮层深度（h_0），当精磨内孔后自然而然就能保证渗氮层深度（h）$0.3 \sim 0.5$ mm。因此 h 是封闭环，h_0 是组成环。

计算如图 9-11（d）所示的尺寸链得：

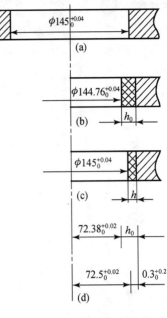

图 9-11　内孔渗氮及磨孔的尺寸链

由　　　　　$0.3 = 72.38 + h_0 - 72.5$

得　　　　　$h_0 = 0.42 \,(\text{mm})$

由　　　　　$+0.2 = +0.02 + ES(h_0) - 0$

得　　　　　$ES(h_0) = +0.18 \,(\text{mm})$

由　　　　　$0 = 0 + EI(h_0) - 0.02$

得　　　　　$EI(h_0) = +0.02 \,(\text{mm})$

故　　　　　$h_0 = 0.42_{+0.02}^{+0.18} \,(\text{mm})$

即：渗氮深度应控制在 $h_0 = 0.42_{+0.02}^{+0.18}$ mm 范围内，精磨孔后便可自然而然保证渗氮层的设计深度为 $0.3 \sim 0.5$ mm。

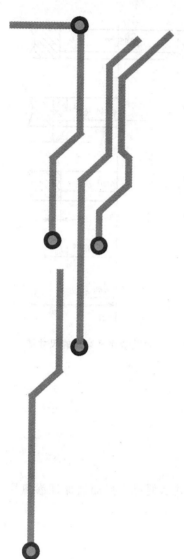

项目 10
偏心零件加工中的计算

10.1　偏心零件的车削

1. 小偏心距零件的车削

利用三爪卡盘车削小偏心距零件时，只要在其中一个卡爪上垫上一块适当厚度的垫片，就可以形成需要的偏心。此法一般用于偏心距 $e \leqslant 6$ mm 的零件。

如图 10-1 所示，设工件定位基准的半径为 r，它的圆心为 O，车床主轴中心为 P，偏心距 $e = OP$。现在求应在一个卡爪上加的垫铁厚度 y。

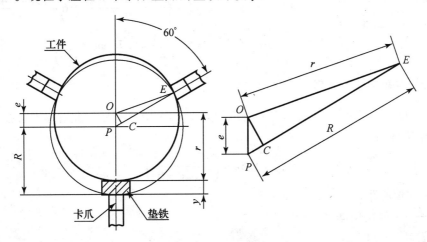

图 10-1　一爪加垫车偏心

从图可知
$$y = R + e - r$$

式中，R——主轴中心到三爪卡盘的距离（需要计算）；

r——工件定位基准的半径（直径为 d）；

e——偏心距。

$$R = PE = PC + CE$$

在直角三角形 OCP 中，$\angle OPC = 60°$

$$PC = e \times \cos 60° = \frac{1}{2}e$$

$$OC = e \times \sin 60° = e \times \frac{\sqrt{3}}{2}$$

在直角三角形 OCE 中

$$CE = \sqrt{OE^2 - OC^2} = \sqrt{r^2 - \left(\frac{\sqrt{3}}{2}e\right)^2} = \sqrt{r^2 - \frac{3}{4}e^2}$$

则
$$y = R + e - r = \left(\frac{1}{2}e + \sqrt{r^2 - \frac{3}{4}e^2}\right) + e - r = \frac{3}{2}e + \frac{1}{2}\sqrt{d^2 - 3e^2} - \frac{d}{2}$$

得

$$y = 1.5e + \frac{\sqrt{d^2 - 3e^2} - d}{2} \tag{10-1}$$

【例题 1】

一偏心轴的定位基准直径 $d = 40 \text{ mm}$，要在三爪卡盘上车出一偏心距 $e = 4 \text{ mm}$ 的短台阶，计算在一个卡爪上的垫块厚度 y。

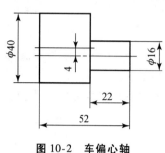

图 10-2　车偏心轴

解：用公式（10-1）计算得：

$$y = 1.5e + \frac{\sqrt{d^2 - 3e^2} - d}{2}$$

$$= 1.5 \times 4 + \frac{\sqrt{40^2 - 3 \times 4^2} - 40}{2}$$

$$= 6 + \frac{\sqrt{1600 - 48} - 40}{2} = 6 + \frac{39.4 - 40}{2}$$

$$= 6 - \frac{0.6}{2} = 5.7 \text{（mm）}$$

2. 大偏心距零件的车削

对于大偏心距零件的车削，则需两爪加垫，如图 10-3 所示。此时厚度可按下式确定（公式推导从略）：

$$y = 1.5e \times \left(1 + \frac{e}{2d + 6e}\right) \tag{10-2}$$

式中，e——偏心距；

d——工件定位基准直径。

【例题 2】

一偏心轴的定位基准直径 $d = 40 \text{ mm}$，要在三爪卡盘上车出一偏心距 $e = 10 \text{ mm}$ 的短台阶，计算在两个卡爪上的垫块厚度 y。

解：用公式（10-2）计算得：

$$y = 1.5e \times \left(1 + \frac{e}{2d + 6e}\right)$$

$$= 1.5 \times 10 \times \left(1 + \frac{10}{2 \times 40 + 6 \times 10}\right)$$

$$= 15 \times \left(1 + \frac{10}{140}\right) = 15 + (1 + 0.07143)$$

$$= 15 + 1.07143 = 16.07 \text{（mm）}$$

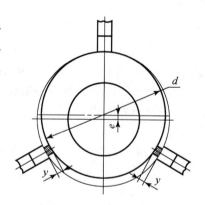

图 10-3　两爪加垫车偏心

10.2　偏心零件的磨削

1. 偏心轴的磨削

如图 10-4 所示的偏心轴，以直径为 d（半径为 r）的外圆作为定位基准，在 $90°$ 的 V 形块中定位，磨削偏心外圆，要求保证偏心距 e。加工时需用一直径为 D（半径为 R）的找正心轴（图中双点划线所示）确定 V 形块的位置。当这一外圆找正后，工件便可获得偏心距 e。现推导找正心轴直径的计算公式。

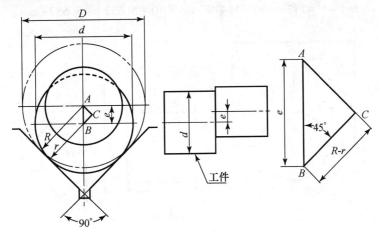

图 10-4　磨削偏心轴

在 Rt$\triangle ABC$ 中，$AB = e$，$BC = R - r$

而

$$BC = AB \times \cos 45° = e \times \cos 45°$$

即

$$R - r = e \times \cos 45°$$
$$R = r + 0.7071 \times e$$

得

$$D = d + 1.4142e \tag{10-3}$$

2. 偏心孔的磨削

如图 10-5 所示的偏心套以直径为 d（半径为 r）的外圆作为定位基准，在 90°的 V 形块中定位，磨削偏心内孔，要求保证偏心距 e。加工时需用一直径为 D（半径为 R）的找正心轴（图中双点划线所示）确定 V 形块的位置。当这一外圆找正后，工件便可获得偏心距 e。现推导找正心轴直径的计算公式。

在 Rt$\triangle ABC$ 中，$AB = e$，$BC = r - R$

而

$$BC = AB \times \cos 45° = e \times \cos 45°$$

即

$$r - R = e \times \cos 45°$$
$$R = r - 0.7071 \times e$$

得

$$D = d - 1.4142e \tag{10-4}$$

【例题 3】

如图 10-4 所示，一偏心轴的定位基准直径 $d = 40\,\text{mm}$，要在 90°V 形块中定位，磨削

一偏心距 $e = 4\,mm$ 的短台阶轴,试计算所用找正心轴的直径 D。

解:按公式(10-3),得找正心轴的直径为

$$D = d + 1.4142e = 40 + 1.4142 \times 4 = 40 + 5.657 = 45.657\,(mm)$$

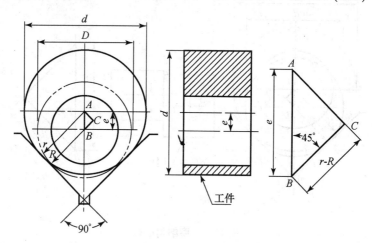

图 10-5　磨削偏心孔

【例题 4】

如图 10-5 所示,一偏心套的定位基准直径 $d = 40\,mm$,要在 90°V 形块中定位,磨削一偏心距 $e = 4\,mm$ 的内孔,试计算所用找正心轴的直径 D。

解:按公式(10-4),得找正心轴的直径为

$$D = d - 1.4142e = 40 - 1.4142 \times 4 = 40 - 5.657 = 34.343\,(mm)$$

在生产一线,有时使用经验公式进行计算:

$$X = 1.5e \pm K \tag{10-5}$$

$$K = 1.5\Delta e$$

式中,X——垫片厚度(mm);

　　　e——偏心距(mm);

　　　K——偏心修正值,正负号按实测结果确定;

　　　Δe——试切后实测的偏心距误差。

【例题 5】

利用三爪卡盘车一偏心工件,$d = 50\,mm$,$e = 4\,mm$,求垫片厚度 X。

解:利用经验公式(10-5)进行计算,得:

$$X = 1.5 \times e = 1.5 \times 4 = 6\,(mm)$$

若试切后实得偏心距为 4.04 mm,进行修正:

$$\Delta e = (4.04 - 4) = 0.04\,(mm)$$

$$K = 1.5 \times 0.04 = 0.06\,(mm)$$

则:

$$X = 1.5e - K = 6 - 0.06 = 5.94\,(mm)$$

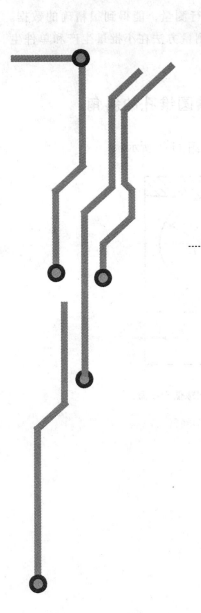

项目 11
圆锥孔的测量与计算

圆锥孔的斜角和直径，可以用很多先进测量设备进行测量，能得到很精确的数据。也可以用钢球进行间接测量，通过计算获得数据，这种测量方法在小批量生产和单件生产中比较常用。

11.1   用大小不同的两个钢球测量圆锥孔的斜角

用大小不同的两个钢球测量圆锥孔斜角的测量方法如图 11-1 所示。

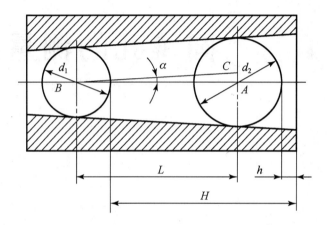

图 11-1   用两个钢球测量圆锥孔的斜角（钢球低于端面）

图中：d_1——小钢球直径；

$\quad\quad\ d_2$——大钢球直径；

$\quad\quad\ H$——小钢球顶面到工件端面距离；

$\quad\quad\ h$——大钢球顶面到工件端面距离；

$\quad\quad\ \alpha$——圆锥孔斜角。

作 $\mathrm{Rt}\triangle ABC$，设 $\angle ABC = \alpha$

则
$$\sin\alpha = \frac{AC}{L}$$

其中
$$AC = \frac{d_2 - d_1}{2}$$

$$L = H - h - \frac{d_2}{2} + \frac{d_1}{2} = H - h - \frac{d_2 - d_1}{2}$$

得

$$\sin\alpha = \frac{d_2 - d_1}{2\left(H - h - \dfrac{d_2 - d_1}{2}\right)} \tag{11-1}$$

如果大钢球露出工件端面，则

$$\sin\alpha = \frac{d_2 - d_1}{2\left(H + h - \dfrac{d_2 - d_1}{2}\right)} \tag{11-2}$$

【例题 1】

利用图 11-1 的方法测量圆锥孔斜角，选小钢球 $d_1 = 15\,\text{mm}$，大钢球 $d_2 = 25\,\text{mm}$，测得 $H = 40\,\text{mm}$，$h = 5\,\text{mm}$，试求圆锥孔的斜角 α。

解： 按公式（11-1），

$$\sin\alpha = \frac{d_2 - d_1}{2\left(H - h - \dfrac{d_2 - d_1}{2}\right)} = \frac{25 - 15}{2\left(40 - 5 - \dfrac{25 - 15}{2}\right)} = \frac{10}{60} = 0.16666$$

得
$$\alpha = 9°35'$$

【例题 2】

如图 11-2 所示，已知 $D = 25\,\text{mm}$，$d = 16\,\text{mm}$，$h = 9\,\text{mm}$，$H = 40\,\text{mm}$，求圆锥孔的锥度 C。

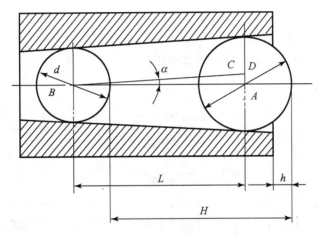

图 11-2　用两个钢球测量圆锥孔的斜角（钢球高于端面）

解： 公式推导从略。

$$\sin\alpha = \frac{D - d}{2(H + h) + d - D}$$

$$= \frac{25 - 16}{2(40 + 9) + 16 - 25} = \frac{9}{89}$$

$$= 0.1011$$

查表得：$\alpha = 5.8°$

则
$$C = 1 : \cot\alpha = 1 : \cot 5.8° \approx 1 : 10$$

11.2　用一个钢球测量圆锥孔斜角

用一个钢球测量圆锥孔斜角的方法测量时需要知道圆锥孔大端直径，钢球中心要求

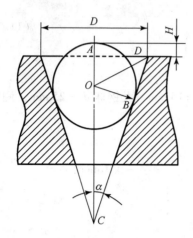

图 11-3　用一个钢球测量圆锥孔的斜角

在圆锥孔端面之下，且钢球要露出一部分在圆锥孔端面之外，如图 11-3 所示。

图中：D——锥孔大端直径；

R——钢球半径；

H——钢球露出部分高度；

α——圆锥孔斜角。

从图可知，

（1）在 $\triangle OBC$ 中

$$\alpha = 90° - \angle BOC \tag{1}$$

而

$$\angle BOC = 180° - \angle BOD - \angle AOD \tag{2}$$

（2）在 $\text{Rt}\triangle ADO$ 中

$$\tan \angle AOD = \frac{AD}{AO}, \text{ 其中}$$

$$AD = \frac{D}{2}, \ AO = r - H$$

故得

$$\tan \angle AOD = \frac{D/2}{r - H} \tag{3}$$

（3）在 $\text{Rt}\triangle ODB$ 中

$$\cos \angle DOB = \frac{OB}{OD} \tag{4}$$

$$OB = r$$

$$OD = \frac{AO}{\cos \angle AOD} = \frac{r - H}{\cos \angle AOD} \tag{5}$$

式（5）中的 $\angle AOD$ 可由式（3）求得，故（4）中的 $\angle DOB$ 可知。

将式（3）、（4）代入式（2）即可求得 $\angle BOC$，由此代入（1）式，即可求得 α 角。

【例题 3】

利用图 11-3 的方法测量圆锥孔斜角，已知圆锥孔大端直径 $D = 25 \text{ mm}$，选用钢球 $r = 11 \text{ mm}$，测得 $H = 6 \text{ mm}$，试求圆锥孔的斜角 α。

解：（1）求 $\angle AOD$

$$\tan \angle AOD = \frac{D/2}{r - H} = \frac{\frac{25}{2}}{11 - 6} = 2.5$$

得

$$\angle AOD = 68°12'$$

（2）求 $\angle DOB$

$$OD = \frac{AO}{\cos \angle AOD} = \frac{r - H}{\cos \angle AOD} = \frac{r - H}{\cos 68°12'} = \frac{11 - 6}{0.37137} = 13.46$$

将 $OD = 13.46$ 代入（4）式求得

$$\cos \angle DOB = \frac{OB}{OD} = \frac{11}{13.46} = 0.8172$$

得

$$\angle DOB = 35°11'$$

（3）求 $\angle BOC$

$$\angle BOC = 180° - \angle AOD - \angle DOB = 180° - 68°12' - 35°11' = 76°37'$$

（4）求斜角 α

$$\alpha = 90° - \angle BOC = 90° - 76°37' = 13°23'$$

11.3　用一个钢球测量圆锥孔大小直径

用一种钢球测量圆锥孔大小直径的测量方法如图 11-4 所示。

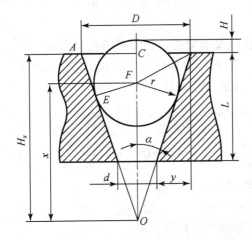

图 11-4　用一个钢球测量圆锥孔的大小径

图中：D——大头直径；

　　　d——小头直径；

　　　L——圆锥孔深度；

　　　r——钢球半径；

　　　H——钢球露出高度。

延长圆锥母线使其交于 O 点。在直角三角形 ACO 中，

$$\tan\alpha = \frac{AC}{CO} = \frac{D/2}{H_x}$$

$$D = 2H_x\tan\alpha \tag{1}$$

问题归结于求出 H_x：

$$H_x = x + (r - H) \tag{2}$$

而 x 可在直角三角形 EFO 中求得：

$$\sin\alpha = \frac{EF}{x}, \qquad EF = r$$

得

$$x = \frac{r}{\sin\alpha} \tag{3}$$

将式（3）代入式（2）得

$$H_x = \frac{r}{\sin\alpha} + (r - H) \tag{4}$$

将式（4）代入式（1）得

$$D = 2H_x\tan\alpha = 2\left(\frac{r}{\sin\alpha} + r - H\right)\tan\alpha \tag{11-3}$$

这就是圆锥大径计算公式。

再求圆锥小径计算公式。

$$d = D - 2y, \text{ 而 } y = L \times \tan\alpha$$

故得：

$$d = D - 2L\tan\alpha \tag{11-4}$$

【例题 4】

用图 11-4 所示的方法测量圆锥孔，已知圆锥孔斜角 $\alpha = 15°$，圆锥孔深度 $L = 24\,\text{mm}$，所用钢球半径 $r = 9\,\text{mm}$，测得尺寸 $H = 4\,\text{mm}$，试求圆锥孔大小头直径。

解：按公式（11-3）求圆锥孔大端直径，得

$$D = 2H_x\tan\alpha = 2\left(\frac{r}{\sin\alpha} + r - H\right)\tan\alpha$$

$$= 2\left(\frac{9}{\sin15°} + 9 - 4\right)\tan15° = 2\left(\frac{9}{0.25882} + 5\right) \times 0.26795$$

$$= 2 \times 39.773 \times 0.26795$$

$$= 21.314\,(\text{mm})$$

按公式（11-4）求圆锥孔小头直径，得

$$d = D - 2L\tan\alpha = 21.314 - 2 \times 24 \times 0.26795 = 8.4524\,(\text{mm})$$

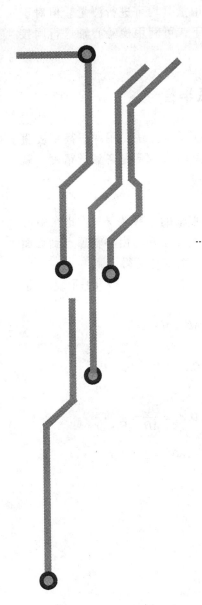

项目 12
圆弧面的测量与计算

对于整圆的测量比较容易，运用相应的通用量具和专用量具均可进行测量。但对于非整圆零件、大直径零件，或在没有恰当通用量具的情况下，可利用检验心轴进行间接测量，通过相应计算，也能知道其准确数据。

12.1 用两根心轴测量凹弧半径

要测量大型或重型零件上的凹弧半径，可采用图 12-1 所示的方法，用两根高精度直径相同的检验心轴来测量。但是由于所跨弧较短，测量误差较大。要提高测量精度，就要增加测量时的跨弧长度，因此尽量使用直径较大的检验心轴。

现推导凹弧半径的计算公式。

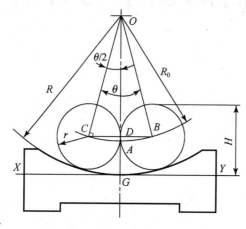

图 12-1　用两根心轴测量凹弧半径

设两根检验心轴的半径为 r，彼此在中心线上的 D 点接触，尺寸 H 是由心轴顶点到弧面最低点 G 的距离，为测量所得。

以 R_0 为半径作弧，与 XY 的垂线交于 A，则

$$AD = H - 2r$$

$$DC = r$$

$$OA = OB = OC = R_0$$

由图可知

$$\tan \angle DAC = \frac{DC}{AD} = \frac{r}{H - 2r} \qquad (12\text{-}1)$$

$$\frac{\theta}{2} = 180° - 2\angle DAC$$

$\triangle ODC$ 是直角三角形，因此检验心轴所在圆周的半径为

$$R_0 = DC \times \csc \frac{\theta}{2}$$

即

$$R_0 = r \times \csc(180° - 2\angle DAC)$$

求凹弧半径 R 时，须加上心轴的半径，因此可得

$$R = r \times \csc(180° - 2\angle DAC) + r \qquad (12\text{-}2)$$

式中 $\angle DAC$ 可按公式（12-1）求得。

【例题 1】

如图 12-1 所示，已知两根检验心轴直径为 38 mm，测得 $H = 41.61$ mm，试求凹弧半径 R。

解：
$$DC = r = 19 \,(\text{mm})$$

$$AD = H - 2r = 41.61 - 38 = 3.61 \,(\text{mm})$$

按公式（12-1）得

$$\tan \angle DAC = \frac{DC}{AD} = \frac{19}{3.61} = 5.2632$$

$$\angle DAC = 79^\circ 15'$$

按公式（12-2）得所求凹弧半径 R 为

$$R = r \times \csc(180^\circ - 2\angle DAC) + r = 19 \times \csc(180^\circ - 2 \times 79^\circ 15') + 19$$

$$= 19 \times \csc 21^\circ 30' + 19 = 19 \times 2.7285 + 19$$

$$= 51.841 + 19 = 70.841 \ (\text{mm})$$

12.2　用两根检验心轴测量凸弧半径

此法与测量凹弧半径的方法相似，如图 12-2（a）所示（图 12-2（b）是不同的检测方案，但是检验原理和计算公式推导相同）。

此处　　　　　　　　　　　　　$AD = 2r - H$

由图可知

$$\tan\angle DAC = \frac{DC}{AD} = \frac{r}{2r - H} \tag{12-3}$$

$$\frac{\theta}{2} = 180^\circ - 2\angle DAC$$

同上所述，得：　　　　　　　$R_0 = r \times \csc\frac{\theta}{2}$

故得凸弧半径

$$R = R_0 - r = r \times \csc(180^\circ - 2\angle DAC) - r \tag{12-4}$$

式中 $\angle DAC$ 可按公式（12-3）求得。

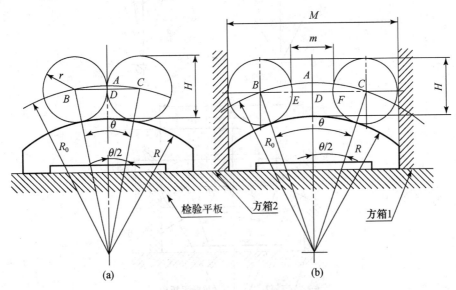

图 12-2　用两根心轴测量凸弧半径

【例题 2】

如图 12-2 所示，已知两检验心轴直径为 38 mm，测得 $H = 36.62$ mm，试求凸弧半径 R。

解：此处 $r = 19\,(\mathrm{mm})$，$AD = 2r - H = 38 - 36.62 = 1.38\,(\mathrm{mm})$

按公式（12-3）

$$\tan\angle DAC = \frac{r}{2r - H} = \frac{19}{1.38} = 13.768$$

得

$$\angle DAC = 85°51'$$

按公式（12-4）得凸弧半径 R

$$R = r \times \csc(180° - 2\angle DAC) - r = 19\csc(180° - 2 \times 85°51') - 19$$

$$= 19\csc 8°18' - 19 = 19 \times 6.927 - 19 = 112.613\,(\mathrm{mm})$$

12.3　用三根检验心轴测量凸弧半径

上述两根检验心轴靠在一起测量凹凸弧半径的方法，由于所跨弧较短，测量精度低，如果要提高测量精度又要增大心轴直径，为了解决这些问题，可采用三根心轴（如图 12-3（a）所示）的方法进行测量。用此法进行测量时，应使三根心轴同时接触，三根心轴又同时接触工件圆弧（图 12-3（c）是不同的检测方案，但是检验原理和计算公式推导相同）。

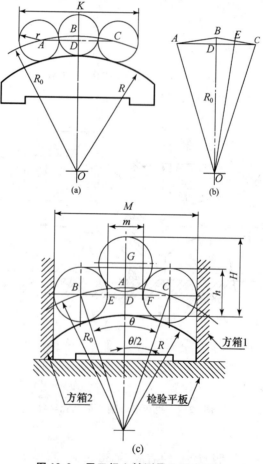

图 12-3　用三根心轴测量凸弧半径

现推导凸弧半径 R 的计算公式。

设三根检验心轴的半径为 r，测得两旁心轴的外侧尺寸为 K。通过三根心轴中心和凸弧圆心连线，画出计算图形，如图 12-3（b）所示。

由图可知

$$AC = K - 2r, \quad BC = 2r, \quad DC = \frac{K}{2} - r$$

$$\csc \angle DBC = \frac{BC}{DC} = \frac{2r}{\frac{K}{2} - r} \tag{12-5}$$

$\triangle OBC$ 是等腰三角形，OE 垂直于底边 BC，而 $BE = r$，因而检验心轴中心所在圆周的半径为

$$R_0 = \frac{BE}{\cos \angle OBE} = \frac{r}{\cos \angle DBC}$$

由此可得所求的凸弧半径 R 为

$$R = R_0 - r$$

即

$$R = \frac{r}{\cos \angle DBC} - r \tag{12-6}$$

式中 $\angle DBC$ 可按公式（12-5）求得。

【例题 3】

用如图 12-3（a）所示的方法测量零件的凸弧半径，已知心轴直径为 25 mm，测得 $K = 74.56$ mm，试求凸弧半径 R。

解： 按公式（12-5）得

$$\csc \angle DBC = \frac{2r}{\frac{K}{2} - r} = \frac{25}{\frac{74.56}{2} - 12.5} = \frac{25}{24.78} = 1.00887$$

得

$$\angle DBC = 82.39° = 82°23'$$

按公式（12-6）计算凸弧半径 R 为

$$R = \frac{r}{\cos \angle DBC} - r = \frac{12.5}{\cos 82.39°} - 12.5 = \frac{12.5}{0.13242} - 12.5$$

$$= 94.399 - 12.5 = 81.89 \, (\text{mm})$$

12.4　用三根检验心轴及一组块规测量凹弧半径

用三根检验心轴靠在一起测量弧面半径的方法虽然测量精度较高，但是测量时心轴跨弧长度也是有限的，故测量精度仍会受到一定影响。对于弧面较长、测量精度较高的零件，可采用三根检验心轴及一组块规联合测量的方法，如图 12-4 所示。

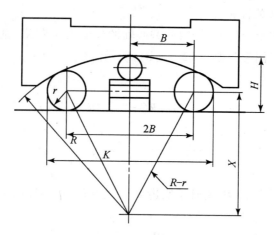

图 12-4　用三根检验心轴及一组块规测量凹弧半径

现推导测量凹弧半径 R 的计算公式。

设两旁的心轴半径为 r，中间较小心轴半径可任意选择。当小心轴与弧面相接触时测得尺寸为 H，再测出两根大心轴外侧尺寸 K。

由图可知
$$B = \frac{K}{2} - r \tag{1}$$

$$X = R - H + r \tag{2}$$

$$(R - r)^2 = X^2 + B^2 \tag{3}$$

将式（1）和式（2）代入式（3）：

$$(R - r)^2 = (R - H + r)^2 + \left(\frac{K}{2} - r\right)^2$$

$$R^2 - 2Rr + r^2 = R^2 - 2RH + 2Rr - 2Hr + H^2 + r^2 + 0.25K^2 - Kr + r^2$$

$$2RH - 4Rr = 0.25K^2 - Kr + r^2 - 2Hr + H^2$$

$$2R(H - 2r) = 0.25K^2 - Kr + r^2 - 2Hr + H^2$$

由此可得所求凹弧半径 R 为

$$R = \frac{0.25K^2 - Kr + r^2 - 2Hr + H^2}{2(H - 2r)} \tag{12-7}$$

【例题 4】

用如图 12-4 所示的方法测量零件的凹弧半径，已知两侧大检验心轴直径为 25 mm，测得 $K = 105.1$ mm，$H = 37.35$ mm，试求凹弧半径 R。

解： 按公式（12-7）得所求凹弧半径 R 为

$$R = \frac{0.25 \times 105.1^2 - 105.1 \times 12.5 + 12.5^2 - 2 \times 37.35 \times 12.5 + 37.35^2}{2 \times (37.35 - 2 \times 12.5)}$$

$$= \frac{0.25 \times 11046.01 - 1313.75 + 156.25 - 933.75 + 1395.02}{24.7}$$

$$= \frac{2065.27}{24.7}$$

$$= 83.614 \, (\text{mm})$$

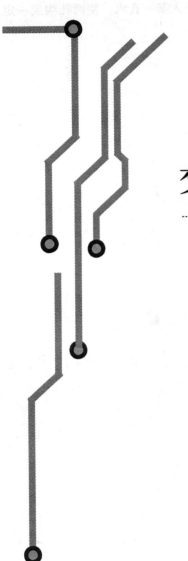

项目 13
交叉孔零件的测量与计算

机械零件中，常常有标注的尺寸无法直接测量的情况，如图 13-1 所示的两孔中心距 H。要解决这种问题，通常使用一根比较精密的检验心轴插入某一孔内，使两孔构成一定的三角形边角关系，然后解此图形求解。

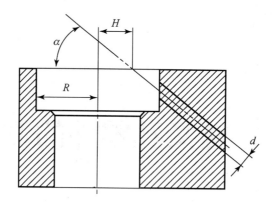

图 13-1　具有偏心交叉孔的零件

13.1　斜孔中心距的测量与计算

如图 13-2 所示，在斜孔中插入一根合适的心轴或钻头（配合间隙尽量小）。然后在心轴与零件端面之间放置一根检验心轴即可进行测量。

图中，R——大孔半径；

$\quad\quad$ d——斜孔直径；

$\quad\quad$ α——斜孔倾角；

$\quad\quad$ H——大孔与斜孔中心线在端面交点的偏心距；

$\quad\quad$ W——检验心轴半径。

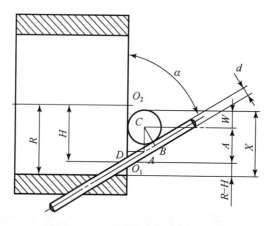

图 13-2　偏心交叉孔的测量与计算

测量偏心距 H 是否符合要求，需要计算出 X 值，若与被测结果相符，则零件合格。

从图 13-2 可知：

$$X = W + A + (R - H) \tag{1}$$

式中 W、R、H 皆为已知数，因此尺寸 A 即为问题所在。

作两 $\mathrm{Rt}\triangle ABC$ 和 ADO_1，如图 13-2 所示。

由图可知
$$A = AC + DO_1$$

在 $\mathrm{Rt}\triangle ABC$ 中，

$$AC = \frac{BC}{\sin\alpha}, \qquad BC = W + \frac{d}{2}$$

即

$$AC = \frac{W + \dfrac{d}{2}}{\sin\alpha} \tag{2}$$

而 $\mathrm{Rt}\triangle ADO_1$ 中，

$$DO_1 = \frac{AD}{\tan\alpha}, \qquad AD = W$$

即

$$DO_1 = \frac{W}{\tan\alpha} \tag{3}$$

将式（2）、（3）代入式（1）得

$$X = W + A + (R - H) = W + (AC + DO_1) + (R - H)$$

$$= W + \left(\frac{W + \dfrac{d}{2}}{\sin\alpha} + \frac{W}{\tan\alpha} \right) + (R - H)$$

即

$$X = W\left(1 + \frac{1}{\tan\alpha}\right) + \frac{2W + d}{2\sin\alpha} + R - H \tag{13-1}$$

【例题 1】

图 13-1 所示的箱体零件，在大孔内要钻一斜孔，给定尺寸如下：大孔半径 $R = 27.5\,\mathrm{mm}$，斜孔直径 $d = 4\,\mathrm{mm}$，斜孔倾角 $\alpha = 30°15'$，偏心距 $H = 2\,\mathrm{mm}$，试计算尺寸 X。

解：计算图如图 13-2 所示。现选定检验心轴半径 $W = 4\,\mathrm{mm}$。

按公式（13-1）得

$$X = W\left(1 + \frac{1}{\tan\alpha}\right) + \frac{2W + d}{2\sin\alpha} + R - H$$

$$= 4\left(1 + \frac{1}{\tan 30°15'}\right) + \frac{8 + 4}{2\sin 30°15'} + 27.5 - 2$$

$$= 4\left(1 + \frac{1}{0.5832}\right) + \frac{12}{2 \times 0.50377} + 25.5$$

$$= 48.269\,(\mathrm{mm})$$

【例题2】

如图 13-3（a）所示的 $\phi5\,mm$ 斜孔钻套，要用检验心轴检验尺寸 $10.25 \pm 0.05\,mm$ 是否合格。其测量方法如图 13-3（b）所示。钳工用高度尺量得 $X = 21.3\,mm$，采用的检验心轴直径为 $6\,mm$。试计算测量的尺寸 X 是否合格。

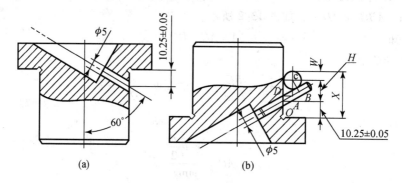

图 13-3　斜孔钻套的测量与计算

解： 根据计算图 13-3（b），X 的计算公称尺寸为：

$$X = 10.25 + H + W$$

式中

$$H = CA + DO$$

而

$$CA = \frac{CB}{\sin60°} = \frac{3 + 2.5}{0.86603} = 6.35\ (mm)$$

$$DO = \frac{AD}{\tan60°} = \frac{3}{1.7321} = 1.73\ (mm)$$

得

$$X = 10.25 + (6.35 + 1.73) + 3 = 21.33\ (mm)$$

钻套的设计尺寸为 $21.33\,mm$，实际测量得 $21.3\,mm$，偏差 $0.03\,mm$，在其规定的偏差 $\pm0.05\,mm$ 范围内，故合格。

【例题3】

如图 13-4 所示的零件，钳工加工出 $\phi4.5\,mm$ 斜孔后，用检验心轴检验偏心距 $3 \pm 0.2\,mm$ 是否合格。检验时，先测得实际角度为 $22°10'$，支架 $\phi23.5\,mm$，孔壁距检验心轴最高点的尺寸为 $33.62\,mm$。试计算支架偏心距的实际尺寸，并判断该尺寸是否合格。

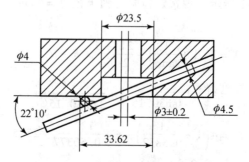

图 13-4　检查斜孔偏心距

解：斜孔偏心在大圆半径的另一侧，故公式（13-1）中（$R-H$）应改为（$R+H$），即

$$X = W\left(1 + \frac{1}{\tan\alpha}\right) + \frac{2W+d}{2\sin\alpha} + R + H$$

故偏心距 H 可按下式计算：

$$H = X - W\left(1 + \frac{1}{\tan\alpha}\right) - \frac{2W+d}{2\sin\alpha} - R$$

此处已知

$$X = 33.62\,(\text{mm}),\qquad W = 2\,(\text{mm})$$
$$d = 4.5\,(\text{mm})\,（插入斜孔内的心轴实际直径）$$
$$\alpha = 22°10'\,（倾斜角度的实测值）$$
$$R = 11.75\,(\text{mm})$$

将已知值代入上式，得偏心距实际尺寸为

$$H = 33.62 - 2\left(1 + \frac{1}{\tan22°10'}\right) - \frac{2 \times 2 + 4.5}{2\sin22°10'} - 11.75$$

$$= 33.62 - 2\left(1 + \frac{1}{0.40741}\right) - \frac{8.5}{2 \times 0.3773} - 11.75$$

$$= 33.62 - 6.91 - 11.26 - 11.75$$

$$= 3.7\,(\text{mm})$$

尺寸 H 的误差 ΔH 为

$$\Delta H = 3.57 - H_{\max} = 3.7 - 3.2 = 0.5\,(\text{mm})$$

故知该零件的尺寸 H 不合格。

【例题 4】

如图 13-5 所示的零件中有两个交叉油孔，现需要在交点处再钻一油孔，使其与两油孔垂直相交。试计算该孔的位置尺寸 x。

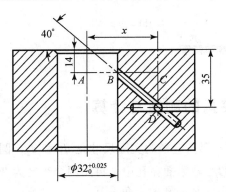

图 13-5　求相交孔的位置尺寸

解：由图形可知，

$AB = 16\,(\text{mm})\,（不考虑公差），$

$\angle BDC = 50°,$

$CD = 35 - 14 = 21\,(\text{mm}),$

$BC = CD \times \tan50° = 21 \times 1.1918 = 25.027\,(\text{mm}),$

故

$$x = AB + BC = 16 + 25.027 = 41.027\,(\text{mm})$$

【例题 5】

如图 13-6（a）所示为一壳体零件的局部视图。图中有一 $\phi5$ mm 斜油孔，要与另一个垂直油孔相交，其尺寸如图所示。试计算钻孔时的斜角 α。并计算此斜孔与已加工出的大孔 $\phi20.6$ mm 之间的壁厚 t，看其是否超出这一铝合金壳体强度允许的最小壁厚 3 mm，由此来确定是否可以按照图纸尺寸和角度加工斜孔。

解：画出计算图形，如图 13-6（b）所示。在 Rt△ABC 中，已知

$$AC = 58 - 18 = 40（mm），BC = 60 - 20 - 3 = 37（mm），$$

$$\tan\alpha = \frac{AC}{BC} = \frac{40}{37} = 1.0811$$

得

$$\alpha = 47.23°$$

在 Rt△ADE 中，已知

$$AD = 57 - 20 - 3 = 34（mm），$$

$$DE = AD \times \tan\alpha = 34 \times \tan47.23° = 34 \times 1.0811 = 36.76（mm）$$

在 Rt△EFG 中，可知

$$GE = DE - DG = 36.76 - (58 - 45) = 23.76（mm）$$

$$GF = GE\cos\alpha = 23.76 \times \cos47.23° = 16.13（mm）$$

得

$$t = GF - \frac{20.6}{2} - \frac{5}{2} = 16.13 - 10.3 - 2.5 = 3.33（mm）> 3（mm）$$

故壁厚合格，能满足设计要求，可按图示的 α 角钻斜孔。

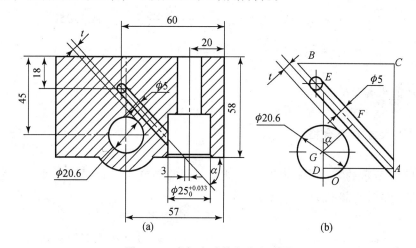

(a)　　　　　　　　　　　(b)

图 13-6　求相交孔的角度和壁厚

13.3　圆柱形工件径向孔夹角的测量与计算

如图 13-7 所示，圆柱形工件上两径向孔夹角 α。两孔直径的实际尺寸是 d_1 和 d_2，圆柱体直径的实际尺寸为 D。用两根直径和孔径相等的心轴紧插在孔中，再用两个半径为 W 的检验心轴如图示方法测得外侧尺寸 M，则可计算出两径向孔的夹角 α。

在 Rt△ABO 中，

$$\sin\beta = \frac{AB}{AO} = \frac{(M - 2W)/2}{\frac{D}{2} + W} = \frac{M - 2W}{D + 2W}$$

又在 Rt△ACO 中，

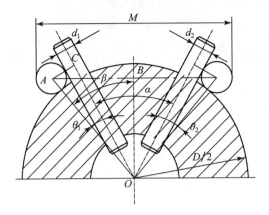

图 13-7 径向孔夹角的测量与计算

$$\sin\theta_1 = \frac{AC}{AO} = \frac{W + \dfrac{d_1}{2}}{\dfrac{D}{2} + W} = \frac{2W + d_1}{D + 2W}$$

同理

$$\sin\theta_2 = \frac{2W + d_2}{D + 2W}$$

于是

$$\alpha = 2\beta - \theta_1 - \theta_2 \qquad (13\text{-}2)$$

式中

$$\sin\beta = \frac{M - 2W}{D + 2W} \qquad (13\text{-}3)$$

$$\sin\theta_1 = \frac{2W + d_1}{D + 2W} \qquad (13\text{-}4)$$

$$\sin\theta_2 = \frac{2W + d_2}{D + 2W} \qquad (13\text{-}5)$$

若

$$d_1 = d_2$$

则

$$\alpha = 2\beta - 2\theta_1 = 2(\beta - \theta_1) \qquad (13\text{-}6)$$

【例题 6】

一圆柱体工件，外径实际尺寸 $D = 79.95\,\text{mm}$，钻有两个径向孔，实际孔径 $d_1 = d_2 = 10.02\,\text{mm}$。用 $2W = 8\,\text{mm}$ 的两心轴按图 13-7 所示的方法进行测量。测得心轴外侧尺寸 $M = 66.63\,\text{mm}$，试计算两径向孔夹角 α。

解：用公式（13-3）

$$\sin\beta = \frac{M - 2W}{D + 2W} = \frac{66.63 - 8}{79.95 + 8} = \frac{58.63}{87.95} = 0.66663$$

查得 $\qquad\qquad \beta = 41°48'$

用公式 (13-4)

$$\sin\theta_1 = \frac{2W + d_1}{D + 2W} = \frac{8 + 10.02}{79.95 + 8} = \frac{18.02}{87.95} = 0.20489$$

查得 $\qquad\qquad \theta_1 = 11°47'$

用公式 (13-6)

$$\alpha = 2\beta - 2\theta_1 = 2(\beta - \theta_1) = 2 \times (41°48' - 11°47') = 60°2'$$

故得两径向孔夹角 $\qquad\qquad \alpha = 60°2'$

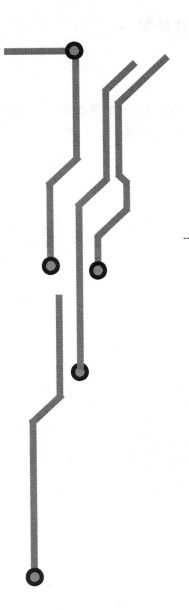

项目 14
常用螺纹加工的计算

14.1 普通公制螺纹基本尺寸计算

1. 螺纹牙型高度（h_1）的计算

公制螺纹的牙型不是一个完整的三角形，图 14-1 中，完整三角形的高度为 H，顶部"削"去 $H/8$，底部"削"去 $H/4$，剩下的部分是螺纹的牙型高度 h_1。显然，牙型高度是：

$$h_1 = H - \frac{H}{8} - \frac{H}{4} = \frac{5H}{8}$$

由于普通公制螺纹的牙型角为 60°，根据三角学可知：

$$H = \frac{\sqrt{3}}{2}P = 0.866P \tag{14-1}$$

所以

$$h_1 = \frac{5}{8} \times 0.866P = 0.54125P \approx 0.5413P \tag{14-2}$$

式中，P——螺纹螺距（mm）

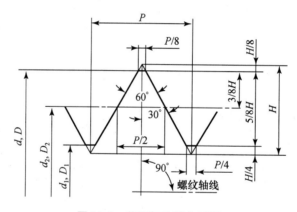

图 14-1 普通螺纹基本牙型

2. 螺纹中径（d_2、D_2）的计算

螺纹中径是指一个螺纹上牙槽宽与牙宽相等处的直径，它是一个假想圆柱体的直径。外螺纹中径用 d_2 表示，内螺纹中径用 D_2 表示。螺纹的中径不等于大径与小径的平均值。图 14-1 中，中径以外部分的齿形高度是 $\frac{3}{8}H$，中径以内部分是 $\frac{2}{8}H$，因此，中径不是大径与小径中间的直径，牙槽宽与牙宽相等处的直径才是中径。内外螺纹配合时是牙的侧面接触，因此，中径是影响螺纹配合松紧程度的主要尺寸。

由于大径 $d = D$，中径 $d_2 = D_2$，因此，螺纹中径与大径的关系是：

$$d_2 = D_2 = d - 2 \times \frac{3}{8}H = d - 2 \times \frac{3}{8} \times 0.866P = d - 0.6495P \tag{14-3}$$

3. 螺纹小径（d_1、D_1）的计算

螺纹小径与大径的关系是：

$$d_1 = D_1 = d - 2 \times \frac{5}{8}H = d - 2 \times \frac{5}{8} \times 0.866P = d - 1.0825P \tag{14-4}$$

近似公式：

$$d_1' \approx d - P \tag{14-4'}$$

【例题 1】

钳工在一零件上需作 M4、M6、M8、M12×1.5 四个螺孔，问钻底孔时所选钻头直径分别为多大。

解：按国家标准规定，M4 的螺纹 $P = 0.7\,\text{mm}$，M6 的螺纹 $P = 1\,\text{mm}$，M8 的螺纹 $P = 1.25\,\text{mm}$。先用公式（14-4）计算：

M4　　$d_1 = 4 - 1.0825 \times 0.7 = 4 - 0.758 = 3.242\,(\text{mm})$

M6　　$d_1 = 6 - 1.0825 \times 1 = 6 - 1.0825 = 4.918\,(\text{mm})$

M8　　$d_1 = 8 - 1.0825 \times 1.25 = 8 - 1.353 = 6.647\,(\text{mm})$

M12×1.5　　$d_1 = 12 - 1.0825 \times 1.5 = 10.376\,(\text{mm})$

再用近似公式（14-4'）计算：

M4　　$d_1' = 4 - 0.7 = 3.3\,(\text{mm})$

M6　　$d_1' = 6 - 1 = 5\,(\text{mm})$

M8　　$d_1' = 8 - 1.25 = 6.75\,(\text{mm})$

M12×1.5　　$d_1' = 12 - 1.5 = 10.5\,(\text{mm})$

查标准手册螺纹内径公差得：

M4　　$d_1 = 3.242^{+0.18}\,(\text{mm})$

M6　　$d_1 = 4.918^{+0.20}\,(\text{mm})$

M8　　$d_1 = 6.647^{+0.22}\,(\text{mm})$

M12×1.5　　$d_1 = 10.376^{+0.25}\,(\text{mm})$

可见，用公式（14-4'）求得内径 d_1' 均在其公差范围内。而公式（14-4'）计算方便，因此在实际生产中被广泛应用。

常用普通螺纹的基本尺寸和中径公差分别如表 14-1 和表 14-2 所示。

表 14-1　常用普通螺纹的基本尺寸

（GB/T 196—1981）　　（单位：mm）

螺距 P	中径 D_2 或 d_2	小径 D_1 或 d_1	螺距 P	中径 D_2 或 d_2	小径 D_1 或 d_1
0.25	$d - 1 + 0.838$	$d - 1 + 0.729$	2.5	$d - 2 + 0.376$	$d - 3 + 0.294$
0.5	$d - 1 + 0.675$	$d - 1 + 0.459$	3	$d - 2 + 0.051$	$d - 4 + 0.752$
0.75	$d - 1 + 0.513$	$d - 1 + 0.188$	3.5	$d - 3 + 0.727$	$d - 4 + 0.211$
1	$d - 1 + 0.350$	$d - 2 + 0.917$	4	$d - 3 + 0.402$	$d - 5 + 0.670$
1.25	$d - 1 + 0.188$	$d - 2 + 0.647$	4.5	$d - 3 + 0.077$	$d - 5 + 0.129$
1.5	$d - 1 + 0.026$	$d - 2 + 0.376$	5	$d - 4 + 0.752$	$d - 6 + 0.587$
1.75	$d - 2 + 0.863$	$d - 2 + 0.106$	5.5	$d - 4 + 0.428$	$d - 6 + 0.046$
2	$d - 2 + 0.701$	$d - 3 + 0.835$	6	$d - 4 + 0.103$	$d - 7 + 0.505$

表 14-2 常用普通螺纹的中径公差
（GB/T 2516—1981） （单位：μm）

公称直径 D/mm	螺距 P/mm	内螺纹中径公差（T_{D_2}）					外螺纹中径公差（T_{d_2}）						
		公差等级					公差等级						
		4	5	6	7	8	3	4	5	6	7	8	9
>2.8～5.6	0.5	63	80	100	125	–	38	48	60	75	95	–	–
	0.75	75	95	118	150	–	45	56	71	90	112	–	–
>5.6～11.2	0.5	71	90	112	140	–	42	53	67	85	106	–	–
	0.75	85	106	132	170	–	50	63	80	100	125	–	–
	1	95	118	150	190	236	56	71	90	112	140	180	224
	1.25	100	125	160	200	250	60	75	95	118	150	190	236
	1.5	112	140	180	224	280	67	85	106	132	170	212	265
>11.2～22.4	0.5	75	95	118	150	–	45	56	71	90	112	–	–
	0.75	90	112	140	180	–	53	67	85	106	132	–	–
	1	100	125	160	200	250	60	75	95	118	150	190	236
	1.25	112	140	180	224	280	67	85	106	132	170	212	265
	1.5	118	150	190	236	300	71	90	112	140	180	224	280
	1.75	125	160	200	250	315	75	95	118	150	190	236	300
	2	132	170	212	265	335	80	100	125	160	200	250	315
	2.5	140	180	224	280	355	85	106	132	170	212	265	335
>22.4～45	0.75	95	118	150	190	–	56	71	90	112	140	–	–
	1	106	132	170	212	–	63	80	100	125	160	200	250
	1.5	125	160	200	250	315	75	95	118	150	190	236	300
	2	140	180	224	280	355	85	106	132	170	212	265	335
	3	170	212	265	335	425	100	125	160	200	250	315	400
	3.5	180	224	280	355	450	106	132	170	212	265	335	425
	4	190	236	300	375	475	112	140	180	224	280	355	450
	4.5	200	250	315	400	500	118	150	190	236	300	375	475
>45～90	1	118	150	180	236	–	71	90	112	140	180	224	–
	1.5	132	170	212	265	335	80	100	125	160	200	250	315
	2	150	190	236	300	375	90	112	140	180	224	280	355
	3	180	224	280	355	450	106	132	170	212	265	335	425
	4	200	250	315	400	500	118	150	190	236	300	375	475
	5	212	265	335	425	530	125	160	200	250	315	400	500
	5.5	224	280	355	450	560	132	170	212	265	335	425	530
	6	236	300	375	475	600	140	180	224	280	355	450	560
>90～180	1.5	140	180	224	280	355	85	106	132	170	212	265	335
	2	160	200	250	315	400	95	118	150	190	236	300	375
	3	190	236	300	375	475	112	140	180	224	280	355	450
	4	212	265	335	425	530	125	160	200	250	315	400	500
	6	250	315	400	500	630	150	190	236	300	375	475	600

14.2　梯形螺纹各部尺寸计算

梯形螺纹用 Tr 表示，牙型角 $\alpha = 30°$。梯形螺纹牙型如图 14-2 所示，基本计算公式见表 14-3。

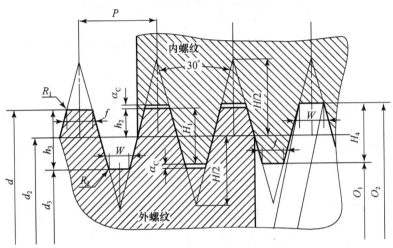

图 14-2　梯形螺纹牙型和基本计算

表 14-3　梯形螺纹基本尺寸计算

（GB/T 5796.3—1986）　　　（单位：mm）

名　称	计算公式		
牙型角 α	$\alpha = 30°$		
螺距 P	由螺纹标准规定		
牙顶与牙底之间的间隙 a_c	P	$2 \sim 5$	$6 \sim 12$ / $14 \sim 44$
	a_c	0.25	0.5 / 1
基本牙型高度 H_1	$H_1 = 0.5P$		
外螺纹牙高 h_3	$h_3 = 0.5P + a_c$		
内螺纹牙高 H_4	$H_4 = 0.5P + a_c$		
牙顶高 h_2	$h_2 = 0.25P = H_1/2$		
外螺纹　大径 d	公称直径		
外螺纹　小径 d_3	$d_3 = d - h_3$		
内螺纹　大径 D_4	$D_4 = d + 2a_c$		
内螺纹　小径 D_1	$D_1 = d - P$		
中径 D_2、d_2	$D_2 = d_2 = d - 0.5P$		
牙顶圆角半径 R_1	$R_{1\max} = 0.5a_c$		
牙底圆角半径 R_2	$R_{2\max} = a_c$		

加工梯形螺纹时需要对牙型进行计算，便于设计制造磨刀样板，可按图 14-3 所示计算。图中，P 为螺距，中径 d_2 上的齿厚为 $P/2$，外螺纹牙高为 h_3，内螺纹牙顶与外螺纹牙底间的间隙为 a_c，牙顶宽为 f，牙根间 W，牙底宽 W_1。

在△ABC 中：

$$\tan15° = \frac{AB}{BC} = \frac{AB}{P/4}$$

则

$$AB = \frac{P}{4} \times \tan15° = \frac{P}{4} \times 0.26795 = 0.067P$$

所以

$$f = \frac{P}{2} - 2AB = \frac{P}{2} - 2 \times 0.067P = 0.366P$$

$$f_1 = \frac{P}{2} + 2AB = \frac{P}{2} + 2 \times 0.067P = 0.634P$$

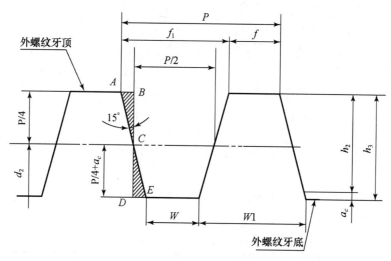

图 14-3　梯形螺纹牙型计算

又在△CDE 中，$\tan15° = \dfrac{DE}{CD} = \dfrac{DE}{\dfrac{P}{4} + a_c}$

则

$$DE = \left(\frac{P}{4} + a_c\right)\tan15° = \left(\frac{P}{4} + a_c\right) \times 0.26795 = 0.067P + 0.26795a_c$$

所以

$$W = \frac{P}{2} - 2DE = \frac{P}{2} - 2 \times (0.067P + 0.26795a_c) = 0.366P - 0.536a_c$$

$$W_1 = \frac{P}{2} + 2DE = \frac{P}{2} + 2 \times (0.067P + 0.26795a_c) = 0.634P + 0.536a_c$$

于是：

牙顶宽

$$f = 0.366P \quad 或 \quad f = P - f_1 \tag{14-5}$$

牙顶槽宽（牙顶间）

$$f_1 = 0.634P \quad 或 \quad f_1 = P - f \tag{14-6}$$

牙根宽

$$W_1 = 0.634P + 0.536a_c \quad 或 \quad W_1 = P - W \tag{14-7}$$

牙槽宽（牙根间，即车刀最大宽度）

$$W = 0.366P - 0.536a_c \quad 或 \quad W = P - W_1 \tag{14-8}$$

按国家标准规定：

$P = 2 \sim 4$ 时，$a_c = 0.25$，则：

$$W_1 = 0.634P + 0.134 \tag{14-9}$$

$$W = 0.366P - 0.134 \tag{14-10}$$

$P = 5 \sim 12$ 时，$a_c = 0.5$，则：

$$W_1 = 0.634P + 0.268 \tag{14-11}$$

$$W = 0.366P - 0.268 \tag{14-12}$$

$P = 14 \sim 44$ 时，$a_c = 1$，则：

$$W_1 = 0.634P + 0.536 \tag{14-13}$$

$$W = 0.366P - 0.536 \tag{14-14}$$

梯形螺纹牙型尺寸及常用梯形螺纹基本尺寸分别如表 14-4 和表 14-5 所示。

表 14-4　梯形螺纹牙型尺寸

（GB/T 5796.1—1986）　　　（单位：mm）

螺距 P	牙型高度 h_3	间隙 a_c	牙顶宽 f	牙槽底宽 W	圆角半径 r_{max}
2	1.25	0.25	0.73	0.60	0.2
3	1.75	0.25	1.10	0.97	0.2
4	2.25	0.25	1.46	1.33	0.2
5	3	0.5	1.83	1.56	0.3
6	3.5	0.5	2.2	1.93	0.3
8	4.5	0.5	2.93	2.66	0.3
10	5.5	0.5	3.66	3.39	0.3
12	6.5	0.5	4.39	4.12	0.3
16	9	1	5.86	5.32	0.5
20	11	1	7.32	6.78	0.5
24	13	1	8.78	8.24	0.5
32	17	1	11.71	11.17	0.5
40	21	1	14.64	14.10	0.5
48	25	1	17.57	17.03	0.5

表 14-5　常用梯形螺纹基本尺寸

（GB/T 5796.3—1986）

螺距 P	外螺纹		内螺纹和外螺纹	内螺纹	
	大径 d	小径 d_3	中径 D_2、d_2	大径 D_4	小径 D_1
1.5	$8 \sim 10$	$d - 1.8$	$d - 0.75$	$d + 0.3$	$d - 1.5$
2	$9 \sim 20$	$d - 2.5$	$d - 1$	$d + 0.5$	$d - 2$
3	$11 \sim 60$	$d - 3.5$	$d - 1.5$	$d + 0.5$	$d - 3$

续表

螺距 P	外螺纹		内螺纹和外螺纹	内螺纹	
	大径 d	小径 d_3	中径 D_2、d_2	大径 D_4	小径 D_1
4	$16 \sim 100$	$d-4.5$	$d-2$	$d+0.5$	$d-4$
5	$22 \sim 110$	$d-5.5$	$d-2.5$	$d+0.5$	$d-5$
6	$30 \sim 150$	$d-7$	$d-3$	$d+1$	$d-6$
8	$22 \sim 190$	$d-9$	$d-4$	$d+1$	$d-8$
10	$30 \sim 220$	$d-11$	$d-5$	$d+1$	$d-10$
12	$44 \sim 400$	$d-13$	$d-6$	$d+1$	$d-12$
16	$65 \sim 500$	$d-18$	$d-8$	$d+2$	$d-16$
20	$85 \sim 580$	$d-22$	$d-10$	$d+2$	$d-20$

【例题 2】

标准 $30°$ 梯形螺纹，$P = 10\,\text{mm}$，为了设计磨刀样板，需要确定刀具的宽度，试计算牙顶宽 f 和牙根宽 W_1。

解： 根据公式（14-5）

牙顶宽 $\qquad\qquad\qquad f = 0.366P = 0.366 \times 10 = 3.66\,(\text{mm})$

牙根宽 $\qquad W_1 = 0.634P + 0.268 = 0.634 \times 10 + 0.268 = 6.608\,(\text{mm})$

14.3 英制螺纹各部尺寸计算

英制螺纹也叫时制螺纹，它是以英寸为单位计量的，广泛使用于英美等国。进口设备和国外来料加工的零件中常运用这种制式。其牙型角为 $55°$，螺距以每英寸长度内的牙数来表示。牙数越多，螺距越小。

如图 14-4 所示的英制螺纹牙型，螺距为 P，工作高度为 h，牙型角 $55°$。

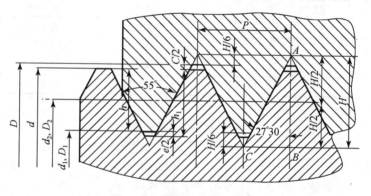

图 14-4 英制螺纹牙型计算

从 $\text{Rt}\triangle ABC$ 可知：

$$H = \frac{P}{2}\cot 27°30' = \frac{P}{2} \times 1.921 = 0.9605P$$

即
$$H = 0.9605P \tag{14-15}$$

螺纹工作高度为：
$$h = H - 2 \times \frac{H}{6} = \left(1 - \frac{1}{3}\right)H = \frac{2}{3}H = \frac{2}{3} \times 0.9605P = 0.64P$$

即
$$h = 0.64P \tag{14-16}$$

英制螺纹的螺距是用每吋牙数来表示的，则
$$P = \frac{1}{n}（吋）= \frac{25.4}{n}（mm）$$

代入公式（14-16）得
$$h = \frac{16.257}{n}（mm）\tag{14-17}$$

内径
$$d_1 = d - 2h = d - 2 \times 0.64P = d - 1.28P \tag{14-18}$$

或
$$d_1 = d - \frac{32.512}{n} \tag{14-19}$$

英制螺纹由于牙顶和牙底削平高度相等，所以中径
$$d_2 = d - h = d - 0.64P \tag{14-20}$$

【例题 3】

求英制螺纹 $\frac{1}{2}{}'' \times 12$ 牙/吋的螺纹高度 h。

解：用公式（14-17）计算得：
$$h = \frac{16.257}{n} = \frac{16.257}{12} = 1.355（mm）$$

英制螺纹各部分尺寸计算及英制螺纹基本尺寸如表 14-6 和表 14-7 所示。

表 14-6　英制螺纹各部分尺寸计算

名称	代号	计算公式
螺距	P	$P = \dfrac{25.4}{n}$
螺纹大径	d	
每英寸（25.4 mm）内的牙数	n	
原始三角形高度	H	$H = 0.960491P$
工作高度	h	$h = h_1 - \dfrac{e'}{2}$
牙型高度	h_1	$h_1 = 0.649P - \dfrac{c'}{2}$
大径间隙	c'	$c' = 0.075P + 0.05$
小径间隙	e'	$e' = 0.148P$

表 14-7 英制螺纹基本尺寸

公称直径/in	每25.4 mm 牙数 n	螺距 P/mm	螺纹直径/mm 大径 d	中径 d_2	小径 d_1	间隙 c'	e'	牙型高度 h_1/mm
3/16	24	1.058	4.63	4.085	3.408	0.132	0.152	0.611
1/4	20	1.270	6.20	5.537	4.724	0.150	0.186	0.739
5/16	18	1.411	7.78	7.034	6.131	0.158	0.209	0.824
3/8	16	1.588	9.36	8.509	7.492	0.165	0.238	0.934
(7/16)	14	1.814	10.93	9.951	8.789	0.182	0.271	1.071
1/2	12	2.117	12.50	11.345	9.989	0.200	0.311	1.255
(9/16)	12	2.117	14.08	12.932	11.577	0.208	0.313	1.251
5/8	11	2.309	15.65	14.397	12.918	0.225	0.342	1.366
3/4	10	2.54	18.81	17.424	15.798	0.240	0.372	1.506
7/8	9	2.822	21.96	20.418	18.611	0.265	0.419	1.674
1	8	3.175	25.11	23.367	21.334	0.290	0.466	1.888
11/8	7	3.629	28.25	26.252	23.929	0.325	0.531	2.160
11/4	7	3.629	31.42	29.427	27.104	0.330	0.536	2.158
13/8	6	4.233	34.56	32.215	29.504	0.365	0.626	2.528
11/2	6	4.233	37.73	35.390	32.679	0.370	0.631	2.526
(15/8)	5	5.080	40.85	38.022	34.770	0.425	0.750	3.040
13/4	5	5.080	44.02	41.198	37.945	0.430	0.755	3.038
(17/8)	41/2	5.644	47.15	44.011	40.397	0.475	0.833	3.376
2	41/2	5.644	50.32	47.186	43.572	0.480	0.838	3.374
21/4	4	6.350	56.62	53.084	49.019	0.530	0.941	3.801
21/2	4	6.350	62.97	59.434	55.369	0.530	0.941	3.081
23/4	31/2	7.257	69.26	65.204	60.557	0.590	1.073	4.352
3	31/2	7.257	75.61	71.554	66.907	0.590	1.073	4.352
31/4	31/4	7.815	81.91	77.546	72.542	0.640	1.158	4.684
31/2	31/4	7.815	88.26	83.896	78.892	0.640	1.158	4.684
33/4	3	8.467	94.55	89.820	84.409	0.700	1.251	5.071
4	3	8.467	100.9	96.176	90.759	0.700	1.251	5.071

注：1. 1in = 0.0254 m；

2. 括号内的规格尽量不使用。

14.4 车螺纹时的计算

1. 普通螺纹车刀刀尖角的修正计算

车削螺纹时，车刀一般刃磨了径向前角 γ_p，当 $\gamma_p = 0°$ 时，车刀的刀尖角 $\varepsilon_r = \alpha$（牙

型角），这时将车出正确的牙型角 α；当 $\gamma_p \neq 0°$ 时，螺纹车刀的两切削刃与工件轴线不平行，车出的螺纹表面将不是直线，而成为曲线，并且 γ_p 越大，牙型角误差越大，即车出的螺纹实际牙型角比标准牙型角大。因此，精车精度要求较高的螺纹时，为保证牙型的准确，当 $\gamma_p \neq 0°$ 时，应对螺纹车刀的牙型角 ε_r 进行修正。

在图 14-5 中，假设车刀对准工件中心，平面 $M\text{-}M$ 为过刀尖的基面，在基面内的螺纹深度为 t；前刀面 $N\text{-}N$ 剖面内的螺纹深度为 t'。从图中可以看出，t 是直角三角形的直角边，t' 是直角三角形的斜边，故 $t' > t$。两剖面内螺距仍然相等，但由于深度不相等，所以两条边的夹角不相等，即 $\varepsilon_r \neq \alpha$。

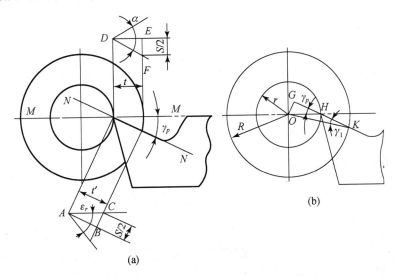

(a)

(b)

图 14-5　螺纹刀尖角的修正

如图 14-5（a）所示，在 $\text{Rt}\triangle ABC$（前刀面上）中：

$$\tan \frac{\varepsilon_r}{2} = \frac{BC}{AB} = \frac{s/2}{t'}$$

将上式分子分母同乘以 t 得：

$$\tan \frac{\varepsilon_r}{2} = \frac{s/2}{t'} \times \frac{t}{t} = \frac{s/2}{t} \times \frac{t}{t'}$$

又，在 $\text{Rt}\triangle DEF$（基面上）中：

$$\tan \frac{\alpha}{2} = \frac{EF}{DE} = \frac{s/2}{t}$$

将此式代入上式得：

$$\tan \frac{\varepsilon_r}{2} = \tan \frac{\alpha}{2} \times \frac{t}{t'} \tag{14-21}$$

（14-21）式中，只要求出 t'，则可计算出 ε_r。

在图 14-5（b）中的 $\text{Rt}\triangle OGH$ 中：

$$\cos \gamma_p = \frac{GH}{OH} = \frac{GH}{r}$$

则

$$GH = r\cos\gamma_p \tag{14-22}$$

又

$$\sin\gamma_p = \frac{OG}{OH} = \frac{OG}{r}$$

则

$$OG = r\sin\gamma_p \tag{14-22a}$$

在 $\mathrm{Rt}\triangle OGK$ 中：

$$\sin\gamma_1 = \frac{OG}{OK} = \frac{OG}{R}$$

将式（14-22a）代入此式得：

$$\sin\gamma_1 = \frac{r}{R}\sin\gamma_p \tag{14-22b}$$

又

$$\cot\gamma_1 = \frac{GK}{OG}$$

则

$$GK = OG\cot\gamma_1$$

将式（14-22a）代入此式得：

$$GK = r\sin\gamma_p\cot\gamma_1 \tag{14-22c}$$
$$t' = HK = GK - GH$$

以式（14-22c）及式（14-22）代入上式得：

$$t' = r\sin\gamma_p\cot\gamma_1 - r\cos\gamma_p = (\sin\gamma_p\cot\gamma_1 - \cos\gamma_p)r \tag{14-23}$$

式中，γ_P——螺纹车刀背前角（°）

ε_r——螺纹车刀刀尖角（°）

α——螺纹牙型角（°）

r——螺纹内圆半径（mm）

R——螺纹外圆半径（mm）

t——螺纹深度（mm），$t = R - r$。

归纳以上计算步骤：

（1）用式（14-22b）计算 γ_1，即：$\sin\gamma_1 = \frac{r}{R}\sin\gamma_p$；

（2）用式（14-23）计算 t'，即：$t' = (\sin\gamma_p \times \cot\gamma_1 - \cos\gamma_p)r$；

（3）用式（14-21）计算 $\frac{\varepsilon_r}{2}$，即：$\tan\frac{\varepsilon_r}{2} = \tan\frac{\alpha}{2} \times \frac{t}{t'}$。

【例题 4】

加工 $M36 \times 3$ 螺纹，内径 $2r = 32.752\,\mathrm{mm}$，车刀的径向前角 $\gamma_p = 10°$，求此时车刀实际应刃磨多大的刀尖角 ε_r。

解：螺纹外圆半径 $\frac{36}{2} = 18\,(\mathrm{mm})$，内圆半径 $r = \frac{32.752}{2} = 16.376\,(\mathrm{mm})$；螺纹深度 $t = R - r = 18 - 16.376 = 1.624\,(\mathrm{mm})$。

（1）用公式（14-22b）计算 γ_1：

$$\sin\gamma_1 = \frac{r}{R}\sin\gamma_p = \frac{16.376}{18}\sin 10° = 0.91 \times 0.17365 = 0.15798$$

$$\gamma_1 = 9°5'$$

（2）用公式（14-23）计算 t'：

$$t' = (\sin\gamma_p \times \cot\gamma_1 - \cos\gamma_p)r = (\sin 10° \cot 9°5' - \cos 10°) \times 16.376$$

$$= (0.17365 \times 6.251 - 0.9848) \times 16.376 = 1.6488$$

（3）用公式（14-21）计算 $\dfrac{\varepsilon_r}{2}$：

$$\tan\frac{\varepsilon_r}{2} = \tan\frac{\alpha}{2} \times \frac{t}{t'} = \tan\frac{60°}{2} \times \frac{1.624}{1.6488} = 0.57735 \times 0.985 = 0.5687$$

$$\frac{\varepsilon_r}{2} = 29°37' \qquad \varepsilon_r = 2 \times 29°37' = 59°15'$$

在实际生产中，对于精度要求不高的螺纹，为了增大车刀径向前角使切削轻快，可适当减小刀尖角以获得比较准确的牙型角。在车刀的径向前角 $\gamma_p < 8°$ 时，车刀刀尖角 ε_r 可近似按下式计算：

$$\varepsilon_r = \alpha\cos\gamma_p \tag{14-24}$$

式中，α——螺纹牙型角（°）；

　　　γ_p——螺纹径向前角（°）。

在不便于计算的情况下，当 $\gamma_p < 8°$ 时，车刀的 ε_r 可以比螺纹牙型角小 $0.5°\sim1°$。

2. 螺纹的螺旋升角对车刀后角影响的计算

如图 14-6 所示为螺纹形成的示意图。图中的直角三角形是一周螺纹的展开图，斜边是螺旋线，α 是螺旋升角，P 是螺距，n 是螺旋线的头数，d 是所展开的圆柱面的直径。根据三角函数可得：

$$\tan\alpha = \frac{nP}{\pi d} \tag{14-25}$$

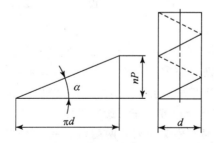

图 14-6　螺旋升角计算

从公式（14-25）可以知道，不同直径有不同的升角。因此，螺纹外径、中径和内径上的升角大小不等。一般所指的升角是中径上的升角。

对于公制蜗杆，导程 $p_z = z_1\pi m$

$$\tan\alpha = \frac{p_z}{d_1} \qquad\qquad (14\text{-}26)$$

式中，d_1——蜗杆分度圆直径（mm）；

m——模数（mm）；

z_1——头数。

对于英制蜗杆，导程 $p_z = \dfrac{z_1\pi}{p}$，代入式（14-26）得：

$$\tan\alpha = \frac{p_z}{d_1} = \frac{z_1\pi}{pd_1} \qquad\qquad (14\text{-}27)$$

式中，d_1——分度圆直径（吋）；

p——端面径节（1/吋）；

z_1——头数。

【例题 5】

计算 M24 普通三角螺纹的螺旋升角。

解：M24 普通三角螺纹的螺距 $p = 3$ mm，头数 $n = 1$。

按公式（14-3）得：

$$d_2 = d - 0.6495P = 24 - 0.6495 \times 3 = 24 - 1.95 = 22.05\,(\text{mm})$$

按公式（14-25）得：

$$\tan\alpha = \frac{nP}{\pi d} = \frac{nP}{\pi d_2} = \frac{1 \times 3}{3.14 \times 22.05} = 0.04333$$

得

$$\alpha = 2°29'$$

【例题 6】

C620 普通车床的脱落蜗杆参数如下：$m = 3$ mm，$z_1 = 4$，$d_1 = 42$ mm，计算中径上的螺旋角。

解：根据公式（14-26）得：

$$\tan\alpha = \frac{3 \times \pi \times z_1}{d_1} = \frac{3 \times 3.14 \times 4}{42} = \frac{37.68}{42} = 0.8971$$

$$\alpha = 41°54'$$

当螺旋角较小时，对切削过程影响较小，这一影响可以忽略不计，如例题 5。但是当螺旋角较大时，如例题 6，则对切削过程影响很大，应该采取必要措施消除这一影响。

如图 14-7（a）所示，工件螺旋角较大时，车刀两后刀面将与螺旋面产生严重干涉。因此，应将车刀两后刀面进行修正或将车刀旋转安装。

图 14-7（b）所示为普通车削时车刀的两后角，一般情况左右对称。

图 14-7（c）为水平安装车刀时，为了保证后刀面不与螺旋面产生摩擦，车刀左侧后刀面应多磨一个 α 角；为了保证车刀具有足够的强度，车刀右侧后刀面少磨一个 α 角（此时车削右旋外螺纹，车刀左移）。

如图 14-7（d）所示，车刀旋转安装时，车刀仍然刃磨普通车削时的后角，整个刀体旋转一个螺旋角 α，这样节省了刀具材料消耗，减少了刃磨刀具的工作量和难度。但是，这种安装需要使用一个能旋转的刀夹。

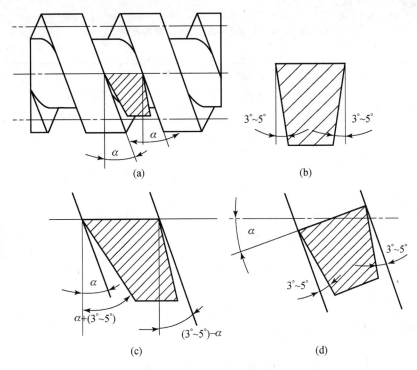

图 14-7　螺旋角对车刀后角的影响及解决办法

14.5　车螺纹时刀尖宽度的计算

精车螺纹时，需要做磨刀样板，刀尖宽度通常是磨刀样板的重要尺寸，故需要对此尺寸进行计算，并以此为依据设计和制作磨刀样板。

表 14-8 至表 14-10 列出常用的三种螺纹刀尖宽度尺寸，直接查表免去了较为复杂的公式推导及计算。

1. 车梯形螺纹时刀尖宽度尺寸

表 14-8　车梯形螺纹时刀尖宽度尺寸

牙型角 =30°　　　　　　　　　　　　　　　　　　　　　　（单位：mm）

计算公式：刀尖宽度 =0.366×螺距 −0.536×间隙					
螺距	刀尖宽度	螺距	刀尖宽度	螺距	刀尖宽度
2	0.598	8	2.660	24	8.248
3	0.964	10	3.292	32	11.176
4	1.330	12	4.124	40	14.104
5	1.562	16	5.320	48	17.032
6	1.928	20	6.784		

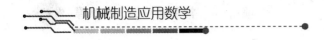

2. 车模数蜗杆时刀尖宽度尺寸

表 14-9　车模数蜗杆时刀尖宽度尺寸

牙型角 = 40° （单位：mm）

计算公式：刀尖宽度 = 0.843 × 模数 − 0.728 × 间隙

（若取间隙 = 0.2 × 模数，则刀尖宽度 = 0.697 × 模数）

模数	刀尖宽度	模数	刀尖宽度	模数	刀尖宽度
1	0.697	(4.5)	3.137	12	8.364
1.5	1.046	5	3.485	14	9.758
2	1.394	6	4.182	16	11.152
2.5	1.743	(7)	4.879	18	12.546
3	2.091	8	5.576	20	13.940
(3.5)	2.440	(9)	6.273	25	17.425
4	2.778	10	6.970	(30)	20.910

注：括号内的尺寸尽量不采用。

3. 车径节蜗杆时刀尖宽度尺寸

表 14-10　车径节蜗杆时刀尖宽度尺寸

牙型角 = 29° （单位：mm）

计算公式：刀尖宽度 $= \dfrac{25.4 \times 0.9723}{\text{径节 } P} = \dfrac{24.6964}{P}$

径节 P	刀尖宽度	径节 P	刀尖宽度	径节 P	刀尖宽度
1	24.696	8	3.087	18	1.372
2	12.348	9	2.744	20	1.235
3	8.232	10	2.470	22	1.123
4	6.174	11	2.245	24	1.029
5	4.939	12	2.058	26	0.950
6	4.116	14	1.764	28	0.882
7	3.528	16	1.544	30	0.823

14.6　车、磨螺纹时交换齿轮的计算

加工精密螺纹、非标准螺纹，或在无进给机构的机床上加工螺纹时，需要进行交换齿轮的计算，搭配一定传动比的挂轮，才能对螺纹进行加工。

如图 14-8 所示，z_1、z_2、z_3、z_4 表示交换齿轮的齿数。

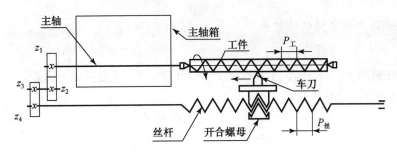

图 14-8　车床挂轮计算

计算出的交换齿轮齿数应满足如下条件：

$$z_1 + z_2 - z_3 > 15$$
$$z_3 + z_4 - z_2 > 15$$

$(14\text{-}28)$

否则，齿轮之间会产生干涉，出现不良啮合。

1. 米制车床车米制螺纹的计算

计算公式为：

$$\frac{z_1}{z_2} \times \frac{z_3}{z_4} = \frac{\text{工件螺距 } P_{工}}{\text{丝杆螺距 } P_{丝}}$$

$(14\text{-}29)$

【例题 7】

车床丝杆螺距 $P_{丝} = 6\,\text{mm}$，工件螺距 $P_{工} = 3\,\text{mm}$，求交换齿轮齿数。

解： 根据公式（14-29）得：

$$\frac{z_1}{z_2} \times \frac{z_3}{z_4} = \frac{\text{工件螺距 } P_{工}}{\text{丝杆螺距 } P_{丝}} = \frac{3}{6} = \frac{1}{2} = \frac{20}{40}$$

这种传动比的配对齿轮很多，可以作如下配对：

$$\frac{25}{50},\ \frac{30}{60},\ \frac{35}{70},\ \frac{40}{80},\ \frac{50}{100},\ \dots$$

配对时，只需要传动比等于 $\dfrac{1}{2}$ 均可以使用。这时计算结果为 z_1 和 z_4，尚需要增加两个齿数相等远交近攻中间齿轮 z_2 和 z_3，但必须满足（14-28）的要求。

【例题 8】

车床丝杆螺距 $P_{丝} = 12\,\text{mm}$，工件螺距 $P_{工} = 1\,\text{mm}$，求交换齿轮齿数。

解： 根据公式（14-29）得：

$$\frac{z_1}{z_2} \times \frac{z_3}{z_4} = \frac{\text{工件螺距 } P_{工}}{\text{丝杆螺距 } P_{丝}} = \frac{1}{12} = \frac{1}{2} \times \frac{1}{6} = \frac{40}{80} \times \frac{20}{120}$$

用式（14-28）进行验算：

$$40 + 80 - 20 = 100 > 15$$
$$20 + 120 - 80 = 60 > 15$$

即：所选齿轮是

$$z_1 = 40,\ z_2 = 80,\ z_3 = 20,\ z_4 = 120$$

2. 米制车床车英制螺纹的计算

【例题9】

车床丝杆螺距 $P_{丝} = 6\,mm$，工件螺距 $P_{工} = 10$ 牙/吋，求交换齿轮齿数。

解：根据公式（14-29）得：

$$\frac{z_1}{z_2} \times \frac{z_3}{z_4} = \frac{工件螺距\ P_{工}}{丝杆螺距\ P_{丝}}$$

式中 $P_{工} = \dfrac{25.4}{工件每吋牙数}$，将此式代入上式得

$$\frac{z_1}{z_2} \times \frac{z_3}{z_4} = \frac{工件螺距\ P_{工}}{丝杆螺距\ P_{丝}} = \frac{\dfrac{25.4}{工件每吋牙数}}{丝杆螺距\ P_{丝}} = \frac{127}{5 \times P_{丝} \times P_{工}} = \frac{127}{300}$$

$$= \frac{1}{3} \times \frac{127}{100} = \frac{40}{120} \times \frac{127}{100}$$

式中

$$25.4 = \frac{127}{5} \approx \frac{18 \times 24}{17} \approx \frac{40 \times 40}{9 \times 7} \approx \cdots$$

用式（14-28）进行验算：

$$40 + 120 - 127 = 33 > 15$$
$$127 + 100 - 120 = 107 > 15$$

即：所选齿轮是

$$z_1 = 40,\quad z_2 = 120,\quad z_3 = 127,\quad z_4 = 100$$

3. 英制车床车英制螺纹的计算

计算公式为：

$$\frac{z_1}{z_2} \times \frac{z_3}{z_4} = \frac{\dfrac{25.4}{工件每英寸牙数}}{\dfrac{25.4}{丝杆每英寸牙数}} = \frac{丝杆每英寸牙数}{工件每英寸牙数} \qquad (14\text{-}30)$$

【例题10】

车床丝杆螺距 $P_{丝}$ 为每英寸 4 牙，工件螺距 $P_{工}$ 为每英寸 6 牙，求交换齿轮齿数。

解：用公式（14-30）计算：

$$\frac{z_1}{z_2} \times \frac{z_3}{z_4} = \frac{丝杆每英寸牙数}{工件每英寸牙数} = \frac{4}{6} = \frac{2 \times 2}{2 \times 3} = \frac{40}{40} \times \frac{60}{90}$$

用式（14-28）进行验算：

$$40 + 40 - 60 = 20 > 15$$
$$60 + 90 - 40 = 110 > 15$$

即：所选齿轮是

$$z_1 = 40,\quad z_2 = 40,\quad z_3 = 60,\quad z_4 = 90$$

4. 英制车床车米制螺纹的计算

计算公式为：

$$\frac{z_1}{z_2} \times \frac{z_3}{z_4} = \frac{工件螺距}{\dfrac{25.4}{丝杆每英寸牙数}} = \frac{工件螺距 \times 丝杆每英寸牙数 \times 5}{127}$$

$$= \frac{工件螺距 \times 丝杆每英寸牙数 \times 17}{18 \times 24} = \frac{工件螺距 \times 丝杆每英寸牙数 \times 7 \times 9}{40 \times 40} \qquad (14\text{-}31)$$

【例题 11】

车床丝杆螺距 $P_丝$ 为每英寸 6 牙，工件螺距 $P_工 = 5\,\mathrm{mm}$，求交换齿轮齿数。

解：用公式（14-31）计算：

$$\frac{z_1}{z_2} \times \frac{z_3}{z_4} = \frac{工件螺距\ P_工 \times 丝杆每英寸牙数 \times 5}{127} = \frac{5 \times 6 \times 5}{127} = \frac{150}{127}$$

$$\frac{80 \times 75}{40 \times 127} = \frac{80}{40} \times \frac{75}{127}$$

用式（14-28）进行验算：

$$80 + 40 - 75 = 45 > 15$$
$$75 + 127 - 40 = 162 > 15$$

即：所选齿轮是

$$z_1 = 80，z_2 = 40，z_3 = 75，z_4 = 127$$

5. 米制车床车模数蜗杆的计算

计算公式为：

$$\frac{z_1}{z_2} \times \frac{z_3}{z_4} = \frac{工件螺距\ P_工}{丝杆螺距\ P_丝} = \frac{\pi \times 模数\ m \times 头数\ n}{丝杆螺距\ P_丝} = \frac{\dfrac{22}{7} \times 模数\ m \times 头数\ n}{丝杆螺距\ P_丝}$$

$$= \frac{22 \times m \times n}{7 \times P_丝} \qquad (14\text{-}32)$$

【例题 12】

车床丝杆螺距 $P_丝 = 6\,\mathrm{mm}$，工件模数 $m = 2\,\mathrm{mm}$，头数 $n = 1$，求交换齿轮齿数。

解：用公式（14-32）计算：

$$\frac{z_1}{z_2} \times \frac{z_3}{z_4} = \frac{22 \times m \times n}{7 \times P_丝} = \frac{22 \times 2 \times 1}{7 \times 6} = \frac{11 \times 4}{7 \times 6} = \frac{110}{70} \times \frac{80}{120}$$

用式（14-28）进行验算：

$$110 + 70 - 80 = 100 > 15$$
$$80 + 120 - 70 = 130 > 15$$

即：所选齿轮是

$$z_1 = 110，z_2 = 70，z_3 = 80，z_4 = 120$$

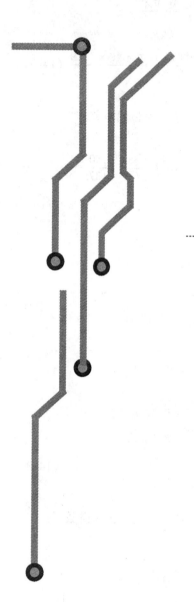

项目 15
螺纹的测量与计算

螺纹测量的项目和方法很多，很精密的螺纹可借助高科技测量工具进行检测。在生产现场，通常需检测螺纹的牙型角和中径，检测时常用三针测量法并通过计算或查表获得所需数据。外螺纹三针测量计算如图 15-1 所示。

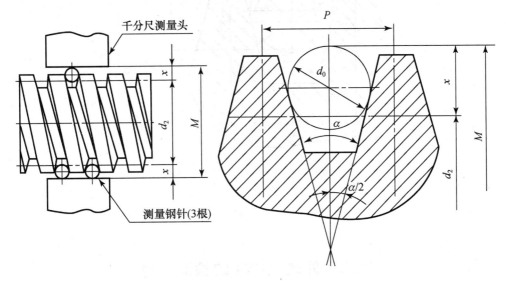

图 15-1　外螺纹三针测量计算

15.1　外螺纹牙型角的检测计算

检测和计算方法：用三根直径（D_D）相等的大量针和三根直径（d_D）相等的小量针如图 15-2 所示放置，先用大量针测得尺寸 M，后用小量针测得 m，再用公式（15-1）进行计算，得到牙型半角 $\dfrac{\alpha}{2}$，即可知此时牙型角 α。

计算公式如下：

$$\sin\frac{\alpha}{2} = \frac{D_D - d_D}{M - m - D_D + d_D} \tag{15-1}$$

式中，$\dfrac{\alpha}{2}$——被测螺纹牙型半角（°）；

　　　D_D——大量针直径（mm）；

　　　d_D——小量针直径（mm）；

　　　M——用大量针测得的数据（mm）；

　　　m——用小量针测得的数据（mm）。

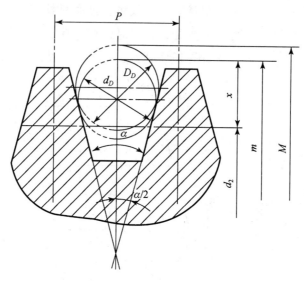

图 15-2　用三针测量螺纹牙型半角

15.2　外螺纹中径的检测计算

1. 测量用量针直径 d_D 的计算公式

如图 15-3 所示，在 Rt$\triangle ABO$ 中，

$$\frac{OB}{AB} = \tan\frac{\alpha}{2} = \frac{\sin\frac{\alpha}{2}}{\cos\frac{\alpha}{2}}$$

因为

$$OB = \frac{d_D}{2}$$

所以

$$\frac{\dfrac{d_D}{2}}{AB} = \frac{\sin\dfrac{\alpha}{2}}{\cos\dfrac{\alpha}{2}}$$

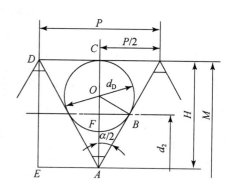

图 15-3　三针测量螺纹中径计算图

$$AB = \frac{d_D}{2} \times \frac{\cos\dfrac{\alpha}{2}}{\sin\dfrac{\alpha}{2}} \tag{1}$$

在 Rt$\triangle ADC$ 中，

$$\frac{DC}{AD} = \frac{\dfrac{P}{2}}{2AB} = \sin\frac{\alpha}{2}$$

$$AB = \frac{P}{4} \times \frac{1}{\sin\dfrac{\alpha}{2}} \qquad\qquad (2)$$

因为（1）式 =（2）式，得：

$$\frac{d_D}{2} \times \frac{\cos\dfrac{\alpha}{2}}{\sin\dfrac{\alpha}{2}} = \frac{P}{4\sin\dfrac{\alpha}{2}}$$

故

$$d_D = \frac{P}{2\cos\dfrac{\alpha}{2}} \qquad\qquad (15\text{-}2)$$

由公式（15-2）可知，不同牙型角的螺纹要使用不同直径的量针，表 15-1 所示为常用螺纹牙型角测量时量针的简化计算公式。

表 15-1　常用螺纹牙型角测量量针的简化计算公式

螺纹牙型角 $\alpha/°$	d_D 简化计算公式
60	$d_D = 0.577P$
55	$d_D = 0.564P$
30	$d_D = 0.518P$
40	$d_D = 0.533P$
29	$d_D = 0.516P$

2. 螺纹中径和测量值 M 的计算公式

由图 15-3 可知，

$$d_2 = M - 2CF = M - 2(OC + OF)$$
$$= M - 2OC - 2OF$$
$$= M - d_D - 2(AO - AF)$$

在 $\mathrm{Rt}\triangle ABO$ 中，

$$AO = \frac{OB}{\sin\dfrac{\alpha}{2}} = \frac{\dfrac{d_D}{2}}{\sin\dfrac{\alpha}{2}}$$

又因 F 点在中径上，所以

$$AF = \frac{DE}{2}$$

在 $\mathrm{Rt}\triangle ADE$ 中，

$$DE = AE \times \cot\frac{\alpha}{2} = \frac{P}{2} \times \cot\frac{\alpha}{2}$$

$$AF = \frac{DE}{2} = \frac{1}{2} \times \frac{P}{2} \times \cot\frac{\alpha}{2}$$

得

$$d_2 = M - d_D - 2\left(\frac{\dfrac{d_D}{2}}{\sin \dfrac{\alpha}{2}} - \frac{1}{2} \times \frac{P}{2} \times \cot \frac{\alpha}{2} \right)$$

整理得

$$d_2 = M - d_D \left(1 + \frac{1}{\sin \dfrac{\alpha}{2}} \right) + \frac{P}{2} \cot \frac{\alpha}{2} \tag{15-3}$$

故得 M 值计算公式为：

$$M = d_2 + d_D \left(1 + \frac{1}{\sin \dfrac{\alpha}{2}} \right) - \frac{P}{2} \cot \frac{\alpha}{2} \tag{15-4}$$

式中，M——千分尺测得的尺寸（mm）；

　　　d_2——螺纹中径（mm）；

　　　d_D——钢针直径（mm）；

　　　α——工件牙形角（°）；

　　　P——工件螺距（mm）。

从式（15-4）可知，M 值与牙型角 α 有关，如果代入常用的牙型角，即可导出 M 值简化计算公式，如表 15-2 所示。

表 15-2　三针测量时 M 值的简化计算公式

螺纹牙型角 $\alpha/°$	M 值简化计算公式
60	$M = d_2 + 3d_D - 0.866P$
55	$M = d_2 + 3.166d_D - 0.960P$
30	$M = d_2 + 4.864d_D - 1.866P$
40	$M = d_2 + 3.924d_D - 1.374P$
29	$M = d_2 + 4.994d_D - 1.933P$

15.3　用双针和单针测量螺纹中径

在生产中，有时没有恰当的千分尺，或工件螺距太大时（可用公法线千分尺测量），还可以用双针和单针对螺纹中径进行测量，如图 15-4 所示。

1. 中径的双针测量

当螺纹是公制螺纹时，其中径可按下式计算。

$$d_2 = M - 3d_D - \frac{P^2}{8\left(M - \dfrac{d_D}{2} \right)} + 0.866P \tag{15-5}$$

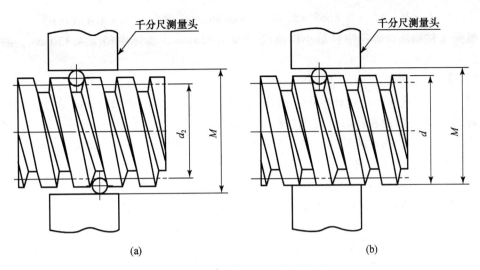

(a)　　　　　　　　　　　　(b)

图 15-4　中径的双针和单针测量

式中，M——测量尺寸（mm）；

d_D——量针直径（mm）；

P——螺距（mm）。

2. 中径的单针测量

单针测量时计算公式如下：

$$d_2 = 2M - d - d_D\left(1 + \frac{1}{\sin\frac{\alpha}{2}}\right) + \frac{P}{2} \times \cot\frac{\alpha}{2} \tag{15-6}$$

式中，M——两次测量的平均尺寸（mm）；

d_D——量针直径（mm）；

P——螺距（mm）；

d——测得的螺纹外径实际尺寸（mm）；

α——螺纹牙型角（°）。

【例题1】

有一公制外螺纹，标注为 M5 - 9g，现试用三针测量其中径。（1）试计算量针直径。

（2）若量针测后 M 值为 5.12 mm，判断此螺纹中径是否合格。

解： 根据螺纹标注，查得：$P = 0.8$ mm；$d_2 = 4.480_{-0.054}^{-0.024}$。

（1）计算量针直径

根据公式（15-2）得

$$d_D = \frac{P}{2\cos\frac{\alpha}{2}} = \frac{0.8}{2 \times \cos30°} = \frac{0.8}{2 \times 0.866} = 0.462\text{（mm）}$$

（2）计算中径 d_2

根据公式表 15-2 中公式

$$d_2 = M - 3d_D + 0.866P = 5.12 - 3 \times 0.462 + 0.866 \times 0.8 = 4.43 \text{（mm）}$$

根据工件标注计算得中径最小极限尺寸为 4.426 mm，实际中径为 4.430 mm，故中径合格。

【例题 2】

用三针测量 Tr40 × 7 丝杆中径。已知 $d_2 = \phi 36.5_{-0.480}^{-0.125}$，使用 $\phi 3.5$ mm 量针，试计算千分尺的读数 M 应控制在什么范围内丝杆才合格？

若用一根 $\phi 3.5$ mm 的量针测量，测得丝杆外径为 $\phi 39.86$ mm，此时的 M 值应为多少？

解：根据表 15-2 得公式：

$$M = d_2 + 4.864d_D - 1.866P = 36.5 + 4.864 \times 3.5 - 1.866 \times 7 = 40.46 \text{（mm）}$$

根据题目给定偏差，M 值的最大极限尺寸为：

$$40.46 - 0.125 = 40.335 \text{（mm）}$$

M 值的最小极限尺寸为：

$$40.46 - 0.48 = 39.98 \text{（mm）}$$

若用单针测量，用公式（15-6）计算，则：

$$d_2 = 2M - d - d_D\left(1 + \frac{1}{\sin\frac{\alpha}{2}}\right) + \frac{P}{2} \times \cot\frac{\alpha}{2}$$

$$2M = d_2 + d + d_D\left(1 + \frac{1}{\sin\frac{\alpha}{2}}\right) - \frac{P}{2} \times \cot\frac{\alpha}{2} = 36.5 + 39.86 + 3.5 \times (4.864) - 3.5 \times 3.732$$

$$= 76.36 + 17.024 - 13.062 = 80.322$$

$$M = 40.161 \text{（mm）}$$

【例题 3】

用单针测量一 M24 普通三角螺纹。$d_D = 1.732$ mm，为了测量准确，两次测得 M 值为：$M_1 = 24.31$ mm，$M_2 = 24.33$ mm。试计算螺纹中径。

解：查表得 M24 的螺距 $P = 3$ mm，M 的平均值为 $M = \dfrac{M_1 + M_2}{2} = \dfrac{24.31 + 24.33}{2} = 24.32 \text{（mm）}$。

按公式（15-6）得：

$$d_2 = 2M - d - d_D\left(1 + \frac{1}{\sin\frac{\alpha}{2}}\right) + \frac{P}{2} \times \cot\frac{\alpha}{2} = 2M - d - 3d_D + 0.866P$$

$$= 2 \times 24.32 - 24 - 3 \times 1.732 + 0.866 \times 3 = 22.042 \text{（mm）}$$

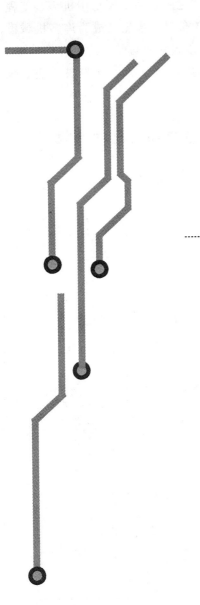

项目 16
齿轮计算

齿轮传动是近代机器中传递运动和动力的最主要形式之一。在从属切削机床、工程机械、冶金机械，以及人们常见的汽车、钟表中都有齿轮传动。齿轮已成为许多机械设备中不可缺少的传动部件，齿轮传动也是机器中所占比重最大的传动形式。

齿轮结构比较复杂，计算也比较繁杂，本书以常见的标准渐开线直齿圆柱齿轮、螺旋齿轮、齿条和圆锥齿轮为例进行基本参数的计算。

16.1　外啮合标准渐开线直齿圆柱齿轮的几何尺寸计算

渐开线直齿圆柱齿轮各部分名称如图 16-1 所示。计算公式列于表 16-1。

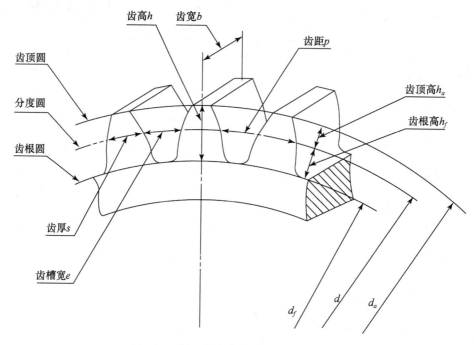

图 16-1　渐开线直齿圆柱齿轮各部分名称

表 16-1　外啮合标准渐开线直齿圆柱齿轮的几何尺寸计算公式

名　　称	代　　号	计算公式
齿形角	α	标准齿轮为 $20°$
齿数	z	通过传动比计算确定
模数	m	通过计算或结构设计确定
齿厚	s	$s = p/2 = \pi m/2$
齿距	p	$p = \pi m$
基圆齿距	p_b	$p_b = p\cos\alpha = \pi m\cos\alpha$

续表

名　称	代　号	计算公式
齿槽宽	e	$e = p/2 = \pi m/2$
齿顶高	h_a	$h_a = h_a^* = m$
齿根高	h_f	$h_f = (h_a^* + c^*)\, m = 1.25m$
齿高	h	$h = h_a + h_f = 2.25m$
分度圆直径	d	$d = mz$
齿顶圆直径	d_a	$d_a = d + 2h_a = m\,(z+2)$
齿根圆直径	d_f	$d_f = d_a - 2h = m\,(z - 2.5)$
基圆直径	d_b	$d_b = d\cos\alpha$
标准中心距	a	$a = (d_1 + d_2)/2 = m\,(z_1 + z_2)/2$

【例题 1】

有一个标准正齿轮，$m = 3\,\text{mm}$，$z = 24$，$\alpha = 20°$，求各部分尺寸。

解：将计算结果列于表 16-2：

表 16-2　例题 1 计算结果

名　称	代　号	计算公式及结果/mm
齿距	p	$p = \pi m = 3.14 \times 3 = 9.42$
齿厚	s	$s = p/2 = \pi m/2 = 3.14 \times 3/2 = 4.71$
基圆齿距	p_b	$p_b = p\cos\alpha = \pi m\cos\alpha = 3.14 \times 3 \times 0.94 = 8.855$
齿槽宽	e	$e = p/2 = \pi m/2 = 3.14 \times 3/2 = 4.71$
齿顶高	h_a	$h_a = h_a^* = m = 3$
齿根高	h_f	$h_f = (h_a^* + c^*)m = 1.25m = 1.25 \times 3 = 3.75$
齿高	h	$h = h_a + h_f = 2.25m = 2.25 \times 3 = 6.75$
分度圆直径	d	$d = mz = 3 \times 24 = 72$
齿顶圆直径	d_a	$d_a = d + 2h_a = m(z+2) = 3(24+2) = 78$
齿根圆直径	d_f	$d_f = d_a - 2h = m(z-2.5) = 3(24-2.5) = 64.5$
基圆直径	d_b	$d_b = d\cos\alpha = 72 \times 0.94 = 67.68$

【例题 2】

有一标准正齿轮 $z = 20$，测得齿顶圆直径 $d_a = 87.9\,\text{mm}$；齿根圆直径 $d_f = 69.9\,\text{mm}$。试求该齿轮其余各部分尺寸。

解：根据表 16-1 中的公式 $d_a = m(z+2)$ 计算该齿轮的模数，得

$$m = \frac{d_a}{z+2} = \frac{87.9}{20+2} = 3.995$$

与齿轮模数标准对照，可确定该齿轮模数 $m = 4$。

计算出模数后便可计算出该齿轮其余各部分尺寸（见表 16-3）。

表 16-3　例题 2 计算结果

名　称	代　号	计算公式及结果/mm
齿距	p	$p = \pi m = 3.14 \times 4 = 12.56$
齿厚	s	$s = p/2 = \pi m/2 = 3.14 \times 4/2 = 6.28$
基圆齿距	p_b	$p_b = p\cos\alpha = \pi m\cos\alpha = 3.14 \times 4 \times 0.94 = 11.81$
齿槽宽	e	$e = p/2 = \pi m/2 = 3.14 \times 4/2 = 6.28$
齿顶高	h_a	$h_a = h_a^* = m = 4$
齿根高	h_f	$h_f = (h_a^* + c^*)\, m = 1.25\,m = 1.25 \times 4 = 5$
齿高	h	$h = h_a + h_f = 2.25\,m = 2.25 \times 4 = 9$
分度圆直径	d	$d = mz = 4 \times 20 = 80$
齿顶圆直径	d_a	$d_a = d + 2h_a = m(z+2) = 4(20+2) = 88$
齿根圆直径	d_f	$d_f = d_a - 2h = m(z-2.5) = 4(20-2.5) = 70$
基圆直径	d_b	$d_b = d\cos\alpha = 80 \times 0.94 = 75.2$

16.2　标准齿条几何尺寸计算

标准齿条的各部分名称、代号及计算公式与标准正齿轮基本相同。只有齿顶宽（f_1）、齿顶间（f_2）、齿根宽（g_2）、齿根间（g_1）的计算公式需要另行推导。

1. 齿形宽度计算

如图 16-2 所示，设齿条的压力角为 α，模数为 m。齿条中线上的齿厚 S 和齿间均等于 $\dfrac{m\pi}{2}$，齿顶高 $h_1 = m$，齿根高 $h_2 = 1.25m$。

在 $\triangle ABC$ 中，

$$AB = h_1\tan\alpha = m\tan\alpha$$

在 $\triangle CDE$ 中，

$$DE = h_2\tan\alpha = 1.25m\tan\alpha$$

则得

$$f_1 = m\pi - \frac{m\pi}{2} - 2AB = \frac{m\pi}{2} - 2m\tan\alpha = m\left(\frac{\pi}{2} - 2\tan\alpha\right)$$

$$f_2 = \frac{m\pi}{2} + 2AB = \frac{m\pi}{2} + 2m\tan\alpha = m\left(\frac{\pi}{2} + 2\tan\alpha\right)$$

$$g_2 = \frac{m\pi}{2} + 2DE = \frac{m\pi}{2} + 2 \times 1.25m\tan\alpha = m\left(\frac{\pi}{2} + 2.5\tan\alpha\right)$$

$$g_1 = \frac{m\pi}{2} - 2DE = \frac{m\pi}{2} - 2 \times 1.25m\tan\alpha = m\left(\frac{\pi}{2} - 2.5\tan\alpha\right)$$

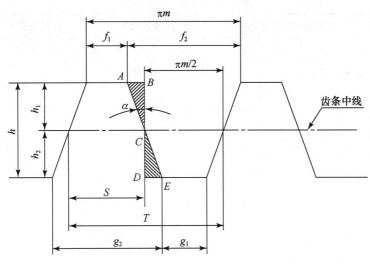

图 16-2 齿条齿形

当 $\alpha = 20°$ 时，以上各式化简为：

$$f_1 = 0.8429m \tag{16-1}$$

$$f_2 = 2.2987m \tag{16-2}$$

$$g_2 = 2.4807m \tag{16-3}$$

$$g_1 = 0.6609m \tag{16-4}$$

2. 齿条各部分尺寸计算

模数（m）、压力角（标准齿条的压力角 $\alpha = 20°$）是齿条的基本参数。根据这两个参数，即可计算出齿条各部分的尺寸，如表 16-4 所示。

表 16-4 齿条各部分计算公式

序号	名称及代号	计算公式	序号	名称及代号	计算公式
1	齿距 p	$m\pi$	6	全齿高 h	$2.25m$
2	齿厚 S_p	$1.5708m$	7	齿顶宽 f_1	$0.8429m$
3	顶隙 C_p	$0.25m$	8	齿顶间 f_2	$2.2987m$
4	齿顶高 h_1	m	9	齿根宽 g_2	$2.4807m$
5	齿根高 h_2	$1.25m$	10	齿根间 g_1	$0.6609m$

【例题 2】

有一标准齿条，已知 $m = 2$，压力角 $\alpha = 20°$，试计算其余各部分尺寸。

解： 根据表 16-4，计算结果列于表 16-5。

表 16-5　例题 3 计算结果

名称及代号	计算公式及结果/mm	名称及代号	计算公式及结果/mm
齿距 p	$p = m\pi = 2 \times 3.14 = 6.28$	全齿高 h	$h = 2.25m = 2.25 \times 2 = 4.5$
齿厚 S_p	$S_p = 1.5708m = 1.5708 \times 2 = 3.142$	齿顶宽 f_1	$f_1 = 0.8429m = 0.8429 \times 2 = 1.686$
顶隙 C_p	$C_p = 0.25m = 0.25 \times 2 = 0.5$	齿顶间 f_2	$f_2 = 2.2987m = 2.2987 \times 2 = 4.597$
齿顶高 h_1	$h_1 = m = 2$	齿根宽 g_2	$g_2 = 2.4807m = 2.4807 \times 2 = 4.961$
齿根高 h_2	$h_2 = 1.25m = 1.25 \times 2 = 2.5$	齿根间 g_1	$g_1 = 0.6609m = 0.6609 \times 2 = 1.322$

16.3　螺旋齿轮几何尺寸计算

图 16-3 所示为一对啮合的螺旋齿轮。螺旋齿轮又叫斜齿轮。

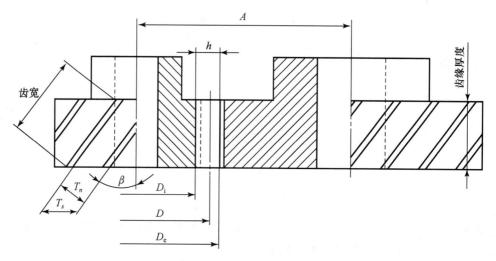

图 16-3　螺旋齿轮

螺旋齿轮与正齿轮相比，引入了法向截面中的一些参数，如：法向模数 m_n、法向齿距 p_n、螺旋角 β、导程 L、当量齿数 Z_x 等。其余参数均与正齿轮相似。现分述这几种新参数的概念及计算。

1. 螺旋齿轮各部分名称及代号

螺旋齿轮各部分名称及代号如表 16-6 所示。

表 16-6　螺旋齿轮各部分名称及代号

名　称	代　号	名　称	代　号
法向模数	m_n	分度圆直径	D
端面模数	m_s	外径	D_e
法向齿距	p_n	根径	D_i

续表

名　称	代　号	名　称	代　号
端面齿距	p_s	弧齿厚	S
齿数	Z	中心距	A
齿全高	h	导程	L
齿顶高	h_1	螺旋角	β
齿根高	h_2	当量齿数	Z_x

2. 螺旋齿轮导程的计算

如图 16-4（a）所示的一螺旋齿轮，如果沿齿宽方向延长，则轮齿绕圆柱面一周时的轴向长度 L 叫做导程。图 16-4（b）的直角三角形就是这个轮齿沿分度圆柱面的展开图。β 是螺旋角。

由直角三角形可知：

$$\cot\beta = \frac{L}{\pi D}$$

故

$$L = \pi D \cot\beta \qquad (16\text{-}5)$$

式中，D——分度圆直径（mm）。

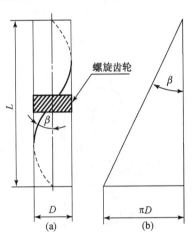

图 16-4　螺旋齿轮导程的计算

3. 螺旋齿轮两种模数互算

螺旋齿轮有两种模数，即端面模数和法向模数。如图 16-5 所示，在端面上的齿距是 p_s，在垂直于螺旋线的法线方向的齿距是 p_n。

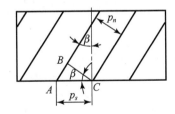

图 16-5　螺旋齿轮的两种模数

因为 $p = m\pi$，故定义端面模数 $m_s = \dfrac{p_s}{\pi}$，法向模数 $m_n = \dfrac{p_n}{\pi}$。

在 $\mathrm{Rt}\triangle ABC$ 中，

$$\cos\beta = \frac{BC}{AC} = \frac{p_n}{p_s} = \frac{\pi m_n}{\pi m_s} = \frac{m_n}{m_s}$$

于是

$$m_n = m_s \cos\beta \qquad (16\text{-}6)$$

或

$$m_s = \frac{m_n}{\cos\beta} \qquad (16\text{-}7)$$

4. 螺旋齿轮当量齿数的计算

螺旋齿轮在计算某些参数时都要用到当量齿数 Z_x，因为测量齿厚和铣齿都是在轮齿

133

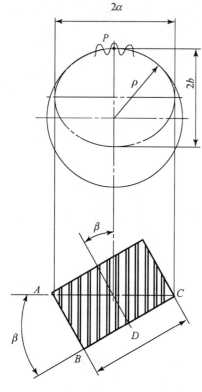

图 16-6　螺旋齿轮的当量齿数

的法向进行的。齿轮的法向曲率和端面曲率是不同的，如图 16-6 所示，螺旋齿轮的法向即 AC 方向的剖面是一个椭圆。椭圆 P 点的曲率半径 ρ 大于齿轮的实际分度圆半径 $D/2$。因此，在以 ρ 为半径所画的当量分度圆上分布的齿数就要多于实际齿数 Z。这种齿数就是当量齿数 Z_x。设椭圆的短轴为 $2b$，长轴为 $2a$，很显然，$2b = D$，长轴 $2a = AC$。在 $Rt\triangle ABC$ 中，

$$\cos\beta = \frac{BC}{AC} = \frac{D}{2a} = \frac{2b}{2a} = \frac{b}{a} \tag{1}$$

椭圆各处的曲率半径是变化的，在 P 点的曲率半径为 $\rho = \dfrac{a^2}{b}$。当量齿数就是以 2ρ 为分度圆直径时的齿数，因此

$$Z_x = \frac{2\rho}{m_n} = \frac{2\left(\dfrac{a^2}{b}\right)}{m_n} = \frac{2a^2}{bm_n}$$

式中，2ρ——当量分度圆直径。

由（1）式得 $a = \dfrac{b}{\cos\beta}$，并代入上式得

$$Z_x = \frac{2}{bm_n}\left(\frac{b}{\cos\beta}\right)^2 = \frac{2b}{m_n\cos^2\beta}$$

$$= \frac{D}{m_n\cos^2\beta} = \frac{m_s Z}{m_n\cos^2\beta} = \frac{m_s Z}{m_s\cos\beta\cos^2\beta}$$

即

$$Z_x = \frac{Z}{\cos^3\beta} \tag{16-8}$$

式中，Z——齿轮实际齿数；

β——分度圆螺旋角。

5. 螺旋齿轮各部分尺寸的计算

螺旋齿轮各部分关系及计算公式如表 16-7 所示。

表 16-7　螺旋齿轮各部分尺寸计算公式

序　号	名　　称	代号及计算公式	序　号	名　　称	代号及计算公式
1	法向模数	$m_n = \dfrac{p_n}{\pi} = m_s\cos\beta$	9	分度圆直径	$D = Zm_s = d_a - 2m_n$
2	端面模数	$m_s = \dfrac{D}{Z} = \dfrac{m_n}{\cos\beta}$	10	外径	$D_e = D + 2m_n$
3	法向齿距	$p_n = \pi m_n$	11	根径	$D_i = D - 2.5m_n$
4	端面齿距	$p_s = \pi m_s$	12	弧齿厚	$S = \dfrac{P_n}{2}$

续表

序　号	名　称	代号及计算公式	序　号	名　称	代号及计算公式
5	齿数	$Z = \dfrac{D}{m_s} = \dfrac{\pi D}{p_s} = \dfrac{D\cos\beta}{m_n}$	13	中心距	$a = \dfrac{(Z_1 + Z_2)m_n}{2\cos\beta}$
6	齿顶高	$h_1 = m_n$	14	螺旋角	$\cos\beta = \dfrac{Zm_n}{D}$；　$\tan\beta = \dfrac{\pi d}{L}$
7	齿根高	$h_2 = 1.25m_n$	15	导程	$L = \pi D\cot\beta$
8	全齿高	$h = 2.25m_n$			

【例题 4】

有一标准螺旋齿轮，$Z = 28$，$m_n = 4$，$\beta = 15°$，求该螺旋齿轮各部分尺寸。

解：按表 16-7 螺旋齿轮各部分尺寸计算公式进行计算，结果列于表 16-8。

表 16-8　例题 4 计算结果

序　号	名　称	代号及计算公式
1	法向模数	$m_n = 4$（已知）
2	端面模数	$m_s = \dfrac{m_n}{\cos\beta} = \dfrac{4}{\cos15°} = \dfrac{4}{0.96592} = 4.141$
3	法向齿距	$p_n = \pi m_n = 3.1416 \times 4 = 12.566$（mm）
4	端面齿距	$p_s = \pi m_s = 3.1416 \times 4.141 = 13.01$（mm）
5	齿数	$Z = 28$（已知）
6	齿顶高	$h_1 = m_n = 4$（mm）
7	齿根高	$h_2 = 1.25m_n = 1.25 \times 4 = 5$（mm）
8	全齿高	$h = 2.25m_n = 2.25 \times 4 = 9$（mm）
9	分度圆直径	$D = m_s Z = 4.141 \times 28 = 115.95$（mm）
10	外径	$D_e = D + 2m_n = 115.95 + 2 \times 4 = 123.95$（mm）
11	根径	$D_i = D - 2.5m_n = 115.95 - 2.5 \times 4 = 105.95$（mm）
12	弧齿厚	$S = \dfrac{p_s}{2} = \dfrac{13.01}{2} = 6.505$（mm）
13	中心距	本例无中心距计算
14	螺旋角	$\cos\beta = 15°$（已知）
15	导程	$L = \pi D\cot\beta = 3.1416 \times 115.95 \times \cot15° = 364.27 \times 3.732 = 1359.46$（mm）
16	当量齿数	$Z_x = Z\sec^3\beta = 28 \times \sec^315° = 28 \times (1.0353)^3 = 31$

16.4　圆锥齿轮几何尺寸计算

圆锥齿轮也叫伞齿轮，有直齿和螺旋齿之分，本书只介绍直齿圆锥齿轮。图 16-7 所示为一对啮合的直齿圆锥齿轮。

圆锥齿轮以其大端为计算基础，与正齿轮相比，除引入与角度有关的各个参数及锥距外，其余参数与直齿圆柱齿轮基本相同。

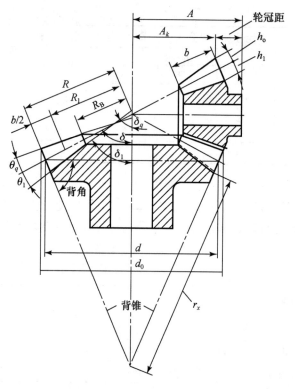

图 16-7　圆锥齿轮

1. 圆锥齿轮节锥角的计算

图 16-8 是一对正交圆锥齿轮，模数为 m，分度圆直径分别是 d_1 和 d_2，齿数分别是 z_1 和 z_2，节锥角分别是 δ_1 和 δ_2。

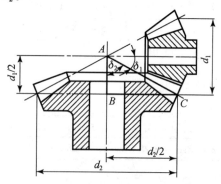

图 16-8　正交圆锥齿轮的节锥角

在 $\mathrm{Rt}\triangle ABC$ 中，

$$\tan\delta_1 = \frac{AB}{BC} = \frac{\dfrac{d_1}{2}}{\dfrac{d_2}{2}} = \frac{d_1}{d_2} = \frac{mz_1}{mz_2} = \frac{z_1}{z_2}$$

同理，$\tan\delta_2 = \dfrac{Z_2}{Z_1}$

于是

$$\tan\delta_1 = \dfrac{z_1}{z_2} \quad 或 \quad \delta_1 = 90° - \delta_2 \tag{16-9}$$

$$\tan\delta_2 = \dfrac{z_2}{z_1} \quad 或 \quad \delta_2 = 90° - \delta_1 \tag{16-10}$$

表 16-9　直齿圆锥齿轮各部名称和尺寸计算

名　称	代　号	计算公式	
		小轮（1）	大轮（2）
模数	m	m	
齿数	z	z_1	z_2
轴交角	$\sum$	根据要求可以有 3 种情况：$\sum = 90°$、$\sum < 90°$、$\sum > 90°$	
节锥角	δ	$\sum = 90°$ 时 $\delta_1 = \arctan\dfrac{z_1}{z_2}$	$\delta_2 = \sum - \delta_1$
		$\sum < 90°$ 时 $\delta_1 = \arctan\dfrac{\sin\sum}{\dfrac{z_2}{z_1} + \cos\sum}$	$\delta_2 = \sum - \delta_1$
		$\sum > 90°$ 时 $\delta_1 = \arctan\dfrac{\sin(180° - \sum)}{\dfrac{z_2}{z_1} - \cos(180° - \sum)}$	$\delta_2 = \sum - \delta_1$
分度圆直径	d	$d_1 = mz_1$	$d_2 = mz_2$
外锥距	R	$R = \dfrac{d_1}{2\sin\delta_1}$　当 $\sum = 90°$ 时，$R = \dfrac{d_1}{2\sin\delta_1} = \dfrac{m}{2}\sqrt{z_1^2 + z_2^2}$	
齿宽	b	一般取外锥距的 $\dfrac{1}{3}$	
齿顶高	h_a	m	
齿根高	h_f	$1.2m$	
齿高	h	$2.2m$	
大端齿顶圆直径	d_a	$d_{a1} = d_1 + 2h_{a1}\cos\delta_1$	$d_{a2} = d_2 + 2h_{a2}\cos\delta_2$
齿根角	θ_f	$\theta_{f1} = \arctan\dfrac{h_{f1}}{R}$	$\theta_{f2} = \arctan\dfrac{h_{f2}}{R}$

名　　称	代　号	计算公式	
		小轮（1）	大轮（2）
齿顶角	θ_a	等齿顶间隙收缩齿	
		$\theta_{a1} = \theta_{a2} = \arctan \dfrac{h_{f2}}{R}$	$\theta_{a2} = \theta_{a1} = \arctan \dfrac{h_{f1}}{R}$
		不等齿顶间隙收缩齿	
		$\theta_{a1} = \arctan \dfrac{h_{f1}}{R}$	$\theta_{a2} = \arctan \dfrac{h_{f2}}{R}$
顶锥角	δ_a	等齿顶间隙收缩齿	
		$\delta_{a1} = \delta_1 + \theta_{f2}$	$\delta_{a2} = \delta_2 + \theta_{f1}$
		不等齿顶间隙收缩齿	
		$\delta_{a1} = \delta_1 + \theta_{a1}$	$\delta_{a2} = \delta_2 + \theta_{a2}$
根锥角	δ_f	$\delta_{f1} = \delta_1 - \theta_{f1}$	$\delta_{f2} = \delta_2 - \theta_{f2}$
冠顶距	A_k	$\sum = 90°$ 时	
		$A_{k1} = \dfrac{d_2}{2} - h_{a1}\sin\delta_1$	$A_{k2} = \dfrac{d_1}{2} - h_{a2}\sin\delta_2$
		$\sum \neq 90°$ 时	
		$A_{k1} = R\cos\delta_1 - h_{a1}\sin\delta_1$	$A_{k2} = R\cos\delta_2 - h_{a2}\sin\delta_2$
大端分度圆弧齿厚	s	$s_1 = \dfrac{m\pi}{2}$	$s_2 = \dfrac{m\pi}{2}$
大端分度圆弦齿厚	$\bar{s}$	$\bar{s}_1 = s_1 - \dfrac{s_1^3}{6d_1^2}$	$\bar{s}_2 = s_2 - \dfrac{s_2^3}{6d_2^2}$
大端分度圆弦齿高	$\bar{h}$	$\bar{h}_{c1} = h_{a1} + \dfrac{s_1^2}{4d_1}\cos\delta_1$	$\bar{h}_{c2} = h_{a2} + \dfrac{s_2^2}{4d_2}\cos\delta_2$
齿角（刨齿机用）	λ	$\lambda \approx \dfrac{1438}{R} \times \left(\dfrac{s_1}{2} + h_{f1}\tan\alpha \right)$	$\lambda \approx \dfrac{1438}{R} \times \left(\dfrac{s_2}{2} + h_{f2}\tan\alpha \right)$

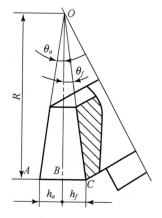

图 16-9　圆锥齿轮的齿顶角和齿根角

2. 圆锥齿轮齿顶角和齿根角的计算

如图 16-9 所示的圆锥齿轮，锥距为 R，齿顶高为 h_a，齿根高为 h_f，齿顶角为 θ_a，齿根角为 θ_f。

在 $Rt \triangle ABO$ 中，$\tan\theta_a = \dfrac{AB}{OB}$

在 $Rt \triangle CBO$ 中，$\tan\theta_f = \dfrac{BC}{OB}$，

于是：

$$\tan\theta_a = \dfrac{h_a}{R} \qquad (16\text{-}11)$$

$$\tan\theta_f = \dfrac{h_f}{R} \qquad (16\text{-}12)$$

3. 圆锥齿轮锥距的计算

如图 16-10 所示，锥距 $R = OB$，分度圆直径为 d，分度圆锥角为 δ。

在 Rt$\triangle OAB$ 中，

$$\sin\delta = \frac{AB}{OB} = \frac{d/2}{R}$$

故

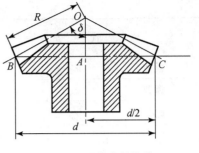

图 16-10　圆锥齿轮的锥距

$$R = \frac{d}{2\sin\delta} \tag{16-13}$$

4. 圆锥齿轮当量齿数的计算

圆锥齿轮的齿形是在球面上展开的渐开线。但是考虑到制造的可能性，实际上是用外辅助圆锥面上的渐开线齿形，如图 16-11 所示。

外辅助圆锥上展开的半径 BC 大于分度圆锥半径 BA。因此按 BC 为半径的圆周上分布的齿数 Z_x（当量齿数）多于实际齿数 Z。在测量弦齿厚和弦齿高，以及用成型铣刀铣齿选择刀号时都需要计算当量齿数。在设计圆锥齿轮考虑不根切的最小齿数时也需要计算当量齿数。

根据分度圆直径、模数和齿数的关系可知：

$$Z = \frac{d}{m}$$

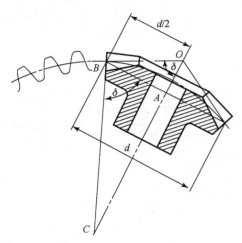

则

$$Z_x = \frac{2BC}{m}$$

得

$$BC = \frac{mZ_x}{2}$$

图 16-11　圆锥齿轮的当量齿数

在直角三角形 ABC 中，

$$\cos\delta = \frac{AB}{BC} = \frac{\dfrac{d}{2}}{\dfrac{mZ_x}{2}} = \frac{mZ}{mZ_x} = \frac{Z}{Z_x}$$

故

$$Z_x = \frac{Z}{\cos\delta} \tag{16-14}$$

【例题 5】

有一对标准直齿圆锥齿轮，$\sum = 90°$，$m = 2$，$Z_1 = 24$，$Z_2 = 48$，齿宽 $b = 18$ mm。求这对齿轮各部分的尺寸。

解： 计算结果列于表 16-10

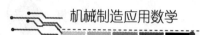
表 16-10　例题 5 计算结果

名　称	代　号	计算公式	
		小轮（1）	大轮（2）
模数	m	2	
齿数	z	$Z_1 = 24$	$Z_2 = 48$
轴交角	$\sum$	$\sum = 90°$	
节锥角	δ	$\sum = 90°$ 时 $\delta_1 = \arctan \dfrac{z_1}{z_2} = \arctan \dfrac{24}{48} = \arctan 0.5$ $\delta_1 = 26°34'$	$\delta_2 = 90° - 26°34' = 63°26'$
分度圆直径	d	$d_1 = mz_1 = 2 \times 24 = 48\,(\mathrm{mm})$	$d_2 = mz_2 = 2 \times 48 = 96\,(\mathrm{mm})$
外锥距	R	$R = \dfrac{d_1}{2\sin\delta_1}$ 当 $\sum = 90°$ 时， $R = \dfrac{d_1}{2\sin\delta_1} = \dfrac{48}{2 \times \sin 26°34'} = 53.66\,(\mathrm{mm})$	
齿顶高	h_a	$h_a = m = 2\,(\mathrm{mm})$	
齿根高	h_f	$h_f = 1.2m = 1.2 \times 2 = 2.4\,(\mathrm{mm})$	
齿高	h	$h = 2.2m = 2.2 \times 2 = 4.4\,(\mathrm{mm})$	
大端齿顶圆直径	d_a	$d_{a1} = d_1 + 2h_{a1}\cos\delta_1$ $= 48 + 2 \times 2 \times \cos 26°34'$ $= 51.58\,(\mathrm{mm})$	$d_{a2} = d_2 + 2h_{a2}\cos\delta_2$ $= 96 + 2 \times 2 \times \cos 63°26'$ $= 97.786\,(\mathrm{mm})$
齿根角	θ_f	$\theta_{f1} = \theta_{f2} = \arctan \dfrac{h_{f1}}{R} = \arctan \dfrac{2.4}{53.66} = 2°34'$	
齿顶角	θ_a	等齿顶间隙收缩齿	
		$\theta_{a1} = \theta_{a2} = \arctan \dfrac{h_{f2}}{R} = \arctan \dfrac{2.4}{53.66} = 2°34'$	
顶锥角	δ_a	等齿顶间隙收缩齿	
		$\delta_{a1} = \delta_1 + \theta_{f2}$ $= 26°34' + 2°34' = 29°08'$	$\delta_{a2} = \delta_2 + \theta_{f1}$ $= 63°26' + 2°34' = 66°$
根锥角	δ_f	$\delta_{f1} = \delta_1 - \theta_{f1}$ $= 26°34' - 2°34' = 24°$	$\delta_{f2} = \delta_2 - \theta_{f2}$ $= 63°26' - 2°34' = 60°52'$
冠顶距	A_k	$\sum = 90°$ 时	
		$A_{k1} = \dfrac{d_2}{2} - h_{a1}\sin\delta_1$ $= \dfrac{96}{2} - 2\sin 26°34' = 47.11\,(\mathrm{mm})$	$A_{k2} = \dfrac{d_1}{2} - h_{a2}\sin\delta_2$ $= \dfrac{48}{2} - 2\sin 63°26' = 22.21\,(\mathrm{mm})$
大端分度圆弧齿厚	s	$s_1 = s_2 = \dfrac{m\pi}{2} = \dfrac{2 \times 3.1415}{2} = 3.142\,(\mathrm{mm})$	
当量齿数	Z_x	$Z_{x1} = \dfrac{Z_1}{\cos\delta_1} = \dfrac{24}{\cos 26°34'}$ $= 26.8$	$Z_{x2} = \dfrac{Z_2}{\cos\delta_2} = \dfrac{48}{\cos 63°26'}$ $= 107.3$

16.5 渐开线齿形公法线长度的计算

1. 正齿轮公法线长度的计算

公法线长度是指一组轮齿最外两异向齿形间切于基圆的公共法线的长度，如图 16-12 中的长度尺寸 W。

如图 16-12 所示，设齿轮模数为 m，压力角为 α，分度圆半径为 R，基圆半径为 R_0，分度圆齿厚为 S，任意半径 R_x 上的齿厚为 S_x，压力角为 α_x，跨齿数为 n。

由图可知：

$$W = N_1 N_2 = \overset{\frown}{AC}$$

式中，$\overset{\frown}{AC}$——沿基圆弧长。

即

$$W = \overset{\frown}{AC} + \overset{\frown}{C_1 E_1} + \overset{\frown}{E_1 E} + \overset{\frown}{EC}$$

也就是说，L 等于（$n-1$）个基节加上一个沿基圆的弧齿厚，因此

$$W = \overset{\frown}{AC} = R_0 \gamma + 2R_0 \theta + R_0 \beta_x$$

式中，γ 相当于（$n-1$）个基节 $\overset{\frown}{AC}$ 所对的中心角（以弧度表示）。

因为 $\gamma = \dfrac{2\pi}{Z}(n-1)$；

$\beta_x = \dfrac{S_x}{R_x} = \dfrac{2S_x}{d_x}$；

$\theta = \mathrm{inv}\alpha_x$（渐开线函数表见附录8）；

$R_0 = R\cos\alpha = \dfrac{Zm}{2}\cos\alpha$；

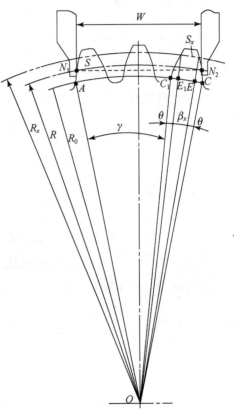

图 16-12 公法线长度的计算

所以

$$W = mZ\cos\alpha\left[\frac{\pi}{Z}(n-1) + \frac{S_x}{d_x} + \mathrm{inv}\alpha_x\right] \tag{16-15}$$

公式（16-15）即为任意直径 d_x 处齿厚 S_x 所对应的公法线长度计算公式。

对于分度圆直径处齿厚 S 所对应的公法线长度，则可由下述方法求得。

因为：

$$\beta_x = \frac{2S}{d} = \frac{2 \times \frac{m\pi}{2}}{d} = \frac{m\pi}{d} = \frac{\pi}{Z}$$

所以：

$$W = \frac{mZ}{2}\cos\alpha\left[\frac{2\pi}{Z}(n-1) + \frac{\pi}{Z} + 2\mathrm{inv}\alpha\right] = m\cos\alpha\left[\frac{\pi}{2}(2n-1) + Z\mathrm{inv}\alpha\right]$$

即

$$W = m\cos\alpha[\pi(n - 0.5) + Z\text{inv}\alpha] \tag{16-16}$$

当

$$\alpha = 20°\text{时，}\cos20° = 0.93969$$
$$\text{inv}\alpha = 0.014904$$

所以式（16-16）可化简为：

$$W = m[2.9521(n - 0.5) + 0.014Z] \tag{16-17}$$

2. 跨齿数的计算

测量公法线长度 W 时，应该使量具的测量平面与轮齿的中部相切，对于标准齿轮，则应切于齿轮分度圆附近，如图 16-12 所示。此时，公法线所对的中心角为 $n\left(\dfrac{2\pi}{Z}\right) - \dfrac{\pi}{Z}$。这个角等于两倍压力角（$2\alpha$）。即：

$$2\alpha = n\left(\frac{2\pi}{Z}\right) - \frac{\pi}{Z}$$

$$n = \left(2\alpha + \frac{\pi}{Z}\right)\frac{Z}{2\pi} \qquad n = \frac{\alpha Z}{\pi} + \frac{1}{2} \tag{16-18}$$

当 $\alpha = 20°$ 时，式（16-18）可化简为：

$$n = 0.111Z + 0.5 \tag{16-19}$$

计算得到的跨齿数 n 往往不是整数，一般按四舍五入取整。

标准直齿圆柱齿轮公法线长度数值和跨齿数可查表 16-9 获得。

3. 螺旋齿轮公法线长度的计算

如图 16-13 所示，已知螺旋齿轮法向模数为 m_n，齿数为 Z，法向分度圆压力角为 α_n，螺旋角为 β。

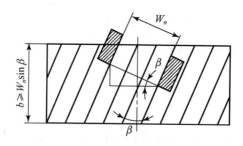

图 16-13　螺旋齿轮公法线长度的计算

法向公法线长度计算公式如下：

$$W_n = m_n\cos\alpha_n[\pi(n - 0.5) + Z\text{inv}\alpha_s] \tag{16-20}$$

式中，α_s——端面压力角。

α_s 之值可按下式求出：

$$\tan\alpha_s = \frac{\tan\alpha_n}{\cos\beta}$$

式中，n——跨齿数，可按下式计算，并四舍五入取整。

$$n = \frac{\alpha_s Z}{180^\circ \cos^3 \beta} + 0.5 \qquad (16\text{-}21)$$

式中：$\dfrac{Z}{\cos^3 \beta}$ 即为螺旋齿轮的当量齿数 Z_f。

【例题6】

一圆柱正齿轮，已知 $Z = 24$，$m = 2$，$\alpha = 20^\circ$，试计算公法线长度。

解： 按式（16-19）先计算跨齿数：

$$n = 0.111Z + 0.5 = 0.111 \times 24 + 0.5 = 3.164 \approx 3$$

按式（16-17）计算公法线长度：

$$W = m[2.9521(n - 0.5) + 0.014Z] = 2[2.9521(3 - 0.5) + 0.014 \times 24] = 15.433 \, (\text{mm})$$

【例题7】

一个螺旋齿轮，已知 $Z = 23$，$m_n = 4$，$\alpha_n = 20^\circ$，$\beta = 29^\circ 48'$，试计算公法线长度 W。

解：（1）先求端面压力角 α_s

$$\tan\alpha_s = \frac{\tan\alpha_n}{\cos\beta} = \frac{\tan 20^\circ}{\cos 29^\circ 48'} = \frac{0.36397}{0.86776} = 0.41944$$

得：

$$\alpha_s = 22^\circ 45'$$

（2）按式（16-21）求跨齿数 n

$$n = \frac{\alpha_s Z}{180^\circ \cos^3 \beta} + 0.5 = \frac{22^\circ 45' \times 23}{180^\circ \cos^3 29^\circ 48'} + 0.5 = \frac{22.75 \times 23}{180 \times 0.86776^3} + 0.5 = 4.95 \approx 5$$

（3）按式（16-20）求公法线长度

$$W_n = m_n \cos\alpha_n [\pi(n - 0.5) + Z \text{inv}\alpha_s]$$
$$= 4\cos 20^\circ [3.1416(5 - 0.5) + 23\text{inv}22^\circ 45'] = 55.065 \, (\text{mm})$$

标准直齿圆柱齿轮公法线长度数值和跨齿数表如表16-11所示。

表 16-11　标准直齿圆柱齿轮公法线长度数值和跨齿数表（$m = 1$，$\alpha = 20^\circ$）

被测齿数 Z	跨齿数 n	公法线长度 W/mm	被测齿数 Z	跨齿数 n	公法线长度 W/mm	被测齿数 Z	跨齿数 n	公法线长度 W/mm
10	2	4.5683	46	6	16.8810	82	10	29.1937
11	2	4.5823	47	6	16.8950	83	10	29.2077
12	2	4.5963	48	6	16.9090	84	10	29.2217
13	2	4.6103	49	6	16.9230	85	10	29.2357
14	2	4.6243	50	6	16.9370	86	10	29.2497
15	2	4.6383	51	6	16.9510	87	10	29.2637
16	2	4.6523	52	6	16.9650	88	10	29.2777
17	2	4.6663	53	6	16.9790	89	10	29.2917
18	2	4.6803	54	6	16.9930	90	10	29.3057
19	3	7.6464	55	7	19.9591	91	11	32.2719
20	3	7.6604	56	7	19.9732	92	11	32.2859

续表

被测齿数 Z	跨齿数 n	公法线长度 W/mm	被测齿数 Z	跨齿数 n	公法线长度 W/mm	被测齿数 Z	跨齿数 n	公法线长度 W/mm
21	3	7.6744	57	7	19.9872	93	11	32.2999
22	3	7.6884	58	7	20.0012	94	11	32.3139
23	3	7.7025	59	7	20.0152	95	11	32.3279
24	3	7.7165	60	7	20.0292	96	11	32.3419
25	3	7.7305	61	7	20.0432	97	11	32.3559
26	3	7.7445	62	7	20.0572	98	11	32.3699
27	3	7.7585	63	7	20.0712	99	11	32.3839
28	4	10.7246	64	8	23.0373	100	12	35.3500
29	4	10.7386	65	8	23.0513	101	12	35.3641
30	4	10.7526	66	8	23.0653	102	12	35.3781
31	4	10.7666	67	8	23.0793	103	12	35.3921
32	4	10.7806	68	8	23.0933	104	12	35.4061
33	4	10.7946	69	8	23.1074	105	12	35.4201
34	4	10.8086	70	8	23.1214	106	12	35.4341
35	4	10.8226	71	8	23.1354	107	12	35.4481
36	4	10.8367	72	8	23.1494	108	12	35.4621
37	5	13.8028	73	9	26.1155	109	13	38.4282
38	5	13.8168	74	9	26.1295	110	13	38.4422
39	5	13.8308	75	9	26.1435	111	13	38.4563
40	5	13.8448	76	9	26.1575	112	13	38.4703
41	5	13.8588	77	9	26.1715	113	13	38.4843
42	5	13.8728	78	9	26.1855	114	13	38.4983
43	5	13.8868	79	9	26.1995	115	13	38.5123
44	5	13.9008	80	9	26.2135	116	13	38.5263
45	5	13.9148	81	9	26.2275	117	13	38.5403

16.6 变位齿轮各部分尺寸的计算

1. 变位齿轮的概念

在滚齿机或插齿机上加工齿轮，如果刀具中线相对加工节线移动一个距离 X，这个距离称为变位距，用模数 m 除变位距 X 所得的数值，叫做变位系数 ξ，即：

$$X = \xi m$$

$$\xi = \frac{X}{m}$$

变位系数可以是正数，也可以是负数。刀具远离齿坯中心时，叫正变位，变位系数为正，即 $+\xi$，这时齿根变粗，齿顶变尖；刀具移近齿坯中心，叫负变位，变位系数为负，即 $-\xi$，这时齿根变窄，齿顶变宽。根据变位系数的不同，变位齿轮有高变位和角变位两种。

（1）高变位齿轮

一对相啮合的变位齿轮中，小齿轮的变位系数 ξ_1 和大齿轮的变位系数 ξ_2 数值相同，符号相反，即：$\xi_1 = -\xi_2$；$\xi_1 + \xi_2 = 0$。加工小齿轮时刀具离开齿坯中心一个距离；加工大齿轮时刀具靠近齿坯中心一个相等的距离。这样，一对齿轮的中心距，还是和标准齿轮一样，只是齿顶高和齿根高发生了变化；小齿轮的齿顶圆直径变大、分度圆齿厚增大；大齿轮齿顶圆直径变小，分度圆齿厚变薄。

这种齿轮，由于齿高相对于分度圆来说，位置有了改变，所以叫做高变位齿轮。又因加工齿轮时刀具移动的距离绝对值相等，即 $\xi_1 + \xi_2 = 0$，所以又叫变位零传动。

（2）角变位齿轮

一对相啮合的变位齿轮中，小齿轮的变位系数 ξ_1 和大齿轮的变位系数 ξ_2 数值不一定相同。两个变位系数之和也不一定等于零。即 $\xi_1 + \xi_2 \neq 0$，两齿轮啮合时中心距和标准中心距不同，齿轮的节圆和分度圆不重合，这时，齿高比标准齿轮的齿高减低了，齿轮的齿顶圆直径与分度圆上的齿厚也有所改变，由于这种变位齿轮的啮合角发生变化，所以叫做角变位齿轮。

由于加工这种变位齿轮时，刀具移动的距离不相等，所以又叫不等移距变位齿轮。角变位齿轮又可分为正变位和负变位两种。

2. 方法的选择

变位正齿轮的计算基本上和正齿轮的计算相似，但是这里要引入变位系数 ξ。变位方法有高变位和角变位两种，选择方法见表 16-12。

表 16-12　变位方法的选择

小齿轮齿数	齿轮副的齿数和	中心距	变位系数	变位方法	主要目的
$Z_1 < 17$	$Z_1 + Z_2 \geqslant 34$	$A = \frac{m}{2}(Z_1 + Z_2)$	$\xi_1 = -\xi_2$	高变位	避免根切
		$A \neq \frac{m}{2}(Z_1 + Z_2)$	$\xi_1 + \xi_2 \neq 0$	角变位	
	$Z_1 + Z_2 < 34$	$A > \frac{m}{2}(Z_1 + Z_2)$	$\xi_1 + \xi_2 > 0$		
$Z_1 \geqslant 17$	$Z_1 + Z_2 > 34$	$A = \frac{m}{2}(Z_1 + Z_2)$	$\xi_1 = -\xi_2$	高变位	改善啮合性能或修复旧齿轮
		$A \neq \frac{m}{2}(Z_1 + Z_2)$	$\xi_1 + \xi_2 \neq 0$	角变位	

3. 高变位正齿轮的计算公式

高变位正齿轮有以下要素：模数 m、齿数 Z、原始齿形压力角（或刀具角 α_0）、变位系数 ξ、齿高系数 f_0、径隙系数 c_0 等。根据这些要素便确定齿轮各部分尺寸关系。详见表 16-13。

表 16-13   高变位正齿轮的计算公式

序　号	名　　称	代　　号	计算公式
1	模数	m	根据标准模数系列
2	刀具角	α_0	$\alpha_0 = 20^\circ$
3	齿高系数	f_0	$f_0 = 1$
4	径隙系数	c_0	$c_0 = 0.25$
5	分度圆直径	D	$D = mZ$
6	外径	D_e	$D_e = m(Z + 2f_0 + 2\xi) = D + 2m(f_0 + \xi)$
7	根径	D_i	$D_i = m(Z - 2f_0 - 2c_0 + 2\xi) = D - 2m(f_0 - c_0 + \xi)$
8	全齿高	h	$h = (2f_0 + c_0)m$
9	中心距	A_0	$A_0 = \dfrac{m}{2}(Z_1 + Z_2)$
10	最小变位系数	$\xi_{\min}$	$\xi_{\min} = \dfrac{17 - Z}{17}$
11	固定弦齿厚	S'_x	$S'_x = m\left(\dfrac{\pi}{2}\cos^2\alpha_0 + \xi\sin2\alpha_0\right)$
12	固定弦齿高	h'_x	$h'_x = \dfrac{1}{2}(D_e - D) - \dfrac{\tan\alpha_0}{2}S'_x$
13	分度圆弧齿厚	S	$S = m\left(\dfrac{\pi}{2} + 2\tan\alpha_0\xi\right)$
14	分度圆弦齿厚	S_x	$S_x \approx S\left(1 - \dfrac{S^2}{6D^2}\right)$
15	分度圆弦齿高	h_x	$h_x \approx \dfrac{1}{2}(D_e - D) + \dfrac{S^2}{4D}$

【例题 8】

有一对变位齿轮，已知 $Z_1 = 10$，$Z_2 = 36$，$m = 1.5$，$A = 34.5\,\text{mm}$，$\alpha_0 = 20^\circ$，$f_0 = 1$，$c_0 = 0.25$，求齿轮各部分尺寸。

解：求标准中心距：

$$A_0 = \frac{m}{2}(Z_1 + Z_2) = \frac{1.5}{2}(10 + 36) = 34.5\,(\text{mm})$$

实际中心距 $A = A_0$，根据表 16-12，应选择高变位。

确定最小变位系数：

$$\xi_{\min} = \frac{17 - Z_1}{17} = \frac{17 - 10}{17} = 0.412 \qquad \text{取整得：} \xi = 0.4\,（略有根切）$$

则
$$\xi_2 = -\xi_1 = -0.4$$

计算各部分尺寸：

（1）分度圆直径
$$D_1 = mZ_1 = 1.5 \times 10 = 15（\text{mm}）$$
$$D_2 = mZ_2 = 1.5 \times 36 = 54（\text{mm}）$$

（2）外径
$$D_{e1} = D_1 + 2m（f_0 + \xi_1）= 15 + 2 \times 1.5（1 + 0.4）= 19.2（\text{mm}）$$
$$D_{e2} = D_2 + 2m（f_0 + \xi_2）= 54 + 2 \times 1.5（1 - 0.4）= 55.8（\text{mm}）$$

（3）全齿高
$$h = （2f_0 + c_0）m = （2 \times 1 + 0.25）\times 1.5 = 3.38（\text{mm}）$$

（4）分度圆弧齿厚
$$S_1 = m\left（\frac{\pi}{2} + 2\tan\alpha_0 \xi_1\right）= 1.5\left（\frac{3.1416}{2} + 2\tan20° \times 0.4\right）= 2.79（\text{mm}）$$
$$S_2 = m\left（\frac{\pi}{2} + 2\tan\alpha_0 \xi_2\right）= 1.5\left（\frac{3.1416}{2} + 2\tan20° \times（-0.4）\right）= 1.92（\text{mm}）$$

（5）分度圆弦齿厚
$$S_{X1} \approx S_1\left（1 - \frac{S_1^2}{6D_1^2}\right）\approx 2.79\left（1 - \frac{2.79^2}{6 \times 15^2}\right）\approx 2.774（\text{mm}）$$
$$S_{X2} \approx S\left（1 - \frac{S_2^2}{6D_2^2}\right）\approx 1.92\left（1 - \frac{1.92^2}{6 \times 54^2}\right）\approx 1.920（\text{mm}）$$

（6）分度圆弦齿高
$$h_{X1} \approx \frac{1}{2}（D_{e1} - D_1）+ \frac{S_1^2}{4D_1} \approx \frac{1}{2}（19.2 - 15）+ \frac{2.79^2}{4 \times 15} = 2.230（\text{mm}）$$
$$h_{x2} \approx \frac{1}{2}（D_{e2} - D_2）+ \frac{S_2^2}{4D_2} \approx \frac{1}{2}（55.8 - 54）+ \frac{1.92^2}{4 \times 54} = 0.917（\text{mm}）$$

4. 角变位齿轮的计算公式

角变位正齿轮有以下要素：模数 m、齿数 Z、原始齿形压力角（或刀具角 α_0）、变位系数 ξ、齿高系数 f_0、中心距变动系数 λ、径隙系数 c_0 等。根据这些要素便确定齿轮各部分尺寸关系。详见表 16-14。

表 16-14　角变位正齿轮的计算公式

序　号	名　　称	代　号	计算公式
1	模数	m	根据标准模数系列
2	刀具角	α_0	$\alpha_0 = 20°$
3	齿高系数	f_0	$f_0 = 1$
4	径隙系数	c_0	$c_0 = 0.25$
5	分度圆直径	D	$D = mZ$

序　号	名　　称	代　　号	计算公式
6	压力角	α	$inv\alpha = \dfrac{2\tan\alpha_0(\xi_1+\xi_2)}{Z_1+Z_2}+inv\alpha_0$ 或 $\cos\alpha = \dfrac{(Z_1+Z_2)\cos\alpha_0}{Z_1+Z_2+2\lambda}$
7	中心距变动系数	λ	$\lambda = \dfrac{Z_1+Z_2}{2}\left(\dfrac{\cos\alpha_0}{\cos\alpha}-1\right)$ 或 $\lambda = \dfrac{A-A_0}{m}$
8	反变位系数	σ	$\sigma = \xi_1+\xi_2-\lambda$
9	中心距	A	$A = m\left(\dfrac{Z_1+Z_2}{2}+\lambda\right)=m\dfrac{Z_1+Z_2}{2}\times\dfrac{\cos\alpha_0}{\cos\alpha}$
10	外径	D_e	$D_e = m(Z+2f_0+2\xi-2\sigma)=D+2m(f_0+\xi-\sigma)$
11	根径	D_i	$D_i = m(Z-2f_0-2c_0+2\xi)=D-2m(f_0+c_0-\xi)$
12	齿全高	h	$h = (2f_0+c_0-\sigma)m$
13	齿顶高	h_1	$h_1 = m(f_0+\xi-\sigma)$
14	齿根高	h_2	$h_2 = m(f_0+c_0-\xi)$
15	固定弦齿厚	S_X'	$S_X' = m\left(\dfrac{\pi}{2}\cos^2\alpha_0+\xi\sin2\alpha_0\right)$
16	固定弦齿高	h_X'	$h_X' = \dfrac{1}{2}(D_e-D)-\dfrac{\tan\alpha_0}{2}S_X'$
17	分度圆弧齿厚	S	$S = m\left(\dfrac{\pi}{2}+2\tan\alpha_0\xi\right)$
18	分度圆弦齿厚	S_X	$S_X \approx S\left(1-\dfrac{S^2}{6D^2}\right)$
19	分度圆弦齿高	h_X	$h_X \approx \dfrac{1}{2}(D_e-D)+\dfrac{S^2}{4D}$

【例题 9】

有一对变位齿轮，已知 $Z_1=20$，$Z_2=30$，$m=4$，$\alpha_0=20°$，$f_0=1$，$c_0=0.25$，要安装在中心距为 $104\ mm$ 的两根轴上，求齿轮各部分尺寸。

解：求标准中心距：

$$A_0 = \frac{m}{2}(Z_1+Z_2)=\frac{4}{2}(20+30)=100\ (mm)$$

实际中心距 $A=104>100\ (A_0)$，根据表 16-12，应选用角变位。

求出中心距变动系数 λ：

$$\lambda = \frac{A-A_0}{m}=\frac{104-100}{4}=1$$

求压力角 α：

$$\cos\alpha = \frac{(Z_1+Z_2)\cos\alpha_0}{Z_1+Z_2+2\lambda}=\frac{(20+30)\cos20°}{20+30+2\times1}=\frac{50\times0.93969}{52}=0.90355$$

$$\alpha = 25°22'15''$$

求变位系数和 $\xi_1 + \xi_2$ ：

$$(\xi_1 + \xi_2) = \frac{(Z_1 + Z_2)(inv\alpha - inv\alpha_0)}{2\tan\alpha_0} = \frac{50(0.03140 - 0.014904)}{2 \times 0.36397} = 1.134$$

ξ_1 和 ξ_2 各取多少，应根据齿轮副的具体要求而定。本例由于齿轮的齿数相差不多，所以变位系数也可以取得比较接近。现取 $\xi_1 = 0.56$，$\xi_2 = 1.134 - 0.56 = 0.574$。

计算各部分尺寸：

（1）反变位系数

$$\sigma = \xi_1 + \xi_2 - \lambda = 1.134 - 1 = 0.134$$

（2）分度圆直径

$$D_1 = mZ_1 = 4 \times 20 = 80 \,(\text{mm})$$
$$D_2 = mZ_2 = 4 \times 30 = 120 \,(\text{mm})$$

（3）外径

$$D_{e1} = m(Z_1 + 2f_0 + 2\xi_1 - 2\sigma) = 4(20 + 2 \times 1 + 2 \times 0.56 - 2 \times 0.134) = 94.408 \,(\text{mm})$$
$$D_{e2} = m(Z_2 + 2f_0 + 2\xi_2 - 2\sigma) = 4(30 + 2 \times 1 + 2 \times 0.574 - 2 \times 0.134) = 131.52 \,(\text{mm})$$

（4）根径

$$D_{i1} = m(Z_1 - 2f_0 - 2c_0 + 2\xi_1) = 4(20 - 2 \times 1 - 2 \times 0.25 + 2 \times 0.56) = 74.48 \,(\text{mm})$$
$$D_{i2} = m(Z_2 - 2f_0 - 2c_0 + 2\xi_2) = 4(30 - 2 \times 1 - 2 \times 0.25 + 2 \times 0.574) = 114.592 \,(\text{mm})$$

（5）齿全高

$$h = (2f_0 + c_0 - \sigma)m = (2 \times 1 + 0.25 - 0.134) \times 4 = 8.464 \,(\text{mm})$$

（6）固定弦齿厚

$$S'_{X1} = m\left(\frac{\pi}{2}\cos^2\alpha_0 + \xi_1\sin2\alpha_0\right) = 4\left(\frac{\pi}{2}\cos^2 20° + 0.56 \times \sin2 \times 20°\right) = 6.988 \,(\text{mm})$$

$$S'_{X2} = m\left(\frac{\pi}{2}\cos^2\alpha_0 + \xi_2\sin2\alpha_0\right) = 4\left(\frac{\pi}{2}\cos^2 20° + 0.574 \times \sin2 \times 20°\right) = 7.024 \,(\text{mm})$$

（7）固定弦齿高

$$h'_{X1} = \frac{1}{2}(D_{e1} - D_1) - \frac{\tan\alpha_0}{2}S'_{X1} = \frac{1}{2}(91.408 - 80) - \frac{\tan20°}{2} \times 6.988 = 4.432 \,(\text{mm})$$

$$h'_{X2} = \frac{1}{2}(D_{e2} - D_2) - \frac{\tan\alpha_0}{2}S'_{X2} = \frac{1}{2}(131.52 - 120) - \frac{\tan20°}{2} \times 7.024 = 4.482 \,(\text{mm})$$

16.7 变位齿形公法线长度的计算

1. 正齿轮

已知齿轮模数为 m，分度圆压力角为 α，齿数为 Z，变位系数为 ξ。公法线长度 W 可按下式计算：

$$W = m\cos\alpha[\pi(n - 0.5) + Z\,inv\alpha + 2\xi\tan\alpha] \tag{16-22}$$

当 $\alpha = 20°$ 时，上式可简化为：

$$W = m[2.9521(n - 0.5) + 0.014Z + 0.72794\xi] \tag{16-23}$$

式中 n 为跨齿数，可按下式计算并四舍五入取整。

$$n = \frac{\alpha Z}{180°} + 0.5 - \frac{2\xi}{\pi}\tan\alpha \tag{16-24}$$

当 $\alpha = 20°$ 时，上式可简化为：

$$n = 0.111Z + 0.5 - 0.232\xi \tag{16-25}$$

2. 螺旋齿轮

已知齿轮法向模数为 m_n，法向分度圆压力角为 α_n，齿数为 Z，螺旋角为 β，端面变位系数为 ξ_s。公法线长度 W_n 可按下式计算：

$$W_n = m_n\cos\alpha_n[\pi(n-0.5) + Z\text{inv}\alpha_s + 2\xi_s\tan\alpha_s] \tag{16-26}$$

式中 α_s 为端面压力角。

$$\tan\alpha_s = \frac{\tan\alpha_n}{\cos\beta}$$

式中 n 为跨齿数，可按下式计算并四舍五入取整。

$$n = \frac{\alpha_s Z}{180°\cos^3\beta} + 0.5 - \frac{2\xi_s}{\pi}\tan\alpha_s \tag{16-27}$$

【例题 10】

一个圆柱变位正齿轮，已知 $Z = 30$，$m = 2$，$\alpha = 20°$，$\xi = 0.9$，试计算公法线长度 W。

解：（1）先计算跨齿数：

$$n = 0.111Z + 0.5 - 0.232\xi = 0.111 \times 30 + 0.5 - 0.232 \times 0.9 \approx 4$$

（2）计算公法线长度：

$$\begin{aligned} W &= m[2.9521(n-0.5) + 0.014Z + 0.72794\xi] \\ &= 2[2.9521(4-0.5) + 0.014 \times 30 + 0.72794 \times 0.9] \\ &= 2 \times 11.4075 = 22.815(\text{mm}) \end{aligned}$$

【例题 11】

一个变位螺旋齿轮，已知 $Z = 23$，$m = 4$，$\alpha_n = 20°$，$\beta = 29°48'$，$\xi = 0.8$，试计算公法线长度 W_n。

解：（1）先求端面压力角 α_s

$$\tan\alpha_s = \frac{\tan\alpha_n}{\cos\beta} = \frac{\tan20°}{\cos29°48'} = \frac{0.36397}{0.86776} = 0.41944$$

得：

$$\alpha_s = 22°45'$$

（2）按式（16-27）求跨齿数 n

$$n = \frac{\alpha_s Z}{180°\cos^3\beta} + 0.5 - \frac{2\xi_s}{\pi}\tan\alpha_s = \frac{22°45' \times 23}{180°\cos^329°48'} + 0.5 - \frac{2 \times 0.8}{3.1416}\tan22°45'$$

$$= \frac{22.75 \times 23}{180 \times 0.86776^3} + 0.5 - \frac{1.6}{3.1416} \times 0.41944 = \frac{523.25}{117.617} + 0.5 - 0.214 = 4.736 \approx 5$$

（3）按式（16-26）求公法线长度

$$W_n = m_n\cos\alpha_n[\pi(n-0.5) + Z\text{inv}\alpha_s + 2\xi_s\tan\alpha_s]$$

$$= 4\cos20^{\circ}[3.1416(5 - 0.5) + 23 \times \mathrm{inv}22^{\circ}45' + 2 \times 0.8 \times \tan22^{\circ}45']$$

$$= 4 \times 0.93969[3.1416 \times 4.5 + 23 \times 0.022272 + 1.6 \times 0.41944]$$

$$= 3.7588 \times 15.321 = 57.587 \,(\mathrm{mm})$$

16.8   渐开线齿形弦齿厚和齿顶高的计算

1. 分度圆上的弦齿厚和齿顶高的计算

标准齿的齿厚 $S = \dfrac{m\pi}{2}$，是分度圆上的弧齿厚，而用齿轮游标卡尺测量的齿厚是弦齿

厚 AB（如图 16-14 所示），用 S_x 表示，显然，$S_x < S$。标
准齿的齿顶高 $h_1 = m$，是弧齿顶 ED 的长度，而用齿轮游
标卡尺测量的高度应该是弦齿高 EC，用 h_x 表示，显然，
$h_x > h_1$。S_x 和 S 之差，h_x 和 h_1 之差随齿数 Z 而变化。
当齿数越少时，分度圆周越弯曲，两者之差也越大；
反之，当齿数很多时，分度圆较平直，两者之差就小。

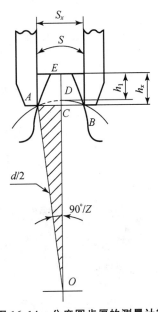

图 16-14   分度圆齿厚的测量计算

若齿数为 Z，则一个周节所对的圆心角是 $\dfrac{360^{\circ}}{Z}$；齿

厚圆心角则应该是周节圆心角的一半，即 $\dfrac{180^{\circ}}{Z}$；而齿厚

半圆心角为 $\dfrac{90^{\circ}}{Z}$。

在 $\mathrm{Rt}\triangle ACO$ 中，

$$\sin\frac{90^{\circ}}{Z} = \frac{AC}{AO} = \frac{\dfrac{S_x}{2}}{\dfrac{d}{2}} = \frac{S_x}{d} = \frac{S_x}{mZ}$$

则弦齿厚

$$S_x = mZ\sin\frac{90^{\circ}}{Z} \tag{16-28}$$

又因为

$$\cos\frac{90^{\circ}}{Z} = \frac{CO}{AO} = \frac{CO}{\dfrac{d}{2}} = \frac{CO}{\dfrac{1}{2}mZ}$$

则

$$CO = \frac{1}{2}mZ\cos\frac{90^{\circ}}{Z}$$

于是

$$CD = OD - CO = \frac{d}{2} - CO = \frac{mZ}{2}\left(1 - \cos\frac{90^{\circ}}{Z}\right)$$

所以弦齿高

$$h_x = h_1 + \frac{mZ}{2}\left(1 - \cos\frac{90^{\circ}}{Z}\right) \tag{16-29}$$

公式（16-28）和（16-29）不适用于变位齿形，但适用于短齿。

对于标准齿，$h_1 = m$，则得

$$h_x = m + \frac{mZ}{2}\left(1 - \cos\frac{90°}{Z}\right) \tag{16-30}$$

2. 固定弦齿厚和弦齿顶高的计算

在分度圆上的弦齿厚和齿顶高的计算中论述的是分度圆上的弦齿厚和齿顶高的计算，它是随齿数的多少而变化的，计算比较麻烦。而固定弦齿厚 S_x 和弦齿顶高 h'_x 是固定不变的，不管齿数是多少都是一样的，而且测量方便。如图 16-15 所示为使用切线式测齿仪测量固定弦齿厚的工作情况，它相当于正常齿轮与齿条的啮合情况，切点是 B、F 两点。

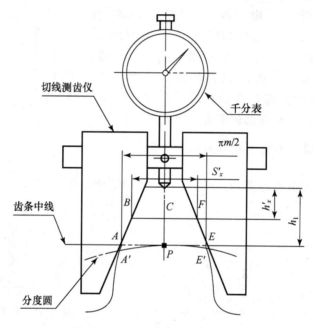

图 16-15　固定弦齿厚的测量计算

根据渐开线的性质，可以证明切点 B 和 F 的法线（即垂直齿条斜面的线）是通过节点 P（齿轮中心线和分度圆的交点）的，齿条在中线（或称模数线）上的齿厚 AE = 齿轮分度圆齿厚 $\overparen{A'E'} = \frac{m\pi}{2}$，则 $AP = \frac{m\pi}{4}$。在 Rt$\triangle ABP$ 中，$\cos\alpha = \frac{BP}{AP} = \frac{BP}{\frac{m\pi}{4}}$，则

$$BP = \frac{m\pi}{4}\cos\alpha \tag{1}$$

又在 Rt$\triangle BCP$ 中，$\cos\alpha = \frac{BC}{BP}$，则 $BC = BP\cos\alpha$，把（1）式代入此式得：

$$BC = \frac{m\pi}{4}\cos^2\alpha$$

又 $BC = \frac{1}{2}S'_x$，于是得

$$S_x' = \frac{m\pi}{2}\cos^2\alpha \tag{16-31}$$

若 $\alpha = 20°$，则 $\cos^2 20° = 0.93969^2$，将之代入式（16-31）得

$$S_x' = 1.387m \tag{16-32}$$

同时在 $\triangle BCP$ 中，

$$PC = BP\sin\alpha = \left(\frac{m\pi}{4}\cos\alpha\right)\sin\alpha = \frac{m\pi}{8} \times 2\sin\alpha\cos\alpha = \frac{m\pi}{8}\sin 2\alpha$$

而

$$h_x' = h_1 - PC = h_1 - \frac{m\pi}{8}\sin 2\alpha \tag{16-33}$$

标准齿 $h_1 = m$，$\alpha = 20°$，则 $\sin 2\alpha = \sin 40° = 0.64279$，将之代入式（16-33）得：

20°标准齿
$$h_x' = 0.7476m \tag{16-34}$$

【例题 12】

一标准齿轮，$Z = 25$，$m = 2$，试计算它的弦齿厚 S_x 和齿顶高 h_x。

解：利用公式（16-30）计算齿顶高：

$$h_x = m + \frac{mZ}{2}\left(1 - \cos\frac{90°}{Z}\right) = 2 + \frac{2 \times 25}{2}\left(1 - \cos\frac{90°}{25}\right)$$

$$= 2 + 25(1 - \cos 3°36') = 2 + 25(1 - 0.998) = 2.05\,(\text{mm})$$

再利用公式（16-28）计算弦齿厚：

$$S_x = mZ\sin\frac{90°}{Z} = 2 \times 25 \times \sin\frac{90°}{25} = 50 \times \sin 3°36'$$

$$= 50 \times 0.06279 = 3.14\,(\text{mm})$$

对于圆锥齿轮，则应以当量齿数 Z_x 代入公式进行计算；对于螺旋齿轮，则应以法向模数代入公式进行计算求弦齿厚和弦齿高。

【例题 13】

已知标准齿轮的模数 $m = 2$，$\alpha = 20°$，求它的固定弦齿厚和固定弦齿高。

解：使用公式（16-32）计算固定弦齿厚：

$$S_x' = 1.387m = 1.387 \times 2 = 2.774\,(\text{mm})$$

使用公式（16-34）计算固定弦齿高：

$$h_x' = 0.7476m = 0.7476 \times m = 0.7476 \times 2 = 1.495\,(\text{mm})$$

利用切线测齿仪测量固定弦齿厚时，应先用专用对表工具根据 S_x' 和 h_x' 的值调整千分表至零位，然后将其架在轮齿上，这时便可从千分表上读出实际齿形的径向位移量 $\Delta h_x'$。$\Delta S_x'$ 与 $\Delta h_x'$ 的关系为：

$$\Delta S_x' = 2\Delta h_x'\tan\alpha \tag{16-35}$$

利用式（16-35），将测得的 $\Delta h_x'$ 即可计算出固定弦齿厚 S_x''。

【例题 14】

有一标准齿轮，参数与上例相同，现用切线测齿仪测量固定弦齿厚。将千分表调零后，测得轮齿的径向位移 $\Delta h_x' = 0.03\,\text{mm}$，试确定齿厚误差 $\Delta S_x'$。

解：按公式（16-35）计算出齿厚误差：

$$\Delta S'_x = 2\Delta h'_x \tan\alpha = 2 \times 0.03 \times \tan 20° = 0.06 \times 0.36397 = 0.0218 \, (\text{mm})$$

将计算结果与齿厚公差进行比较，则可知该齿轮齿厚是否合格。

16.9   蜗轮与蜗杆的计算

1. 概述

蜗轮、蜗杆是常见的传动件。

常用的蜗杆有阿基米德圆柱蜗杆（轴向直廓蜗杆）和法向直廓圆柱蜗杆。这两种不同齿廓的蜗杆是因为车削时车刀安装不同而形成的。

水平装刀时，车刀两侧切削刃组成的平面平行于水平面，并与蜗杆轴线共面。这样车出的蜗杆是轴向直廓蜗杆。

垂直装刀时，车刀两侧切削刃组成的平面与蜗杆齿侧垂直，这时车出法向直廓圆柱蜗杆。

2. 蜗杆的测量计算

（1）蜗杆齿厚的测量

加工蜗轮和蜗杆时，一般测量法向弦齿厚来控制加工精度，测量法向弦齿厚的方法与测量圆柱齿轮的法向弦齿厚基本相同。

对于精度较低和导程较小的蜗杆，使用齿厚游标卡尺在蜗杆的分度圆上进行，如图16-16所示。测量时先在游标卡尺上调整好弦齿高尺寸 h，以蜗杆外径为测量基准，从主尺上读出弦齿厚 S_n。

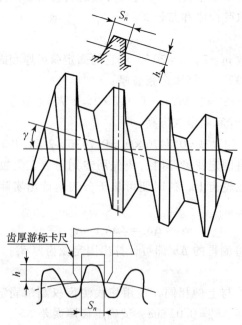

图 16-16   用齿厚游标卡尺测量蜗杆齿厚

计算 h 和 S_n 可用公式（16-36）和公式（16-37）：

$$h = m \qquad (16\text{-}36)$$

$$S_n = \frac{1}{2}\pi m\cos\gamma \qquad (16\text{-}37)$$

对于精度要求较高和导程较大的蜗杆常用量针测量。当蜗杆头数为奇数时用三根针，头数为偶数时用两根针。如图16-17 所示。

用钢针测量齿厚时，模数不同，钢针尺寸也不同，选用时参照表16-15。

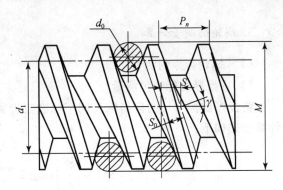

图 16-17　用钢针间接测量蜗杆齿厚

表 16-15　测量蜗杆齿厚的钢针直径（mm）

蜗杆模数 m	0.4	0.5	0.6	0.7	0.8	1.0
钢针直径 d_0	0.724	0.866	1.008	1.302	1.441	1.732
蜗杆模数 m	1.25	1.5	1.75	2.0	2.5	3.0
钢针直径 d_0	2.311	2.595	3.177	3.468	4.211	5.176

测量获得的 M 值与理论计算的 M_P 差值即为齿厚的加工误差。理论计算公式为式（16-38）。

$$M_P = d_1 + d_0\left(1 + \frac{1}{\sin\alpha_n}\right) - \frac{P_n}{4Z_1}\cot\alpha_x \qquad (16\text{-}38)$$

式中，d_1——蜗杆分度圆直径（mm）；

　　　　d_0——钢针直径（mm）；

　　　　α_n——蜗杆法向齿形半角（°）；

　　　　P_n——蜗杆导程（mm）；

　　　　Z_1——蜗杆头数；

　　　　α_x——蜗杆轴向压力角（°）。

（2）蜗杆齿形的测量

蜗杆的齿误差包括齿面形状误差和齿形半角误差。精度较高的蜗杆应在精密的专用量仪上进行测量。在加工中的蜗杆和精度不高的蜗杆可用样板进行测量。样板一般按法向齿廓设计和制造，因为法向齿廓为直线，样板制造比较简单。因此，测量时样板应处于法向位置，如图16-18 所示。测量时采用光隙法。

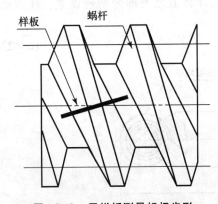

图 16-18　用样板测量蜗杆齿形

3. 蜗轮的测量计算

（1）蜗轮齿厚的测量

1）用齿厚游标卡尺测量

将齿厚游标卡尺的齿高标尺调至标准弦齿高 h_m，然后在分度圆处法向测量弦齿厚 S_m。计算公式如下：

$$S_m = S\left(1 - \frac{S^2}{6d_2}\right)\cos\beta = \frac{\pi m}{2}\left[1 - \frac{\left(\frac{\pi m}{2}\right)^2}{6mZ}\right]\cos\beta \qquad (16\text{-}39)$$

$$h_m = m + \frac{S^2\cos^4\beta}{4d_2} = m + \frac{\left(\frac{\pi m}{2}\right)^2\cos^4\beta}{4mZ} \qquad (16\text{-}40)$$

式中，S——蜗轮分度圆弧齿厚（mm）；

$\quad\quad d_2$——蜗轮分度圆直径（mm）；

$\quad\quad \beta$——蜗轮螺旋角（°）；

$\quad\quad m$——蜗轮端面模数；

$\quad\quad Z$——蜗轮齿数。

为了工作方便，可令式（16-40）中的 $\dfrac{\left(\frac{\pi m}{2}\right)^2\cos^4\beta}{4} = K$

则式（16-40）可简化为：

$$h_m = m + \frac{K}{mZ} \qquad (16\text{-}41)$$

K 值可从相关手册中查询。

2）用标准蜗杆检测

在大批量生产中，为了提高生产率，可用标准蜗杆对蜗轮的齿厚进行检测。

制造两根标准蜗杆，其压力角、模数和导程与被测蜗轮相同。测量时将两蜗杆分别置于蜗轮径向两侧，如图 16-19 所示。施加一定径向力使蜗轮蜗杆紧密接触，用相应量程的外径千分尺测出两蜗杆间的最大距离 M_0。测量值与计算值之差即为制造误差。M 值的计算公式为（16-42）式：

$$M = d_2 + d_A + d_B \qquad (16\text{-}42)$$

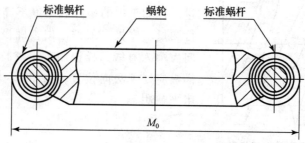

图 16-19　用标准蜗杆测量蜗轮齿厚

式中，d_2——蜗轮分度圆直径（mm）；

d_A——两标准蜗杆分度圆直径平均值（mm）；

d_B——两标准蜗杆实际齿顶圆直径平均值（mm）。

（2）蜗轮齿形的测量

蜗轮一般采用铣削或滚切加工，这两种加工方法均使用成型刀具，只要刀具选择正确，则齿形误差很小。在生产中，高精度分度蜗轮使用专用量仪进行检测；一般精度的传动蜗轮的齿形误差可不作检测。

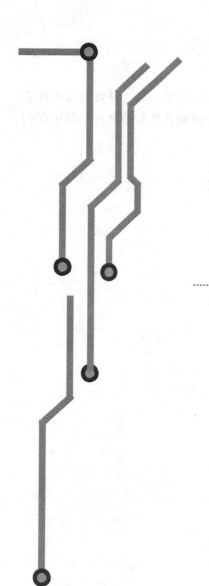

项目 17
矩形花键外齿加工的
测量与计算

17.1 磨削花键槽时砂轮型面的计算

矩形花键通常用于连接轴等机器零件，如齿轮、带轮、套筒等，以传递扭矩，有的花键轴还有零部件可以沿花键轴向移动。

矩形花键加工测量比较简单，一般在磨削花键槽时，用于成型砂轮的计算；或用于没有专用花键铣床时铣刀的相关计算。花键的检测主要进行花键等分性的测量和计算。

如图 17-1 所示，一矩形花键已知外径为 D，内径为 D_1，齿厚为 S，齿数为 Z。

由图可知，角度 α 可按下式计算：

$$\alpha = \frac{1}{2}\left(\frac{360°}{Z}\right) = \frac{180°}{Z} \qquad (17\text{-}1)$$

宽度 B 可按下述方法推导：

$$\sin\phi = \frac{S}{D_1} \qquad (17\text{-}2)$$

$$\beta = \alpha - \phi$$

$$\frac{B}{2} = \frac{D_1}{2}\sin\beta = \frac{D_1}{2}\sin(\alpha - \phi)$$

得

$$B = D_1\sin(\alpha - \phi) \qquad (17\text{-}3)$$

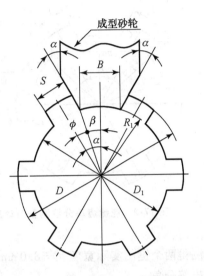

图 17-1 矩形外花键加工中的计算

【例题 1】

如图 17-1 所示的花键轴，已知 $D = 30$ mm，$D_1 = 26_{-0.25}$ mm，$S = 8_{0.015}$ mm，$Z = 6$。试计算成型磨削时砂轮的角度 α 和宽度 B。

解： 按公式（17-1）得：

$$\alpha = \frac{180°}{Z} = \frac{180°}{6} = 30°$$

由于 D_1 和 S 均有公差，应按中间公差进行计算。按公式（17-2）得：

$$\sin\phi = \frac{S}{D_1} = \frac{8 - \dfrac{0.015}{2}}{26 - \dfrac{0.25}{2}} = \frac{7.9925}{25.875} = 0.308889$$

得：

$$\phi = 18°$$

$$B = D_1\sin(\alpha - \phi) = 25.875\sin(30° - 18°) = 25.875\sin12°$$
$$= 25.875 \times 0.20791 = 5.38 \text{ (mm)}$$

砂轮型面半径 R_1 可按工件 D_1 中间尺寸的二分之一确定，即：

$$R_1 = \frac{26 - 0.125}{2} = 12.938 \text{ (mm)}$$

17.2　花键齿等分性测量时的计算

花键齿等分性测量方法如图 17-2 所示。用两根直径为 d 的测量钢针测得花键齿的外部尺寸 M，测得两个键的实际宽度 b_1 和 b_2，花键实际内径 D_1，从而可计算出等分角 α。

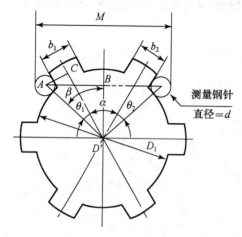

图 17-2　花键齿等分性测量与计算

公式推导如下：

由图可知

$$\alpha = 2\beta - \theta_1 - \theta_2 \qquad (17\text{-}4)$$

式中

$$\sin\beta = \frac{M-d}{D_1+d} \qquad (17\text{-}5)$$

$$\sin\theta_1 = \frac{b_1+d}{D_1+d} \qquad (17\text{-}6)$$

$$\sin\theta_2 = \frac{b_2+d}{D_1+d} \qquad (17\text{-}7)$$

若 $b_1 = b_2$，则

$$\alpha = 2(\beta - \theta) \qquad (17\text{-}8)$$

【例题 2】

如图 17-2 所示，用两根直径 $d=10\,\mathrm{mm}$ 的测量钢针测得花键齿的外部尺寸 $M=49.46\,\mathrm{mm}$，测得两个键的实际宽度 $b_1 = 8.0\,\mathrm{mm}$，$b_2 = 7.98\,\mathrm{mm}$，花键实际内径 $D_1 = 39.8\,\mathrm{mm}$，试计算出等分角 α。

解：按公式（17-5）

$$\sin\beta = \frac{M-d}{D_1+d} = \frac{49.46-10}{39.8+10} = \frac{39.46}{49.8} = 0.79237$$

得

$$\beta = 52°24'$$

按公式（17-6）

$$\sin\theta_1 = \frac{b_1+d}{D_1+d} = \frac{b_1+d}{D_1+d} = \frac{8+10}{39.8+10} = \frac{18}{49.8} = 0.36145$$

得

$$\theta_1 = 21°11'$$

按公式（17-7）

$$\sin\theta_2 = \frac{b_2+d}{D_1+d} = \frac{7.98+10}{39.8+10} = \frac{17.98}{49.8} = 0.36104$$

得

$$\theta_2 = 21°10'$$

按公式（17-4）

$$\alpha = 2\beta - \theta_1 - \theta_2 = 2 \times 52°24' - 21°11' - 21°10' = 62°27'$$

实测值与理论值之差即为加工误差。

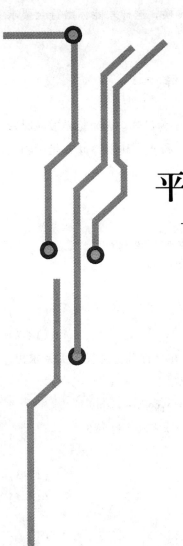

项目 18
平面交点的坐标转换计算

倾斜表面的交点在平面上的投影，标注在产品设计图上的坐标尺寸，有时不一定符合加工、检验或夹具设计的要求，因此常常需要进行坐标转换，这样才能标出符合要求的坐标尺寸。

18.1　坐标转换公式的推导

如图 18-1 所示，设点 M 在原坐标系 XOY 中的位置 x 和 y 为已知。设坐标系按逆时针方向转过 θ 角，现要求出点 M 在新坐标系 X_1OY_1 中的位置 x_1 和 y_1。利用点 M 在坐标轴上的投影，便可求出其在新坐标系中的位置。

由图可知：

$x = OA$，$y = AM$　　则

$$x_1 = OD = OC + CD = OC + AB = OA\cos\theta + AM\sin\theta = x\cos\theta + y\sin\theta$$

$$y_1 = DM = BM - BD = BM - AC = AM\cos\theta - OA\sin\theta = y\cos\theta - x\sin\theta$$

所以 x_1、y_1 与 x、y 的关系是：

$$x_1 = x\cos\theta + y\sin\theta \tag{18-1}$$

$$y_1 = y\cos\theta - x\sin\theta \tag{18-2}$$

反过来，如果已知 x_1 和 y_1，要求 x 和 y，也可以利用点在坐标轴上的投影关系求出。如图 18-2 所示，已知 $x_1 = OD$，$y_1 = DM$，则

$$x = OA = OB - AB = OB - CD = OD\cos\theta - DM\sin\theta = x_1\cos\theta - y_1\sin\theta$$

$$y = AM = AC + CM = BD + CM = OD\sin\theta + DM\cos\theta = x_1\sin\theta + y_1\cos\theta$$

所以 x_1、y_1 与 x、y 的关系是：

$$x = x_1\cos\theta - y_1\sin\theta \tag{18-3}$$

$$y = x_1\sin\theta + y_1\cos\theta \tag{18-4}$$

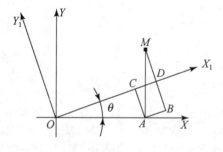

图 18-1　坐标转换：由 x、y 求 x_1、y_1

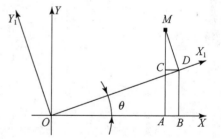

图 18-2　坐标转换：由 x_1、y_1 求 x、y

如果已知 x 和 x_1，要求出 y 和 y_1，可利用相同方法求得。如图 18-3 所示：

已知 $x = OA$，$x_1 = OC = BM$，则：

$$y = AM = DM - DA = BM\csc\theta - OA\cot\theta = x_1\csc\theta - x\cot\theta$$

$$y_1 = OB = DB - DO = BM\cot\theta - OA\csc\theta = x_1\cot\theta - x\csc\theta$$

所以，x、x_1 与 y、y_1 的关系是：

$$y = x_1\csc\theta - x\cot\theta \tag{18-5}$$

$$y_1 = x_1\cot\theta - x\csc\theta \tag{18-6}$$

上述 6 个坐标转换公式是按逆时针方向旋转转换的。如果坐标系按顺时针方向旋转，则可用类似的方法推导出相应的计算公式。

上述 6 个公式中，（18-1）、（18-2）、（18-3）、（18-4）称为坐标转换基本公式。

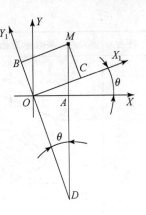

图 18-3　坐标转换

当坐标系按顺时针方向旋转时，只需将基本公式中 $\sin\theta$ 前面的符号变号（正负相换），即可得到相应的坐标转换公式。

在 x、y、x_1、y_1 四个坐标值中任意知道两个，按逆、顺时针旋转坐标系，便各有 6 种情况，可导出 24 个坐标系转换公式，现将其列于表 18-1 以便于使用。使用时要注意 M 点所处象限，以确定其坐标值所带有相应的正负号。

表 18-1　坐标转换公式

坐标系旋向	已知条件	计算公式	序号
逆时针	x，y	$x_1 = x\cos\theta + y\sin\theta$，$y_1 = y\cos\theta - x\sin\theta$	1
	x_1，y_1	$x = x_1\cos\theta - y_1\sin\theta$，$y = y_1\cos\theta + x_1\sin\theta$	2
	x，x_1	$y = x_1\csc\theta - x\cot\theta$，$y_1 = x_1\cot\theta - x\csc\theta$	3
	y，y_1	$x = y\cot\theta - y_1\csc\theta$，$x_1 = y\csc\theta - y_1\cot\theta$	4
	x，y_1	$y = y_1\sec\theta + x\tan\theta$，$x_1 = x\sec\theta + y_1\tan\theta$	5
	x_1，y	$x = x_1\sec\theta - y\tan\theta$，$y_1 = y\sec\theta - x_1\tan\theta$	6
顺时针	x，y	$x_1 = x\cos\theta - y\sin\theta$，$y_1 = y\cos\theta + x\sin\theta$	7
	x_1，y_1	$x = x_1\cos\theta + y_1\sin\theta$，$y = y_1\cos\theta - x_1\sin\theta$	8
	x，x_1	$y = x\cot\theta - x_1\csc\theta$，$y_1 = x\csc\theta - x_1\cot\theta$	9
	y，y_1	$x = y_1\csc\theta - y\cot\theta$，$x_1 = y_1\cot\theta - y\csc\theta$	10
	x，y_1	$y = y_1\sec\theta - x\tan\theta$，$x_1 = x\sec\theta - y_1\tan\theta$	11
	x_1，y	$x = y\tan\theta + x_1\sec\theta$，$y_1 = x_1\tan\theta + y\sec\theta$	12

18.2　斜孔钻夹具位置尺寸的坐标换算

在斜孔钻夹具中，外套与定位销之间的位置尺寸应通过斜孔钻套轴心线来标注，而工件零件图上所标注的斜孔位置尺寸往往不符合夹具设计的要求，因此需要进行坐标转换计算。现将夹具上所能遇到的情况和计算公式列于表 18-2 中。

表 18-2　夹具上斜孔的计算

序号	夹具示意图及计算公式	序号	夹具示意图及计算公式
1	钻模 工艺基准孔 $X = B\sin\alpha + H\sin\alpha + t\cos\alpha$	2	钻模 工艺基准孔 $X = t\cos\alpha - H\sin\alpha - B\sin\alpha$
3	钻模 工艺基准孔 $X = H\sin\alpha + B\sin\alpha - t\cos\alpha$	4	钻模 工艺基准孔 $X = t\sin\alpha - \dfrac{D}{2}\cos\alpha + H\sin\alpha$
5	钻模 工艺基准孔 $X - \dfrac{D}{2}\cos\alpha - t\sin\alpha - H\sin\alpha$	6	钻模 工艺基准孔 $X = t\sin\alpha + \dfrac{D}{2}\cos\alpha + H\sin\alpha$

【例题 1】

如图 18-3（a）所示，要磨削零件上的斜面 MN，在正弦规未被倾斜前，先测量出工件表面 M 点至正弦规定位心轴轴线 O 的距离 $y = 116.52\,\text{mm}$，并先定好工件 M 点至正弦规定位心轴轴线 O 水平方向的距离 $x = 46\,\text{mm}$；加工时将正弦规旋转 $40°$，试计算此时的坐标尺寸 y_1 为多大，才能保证工件 M 点原有坐标尺寸 x、y。

解：如图 18-3（b）所示可知，正弦规是按逆时针方向旋转，而工件 M 点的新坐标系 X_1OY_1 对原坐标系 XOY 可以看成是按顺时针旋转。此处已知条件为：$x = 46\,\text{mm}$，$y = 116.52\,\text{mm}$，$\theta = 40°$。

按表 18-1 中的公式 7，得所求坐标尺寸为：

$$
\begin{aligned}
y_1 &= y\cos\theta + x\sin\theta = 116.52 \times \cos40° + 46 \times \sin40° \\
&= 116.52 \times 0.76604 + 46 \times 0.64279 \\
&= 89.259 + 29.568 = 118.827\,(\text{mm})
\end{aligned}
$$

即磨削 MN 平面时，只要测量 MN 平面至正弦规定位心轴轴线的距离为 $118.872\,\text{mm}$ 就为合格品（注：未考虑制造公差）。

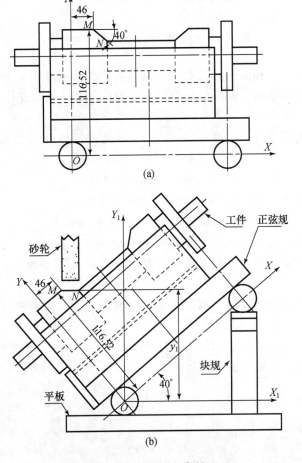

图 18-3　正弦规上磨斜面

【例题2】

如图 18-4 所示。现要铣削图 18-4（a）所示工件的斜面 M，斜面 M 与定位基面夹角为 θ，工件定位简图如图 18-4（b）所示。由于工件上加工表面定位尺寸标注在交点上，因此夹具的对刀尺寸不能直接标注 L，需要通过一个辅助测量基准——工艺孔才能标注其位置尺寸。设此工艺孔是设计在距两定位基面尺寸为 $m \pm 0.02$ 和 $n \pm 0.02$ 的位置上，并选定对刀塞尺厚度为 $0.5\,\text{mm}$。试计算图中尺寸 y_3 以确定对刀块高度尺寸。

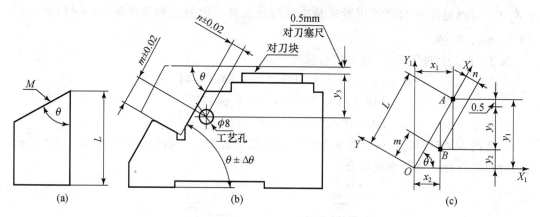

图 18-4　对刀块工作表面位置尺寸计算

解：设夹具上的两个相互垂直的定位工作面为原坐标系 XOY，如图 18-4（c）所示。当原坐标系顺时针转动 θ 角后便形成新坐标系 X_1OY_1。这时需要进行 A、B 两点坐标转换计算，现计算如下。

对于工件斜面的交点 A，已知 $x = L$，$y = 0$，于是按表 18-1 的公式 7 计算得：

$$x_1 = x\cos\theta - y\sin\theta = L\cos\theta$$

$$y_1 = y\cos\theta + x\sin\theta = L\sin\theta$$

对于工艺孔中心 B，已知 $x = m$，$y = -n$，同理可得：

$$x_2 = x\cos\theta - y\sin\theta = m\cos\theta + n\sin\theta$$

$$y_2 = y\cos\theta + x\sin\theta = -n\cos\theta + m\sin\theta$$

因为工件加工的是一平面，所以沿走刀方向的尺寸 x_1 不必标出，而只需标出尺寸 y_1 即可。

由于对刀块工作表面的尺寸是以工艺孔为基准标注的，故需求出尺寸 y_3。如图 18-4（c）所示：

$$y_3 = y_1 - y_2 - 0.5 = L\sin\theta - (m\sin\theta - n\cos\theta) - 0.5$$

将具体数值代入上式即可算出 y_3 之值。

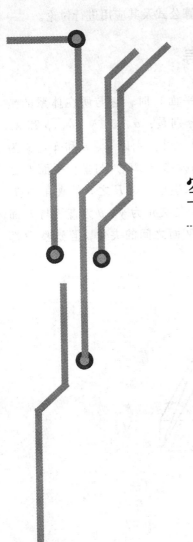

项目 19
空间角度的计算与应用

在机械零件中常见带有空间角度的斜孔斜面，在加工这些零件和设计夹具时，经常需要进行空间角度的计算。因此，有必要对空间角度的计算公式及其应用进行讨论。

19.1　计算公式的推导

当直线是一般位置直线（既不平行也不垂直于坐标平面）时，它与所在体系的坐标平面之间有 6 个不同的角度。如图 19-1 所示，它们分别是：α、β、γ、θ、ϕ 和 λ。为了便于分析和计算，假设以此直线为对角线作一六面体，并分别以 m、n 和 h 定义为该六面体各边的长度。此时，直线 AB 在 W 坐标平面上的投影（$a''b''$）与坐标平面 H 之间的夹角为 α；直线 AB 在 V 坐标平面上的投影（$a'b'$）与坐标平面 H 之间的夹角为 β；直线 AB 在 H 坐标平面上的投影（ab）与坐标平面 W 之间的夹角为 γ。θ 为直线与 H 面之间的夹角；ϕ 为直线与 V 面之间的夹角；λ 为直线与 W 面之间的夹角，且这些角都为锐角。

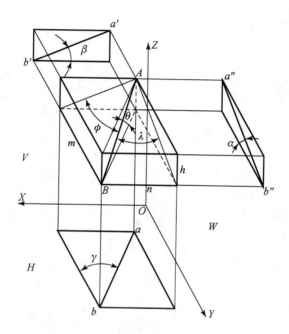

图 19-1　空间一般位置直线的立体图

因为在产品设计图上所表示的角度一般都是直线的投影角，或者是直线与投影面之间的夹角，而在图 19-1 中的立体图无法直接表示直线的真实长度和夹角的大小。因此，必须用投影图来表示。

如图 19-2 所示，即为直线 AB 的投影图。

通常在产品的零件图上只标注出其中两个角度，因为有了两个角度就能确定该直线的空间位置。但是零件图上所给的这两个角度不一定能满足工艺的需要，在生产中常常会根据不同工种的需求计算出所需角度。

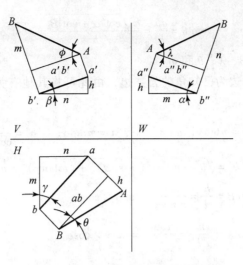

图 19-2　空间一般位置直线的投影图

如图 19-2 所示，根据所给定的任意两个角度，就能计算出其他四个角度。因此在 6 个角度中任选两个角度作为已知条件，根据排列组合公式

$$C_m^n = \frac{A_m^n}{P_n} = \frac{m(m-1)(m-2)\cdots[m-(n-1)]}{n!}$$

得

$$C_6^2 = \frac{6(6-1)}{2!} = \frac{6 \times 5}{2} = 15$$

便可组成 15 种情形，这样便可得到 $4 \times 15 = 60$ 个计算公式。现推导部分公式：

（1）已知 α、β 求 γ、θ、ϕ 和 λ

由图 19-2 可知，h 为已知角的公共边，由此，可将其他有关角边用此公共边和已知角度来表示：

$$m = \frac{h}{\tan\alpha}, \quad n = \frac{h}{\tan\beta}$$

$$a''b'' = \frac{h}{\sin\alpha};$$

$$a'b' = \frac{h}{\sin\beta};$$

$$ab = \sqrt{m^2 + n^2} = \sqrt{(h\cot\alpha)^2 + (h\cot\beta)^2} = h\sqrt{\cot^2\alpha + \cot^2\beta}$$

解：

$$\tan\gamma = \frac{n}{m} = \frac{h\cot\beta}{\dfrac{h}{\tan\alpha}} = \tan\alpha \times \cot\beta$$

$$\tan\phi = \frac{m}{a'b'} = \frac{\dfrac{h}{\tan\alpha}}{\dfrac{h}{\sin\beta}} = \cot\alpha \times \sin\beta$$

$$\tan\lambda = \frac{n}{a''b''} = \frac{\dfrac{h}{\tan\beta}}{\dfrac{h}{\sin\alpha}} = \sin\alpha \times \cot\beta$$

$$\cot\theta = \frac{ab}{h} = \frac{h\sqrt{\cot^2\alpha + \cot^2\beta}}{h} = \sqrt{\cot^2\alpha + \cot^2\beta}$$

（2）已知 α、γ 求 β、λ、θ 和 ϕ

由图 19-2 可知，m 边为已知角的公共边，由此可将其他有关角边用此公共边和已知角度来表示：

$$n = m\tan\gamma, \quad ab = \frac{m}{\cos\gamma}, \quad h = m\tan\alpha, \quad a''b'' = \frac{m}{\cos\alpha}$$

$$a'b' = \sqrt{h^2 + n^2} = \sqrt{(m\tan\alpha)^2 + (m\tan\gamma)^2} = m\sqrt{\tan^2\alpha + \tan^2\gamma}$$

解：

$$\tan\beta = \frac{h}{n} = \frac{m\tan\alpha}{m\tan\gamma} = \tan\alpha \times \cot\gamma$$

$$\tan\lambda = \frac{n}{a''b''} = \frac{m\tan\gamma}{\dfrac{m}{\cos\alpha}} = \tan\gamma \times \cos\alpha$$

$$\tan\theta = \frac{h}{ab} = \frac{m\tan\alpha}{\dfrac{m}{\cos\gamma}} = \tan\alpha \times \cos\gamma$$

$$\cot\phi = \frac{a'b'}{m} = \frac{m\sqrt{\tan^2\alpha + \tan^2\gamma}}{m} = \sqrt{\tan^2\alpha + \tan^2\gamma}$$

（3）已知 α、λ 求 β、γ、ϕ 和 θ

由图 19-2 可知，$a''b''$ 边为已知角的公共边，由此可将其他有关角边用此公共边和已知角度来表示：

$$n = \frac{a''b''}{\cot\lambda}, \quad AB = \frac{a''b''}{\cos\lambda}, \quad m = a''b''\cos\alpha, \quad h = a''b''\sin\alpha$$

解：

$$\tan\beta = \frac{h}{n} = \frac{a''b''\sin\alpha}{\dfrac{a''b''}{\cot\lambda}} = \sin\alpha \times \cot\lambda$$

$$\cot\gamma = \frac{m}{n} = \frac{a''b''\cos\alpha}{\dfrac{a''b''}{\cot\lambda}} = \cos\alpha \times \cot\lambda$$

$$\sin\phi = \frac{m}{AB} = \frac{a''b''\cos\alpha}{\dfrac{a''b''}{\cos\lambda}} = \cos\alpha \times \cos\lambda$$

$$\sin\theta = \frac{h}{AB} = \frac{a''b''\sin\alpha}{\dfrac{a''b''}{\cos\lambda}} = \sin\alpha \times \cos\lambda$$

（4）已知 α、ϕ 求 β、γ、λ 和 θ

由图 19-2 可知，m 边为已知角的公共边，由此可将其他有关角边用此公共边和已知角度来表示：

$$h = m\tan\alpha, \quad a''b'' = m\sec\alpha, \quad AB = \frac{m}{\sin\phi}, \quad a'b' = \frac{m}{\tan\phi}$$

$$ab = \sqrt{m^2 + n^2} = \sqrt{m^2 + (a'b')^2 - h^2} = \sqrt{m^2 + (m\cot\phi)^2 - (m\tan\alpha)^2}$$

$$= m\sqrt{1 + \cot^2\phi - \tan^2\alpha}$$

$$n = \sqrt{(a'b')^2 - h^2} = m\sqrt{\cot^2\phi - \tan^2\alpha}$$

解：

$$\sin\beta = \frac{h}{a'b'} = \frac{m\tan\alpha}{\dfrac{m}{\tan\phi}} = \tan\phi \times \tan\alpha$$

$$\cos\lambda = \frac{a''b''}{AB} = \frac{\dfrac{m}{\cos\alpha}}{\dfrac{m}{\sin\phi}} = \frac{\sin\phi}{\cos\alpha}$$

$$\sin\theta = \frac{h}{AB} = \frac{m\tan\alpha}{\dfrac{m}{\sin\phi}} = \sin\phi \times \tan\alpha$$

$$\tan\gamma = \frac{n}{m} = \frac{m\sqrt{\cot^2\phi - \tan^2\alpha}}{m} = \sqrt{\cot^2\phi - \tan^2\alpha}$$

（5）已知 α、θ 求 β、γ、λ 和 ϕ

由图 19-2 可知，h 边为已知角的公共边，由此可将其他有关角边用此公共边和已知角度来表示：

$$m = h\cot\alpha, \quad a''b'' = h\csc\alpha, \quad ab = \frac{h}{\tan\theta}, \quad AB = \frac{h}{\sin\theta}$$

$$a'b' = \sqrt{h^2 + n^2} = \sqrt{h^2 + (ab)^2 - m^2} = \sqrt{h^2 + (h\cot\theta)^2 - (h\cot\alpha)^2}$$

$$= h\sqrt{1 + \cot^2\theta - \cot^2\alpha}$$

$$n = \sqrt{(a'b')^2 - h^2} = h\sqrt{\cot^2\theta - \cot^2\alpha}$$

解：

$$\cos\gamma = \frac{m}{ab} = \frac{h\cot\alpha}{\dfrac{h}{\tan\theta}} = \tan\theta \times \cot\alpha$$

$$\cos\lambda = \frac{a''b''}{AB} = \frac{\dfrac{h}{\sin\alpha}}{\dfrac{h}{\sin\theta}} = \frac{\sin\theta}{\sin\alpha}$$

$$\sin\phi = \frac{m}{AB} = \frac{h\cot\alpha}{\dfrac{h}{\sin\theta}} = \sin\theta \times \cot\alpha$$

$$\cot\beta = \frac{n}{h} = \frac{h\sqrt{\cot^2\theta - \cot^2\alpha}}{h} = \sqrt{\cot^2\theta - \cot^2\alpha}$$

（6）已知 β、γ 求 α、θ、λ 和 ϕ

由图 19-2 可知，n 边为已知角的公共边，由此可将其他有关角边用此公共边和已知角度来表示：

$$h = n\tan\beta, \quad a'b' = \frac{n}{\cos\beta}, \quad m = \frac{n}{\tan\gamma}, \quad ab = \frac{n}{\sin\gamma}$$

$$a''b'' = \sqrt{m^2 + h^2} = \sqrt{(n\cot\gamma)^2 + (n\tan\beta)^2} = n\sqrt{\cot^2\gamma + \tan^2\beta}$$

解：

$$\tan\alpha = \frac{h}{m} = \frac{n\tan\beta}{\dfrac{n}{\tan\gamma}} = \tan\beta \times \tan\gamma$$

$$\tan\phi = \frac{m}{a'b'} = \frac{\dfrac{n}{\tan\gamma}}{\dfrac{n}{\cos\beta}} = \cos\beta \times \cot\gamma$$

$$\tan\theta = \frac{h}{ab} = \frac{n\tan\beta}{\dfrac{n}{\sin\gamma}} = \sin\gamma \times \tan\beta$$

$$\cot\lambda = \frac{a''b''}{n} = \frac{n\sqrt{\cot^2\gamma + \tan^2\beta}}{n} = \sqrt{\cot^2\gamma + \tan^2\beta}$$

（7）已知 β、ϕ 求 α、θ、λ 和 γ

由图 19-2 可知，$a'b'$ 边为已知角的公共边，由此可将其他有关角边用此公共边和已知角度来表示：

$$h = a'b'\sin\beta, \quad n = a'b'\cos\beta, \quad m = \frac{a'b'}{\cot\phi}, \quad AB = \frac{a'b'}{\cos\phi}$$

解：

$$\tan\alpha = \frac{h}{m} = \frac{a'b'\sin\beta}{\dfrac{a'b'}{\cot\phi}} = \sin\beta \times \cot\phi$$

$$\tan\gamma = \frac{n}{m} = \frac{a'b'\cos\beta}{\dfrac{a'b'}{\cot\phi}} = \cos\beta \times \cot\phi$$

$$\sin\lambda = \frac{n}{AB} = \frac{a'b'\cos\beta}{\dfrac{a'b'}{\cos\phi}} = \cos\beta \times \cos\phi$$

$$\sin\theta = \frac{h}{AB} = \frac{a'b'\sin\beta}{\dfrac{a'b'}{\cos\phi}} = \sin\beta \times \cos\phi$$

（8）已知 γ、ϕ 求 α、θ、λ 和 β

由图 19-2 可知，m 边为已知角的公共边，由此可将其他有关角边用此公共边和已知角度来表示：

$$n = m\tan\gamma, \quad ab = m\sec\gamma, \quad a'b' = \frac{m}{\tan\phi}, \quad AB = \frac{m}{\sin\phi},$$

$$a''b'' = \sqrt{m^2 + h^2} = \sqrt{m^2 + (a'b')^2 - n^2} = \sqrt{m^2 + (m\cot\phi)^2 - (m\tan\gamma)^2}$$

$$= m\sqrt{1 + \cot^2\phi - \tan^2\gamma} = m\sqrt{\csc^2\phi - \tan^2\gamma}$$

$$= \frac{m\sqrt{1 - \sin^2\phi\tan^2\gamma}}{\sin\phi}$$

$$h = \sqrt{(a''b'')^2 - m^2} = m\sqrt{\cot^2\phi - \tan^2\gamma}$$

解：

$$\cos\beta = \frac{n}{a'b'} = \frac{m\tan\gamma}{\dfrac{m}{\tan\phi}} = \tan\gamma \times \tan\phi$$

$$\sin\lambda = \frac{n}{AB} = \frac{m\tan\gamma}{\dfrac{m}{\sin\phi}} = \sin\phi \times \tan\gamma$$

$$\cos\theta = \frac{ab}{AB} = \frac{\dfrac{m}{\cos\gamma}}{\dfrac{m}{\sin\phi}} = \frac{\sin\phi}{\cos\gamma}$$

$$\tan\alpha = \frac{h}{m} = \frac{m\sqrt{\cot^2\phi - \tan^2\gamma}}{m} = \sqrt{\cot^2\phi - \tan^2\gamma}$$

19.2　计算公式汇总

从以上推导可知，空间直线角度换算，只要给定任意两个角度，便可推导另外四个角度。要计算各种不同情况下的空间角度，根据不同的已知条件，运用上述相似方法，便可推出全部换算公式共计 60 个。为了应用方便，现将这些公式列于表 19-1，以供根据具体情况选用。

表 19-1　空间角度计算公式汇总表

已知条件	公　式	序号	已知条件	公　式	序号
α、β	$\tan\gamma = \tan\alpha \times \cot\beta$	1	α、θ	$\cos\gamma = \tan\theta \times \cot\alpha$	17
	$\tan\phi = \cot\alpha \times \sin\beta$	2		$\cos\lambda = \sin\theta \times \csc\alpha$	18
	$\tan\lambda = \sin\alpha \times \cot\beta$	3		$\sin\phi = \sin\theta \times \cot\alpha$	19
	$\cot\theta = \sqrt{\cot^2\alpha + \cot^2\beta}$	4		$\cot\beta = \sqrt{\cot^2\theta - \cot^2\alpha}$	20
α、γ	$\tan\beta = \tan\alpha \times \cot\gamma$	5	β、γ	$\tan\alpha = \tan\beta \times \tan\gamma$	21
	$\tan\lambda = \tan\gamma \times \cos\alpha$	6		$\tan\phi = \cos\beta \times \cot\lambda$	22
	$\tan\theta = \tan\alpha \times \cos\gamma$	7		$\tan\theta = \sin\gamma \times \tan\beta$	23
	$\cot\phi = \sqrt{\tan^2\alpha + \tan^2\gamma}$	8		$\cot\lambda = \sqrt{\tan^2\beta + \cot^2\gamma}$	24
α、λ	$\tan\beta = \sin\alpha \times \cot\lambda$	9	β、λ	$\sin\alpha = \tan\beta \times \tan\lambda$	25
	$\cot\gamma = \cos\alpha \times \cot\lambda$	10		$\sin\theta = \sin\lambda \times \tan\beta$	26
	$\sin\phi = \cos\alpha \times \cos\lambda$	11		$\cos\phi = \sin\lambda \times \sec\beta$	27
	$\sin\theta = \sin\alpha \times \cos\lambda$	12		$\cot\gamma = \sqrt{\cot^2\lambda - \cot^2\beta}$	28
α、ϕ	$\sin\beta = \tan\alpha \times \tan\phi$	13	β、ϕ	$\tan\alpha = \sin\beta \times \cot\phi$	29
	$\cos\lambda = \sin\phi \times \sec\alpha$	14		$\tan\gamma = \cos\beta \times \cot\phi$	30
	$\sin\theta = \sin\phi \times \tan\alpha$	15		$\sin\lambda = \cos\beta \times \cos\phi$	31
	$\tan\gamma = \sqrt{\cot^2\phi - \tan^2\alpha}$	16		$\sin\theta = \sin\beta \times \cos\phi$	32

已知条件	公 式	序号	已知条件	公 式	序号
β、θ	$\sin\gamma = \tan\theta \times \cot\beta$	33	λ、ϕ	$\cos\alpha = \sin\phi \times \sec\lambda$	49
	$\sin\lambda = \sin\theta \times \cot\beta$	34		$\cos\beta = \sin\lambda \times \sec\phi$	50
	$\cos\phi = \sin\theta \times \csc\beta$	35		$\cot\gamma = \sin\phi \times \csc\lambda$	51
	$\cot\alpha = \sqrt{\cot^2\theta - \cot^2\beta}$	36		$\sin\theta = \sqrt{\cos^2\phi - \sin^2\lambda}$	52
γ、λ	$\cos\alpha = \tan\lambda \times \cot\gamma$	37	λ、θ	$\sin\alpha = \sec\lambda \times \sin\theta$	53
	$\sin\phi = \sin\lambda \times \cot\gamma$	38		$\tan\beta = \csc\lambda \times \sin\theta$	54
	$\cos\theta = \sin\lambda \times \csc\gamma$	39		$\sin\gamma = \sin\lambda \times \sec\theta$	55
	$\tan\beta = \sqrt{\cot^2\lambda - \cot^2\gamma}$	40		$\sin\phi = \sqrt{\cos^2\lambda - \sin^2\theta}$	56
γ、ϕ	$\cos\beta = \tan\gamma \times \tan\phi$	41	ϕ、θ	$\tan\alpha = \csc\phi \times \sin\theta$	57
	$\sin\lambda = \sin\phi \times \tan\gamma$	42		$\sin\beta = \sin\theta \times \sec\phi$	58
	$\cos\theta = \sin\phi \times \sec\gamma$	43		$\cos\gamma = \sin\phi \times \sec\theta$	59
	$\tan\alpha = \sqrt{\cot^2\phi - \tan^2\gamma}$	44		$\sin\lambda = \sqrt{\cos^2\phi - \sin^2\theta}$	60
γ、θ	$\cot\alpha = \cot\theta \times \cos\gamma$	45			
	$\cos\beta = \cot\theta \times \sin\gamma$	46			
	$\sin\phi = \cos\theta \times \cos\gamma$	47			
	$\sin\lambda = \cos\theta \times \sin\gamma$	48			

当直线倾斜方向不同时，以上公式仍然是正确的。为了实际应用时方便，现将直线在空间的其他几种不同倾斜位置及其相应角度，分别用投影图表示出来。如图 19-3 所示。这样，在应用时，只要将实际情况与投影图形对照，就可立即知道这时的已知条件是哪些角度，需要求出哪些角度，从而直接选出所需公式进行计算。

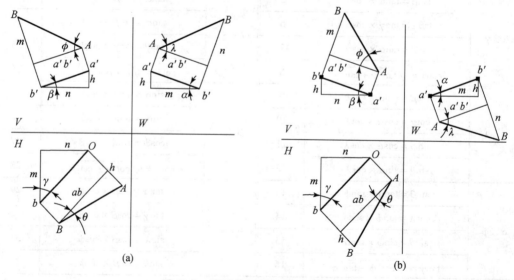

图 19-3　直线的不同倾斜形式投影图

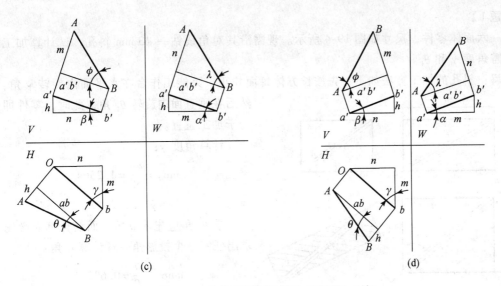

图 19-3　直线的不同倾斜形式投影图（续）

利用表 19-1 公式计算空间直线位置角度时，还应注意以下几个问题：

（1）计算时应根据已知角度和需求角度，画出计算投影图，并使角度标注与图19-3（a）、（b）、（c）、（d）中任一情况相符。为了便于记忆，对于投影角度基准面的选择需要记住，在 V 面和 W 面上的投影角应以水平面为标注基准，在 H 面上的投影角应以侧面为标注基准。有时需要将已知角的余角作为已知条件代入公式计算，以符合上述投影图所标注的角度位置。否则所选公式会发生错误，计算结果也会出错。

（2）公式中的角度均为锐角，它们与各坐标平面所夹角度的方向对计算结果没有影响，也就是说，在计算投影图剖面中所画出的直角三角形两个直角边的位置画在此直线投影的两旁都可以。

（3）利用直角三角形的相似关系，可以相应改变计算投影图中各直角三角形的大小和位置而不影响计算结果。

（4）有时利用直角三角形的对应边相互垂直则夹角相等的关系；直线在计算投影图中所表示的直角三角形的斜边，可以用垂线来代替原有的斜边（即用法线来代表其投影线），这样就可以与图 19-3 所示的情况相符。

当直线与其中任一投影面平行时，可以认为是特殊情况，此时各角度之间的关系如下：

1）当直线与 V 面平行时

$$\gamma = 90°,\ \alpha = 90°,\ \phi = 0°,\ \beta = \theta,\ \lambda = 90° - \theta$$

2）当直线与 W 面平行时

$$\gamma = 0°,\ \beta = 90°,\ \lambda = 0°,\ \alpha = \theta,\ \phi = 90° - \theta$$

3）当直线与 H 面平行时

$$\gamma = \lambda,\ \beta = 0°,\ \theta = 0°,\ \alpha = 0°,\ \phi = 90° - \lambda$$

【例题 1】

一六面体零件，尺寸如图 19-4 所示。现需沿其对角线钻一 $\phi 3$ mm 斜孔，试计算加工时所需角度 γ 和 θ_1。

解：斜孔的加工方法如下：先按长方体每面找正，万能工作台在水平面内旋转 γ 角，然后在垂直面内旋转 θ_1 角，此时，零件即处于加工位置。

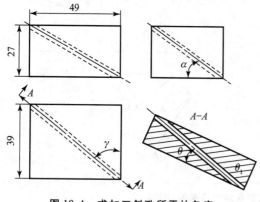

计算角度 γ：

$$\tan\gamma = \frac{49}{39} = 1.2564$$

得：

$$\gamma = 51°29'$$

求 θ_1 角应先求 θ 角。而要计算 θ 必先求出任意一个投影角。现计算 α 角：

$$\tan\alpha = \frac{27}{39} = 0.69231$$

$$\alpha = 34°42'$$

图 19-4 求加工斜孔所需的角度

知道 γ 和 α 后画出投影图 19-4，选取表 19-1 中的公式 7，计算 θ 角：

$$\tan\theta = \tan\alpha \times \cos\gamma = \tan34°42' \times \cos51°29'$$

$$= 0.69231 \times 0.62274 = 0.43113$$

$$\theta = 23°19'$$

$$\theta_1 = 90° - \theta = 90° - 23°19' = 66°41'$$

【例题 2】

如图 19-5 所示出料斗，已知部分角度和尺寸。现在为了加工需要，试计算出料斗四壁长度 L_1、L_2 和角度 α、γ 和 $2\theta_1$。

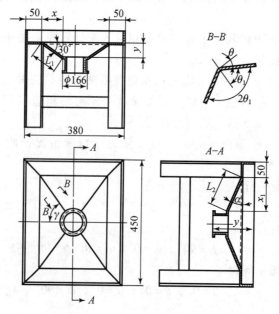

图 19-5 出料斗角度和尺寸的计算

解：

（1）求长度 L_1：

出料斗呈中线对称，由图可知

$$x = \frac{380}{2} - 50 - \frac{166}{2} = 57 \; (\text{mm})$$

$$L_1 = x \times \sec 30° = 57 \times 1.1547 = 65.82 \; (\text{mm})$$

（2）求角度 α

$$y = x \tan 30° = 57 \times 0.57735 = 32.91 \; (\text{mm})$$

$$x_1 = \frac{450}{2} - 50 - \frac{166}{2} = 92 \; (\text{mm})$$

$$\tan \alpha = \frac{y}{x_1} = \frac{32.91}{92} = 0.35772$$

$$\alpha = 19°41'$$

（3）求长度 L_2

$$L_2 = x_1 \sec \alpha = 92 \times \sec 19°41' = 92 \times 1.062 = 97.7 \; (\text{mm})$$

（4）求角度 γ

$$\tan \gamma = \frac{\dfrac{450}{2} - 50}{\dfrac{380}{2} - 50} = 1.25$$

$$\gamma = 51°20'$$

（5）求角度 $2\theta_1$

先求 θ 角：已知 $\beta = 30°$，$\gamma = 51°20'$。画出计算图形图 19-6，由于原始 Rt$\triangle ADE$ 不符合计算要求（因为需求角度应以水平投影图中的直角三角形斜边为底边画出）。现利用直角三角形对应垂直边夹角相等的原理，作出新的 Rt$\triangle ABC$ 便符合计算要求；与此相对应，在垂直投影图中的直角三角形也应相应画小，如图 19-6 所示。此图与图 19-3（b）相类似，即可选用表 19-1 中的公式 23 计算 θ 角：

$$\tan \theta = \sin \gamma \times \tan \beta = \sin 51°20' \times \tan 30°$$
$$= 0.78079 \times 0.57735 = 0.45079$$
$$\theta = 24°16'$$
$$\theta_1 = 90° - \theta = 90° - 24°16' = 65°44'$$
$$2\theta_1 = 2 \times 65°44' = 131°28'$$

【例题 3】

如图 19-7 所示零件，要加工两个斜面，

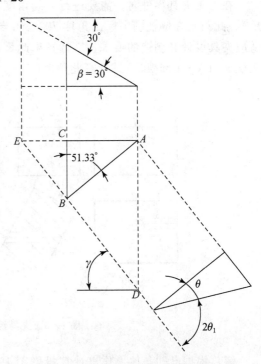

图 19-6 出料斗的计算投影图

已知 θ、θ_1 和 γ，为适应加工要求，试计算角度 α 和 α_1。

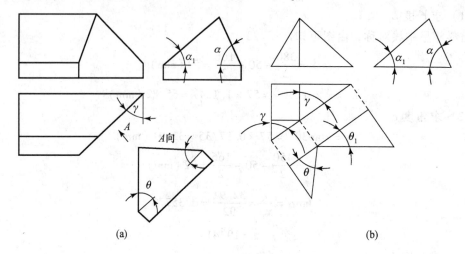

图 19-7　铣斜面的角度计算

解：根据零件图 19-7（a），对照图 19-3，符合图 19-3（b），故可选用表 19-1 中的公式 45，画出投影图 19-7（b），则：α 和 α_1 可按以下公式计算。

$$\cot\alpha = \cot\theta \times \cos\gamma$$

$$\cot\alpha_1 = \cot\theta_1 \times \cos\gamma$$

【例题 4】

在加工夹具零件时，需要进行空间角度计算。现要加工一组合孔（如图 19-8（a）所示），此斜孔在侧视图中标出角度 70°，并与另一直孔相通，在俯视图中标出 30°。为了适应夹具设计和制造的要求，需计算出此零件在加工时沿着水平面上 30° 角方向要抬起的角度 θ_1（$A—A$ 剖视），试计算此角度。

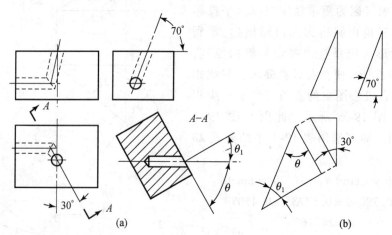

图 19-8　夹具组合孔的角度计算

解：根据已知条件，作出计算投影图 19-8（b），再对照图 19-3，符合图 19-3（d）所示投影。运用表 19-1 中的公式 7。已知 $\alpha = 70°$，$\gamma = 30°$，需要计算角 θ_1。

$$\tan\theta = \tan\alpha \times \cos\gamma = \tan70^\circ \times \cos30^\circ = 2.7475 \times 0.86603 = 2.3794$$

得 $$\theta = 67^\circ 12'$$

故 $$\theta_1 = 90^\circ - \theta = 90^\circ - 67^\circ 12' = 22^\circ 48'$$

将零件在水平面上旋转 30°，再抬起 $22^\circ 48'$ 即可加工斜孔。

【例题 5】

如图 19-9 的零件，要以平面 E、F 和孔 d 作为定位基准加工一具有复合角度的斜孔。在产品零件图上给出了角度 63° 和 60°，但是这两个角度不符合加工需要。在设计钻夹具时，还要求算出角度 ψ 和 θ，因为这样才能以定位面为基准标出钻套的角度。试计算这两个角度。

解：根据已知角度和需求角度，画出计算投影图 19-9（b），对照图 19-3，与图 19-3（c）相符，可知已知条件为 $\beta = 63^\circ$，$\phi = 90^\circ - 60^\circ = 30^\circ$，需求角度为 ψ 和 θ。

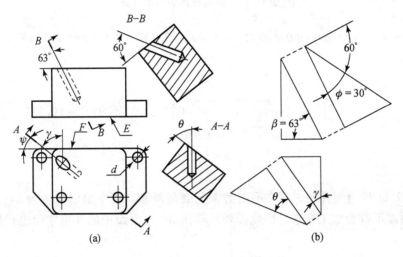

图 19-9 钻斜孔夹具的角度计算

选用表 19-1 中公式 30 和 32 进行计算：

先计算 γ：

$$\tan\gamma = \cos\beta \times \cot\phi = \cos63^\circ \times \cot30^\circ = 0.45399 \times 1.732 = 0.78631$$
$$\gamma = 38^\circ 11'$$
$$\psi = 90^\circ - \gamma = 90^\circ - 38^\circ 11' = 51^\circ 49'$$

再求 θ：

$$\sin\theta = \sin\beta \times \cos\phi = \sin63^\circ \times \cos30^\circ = 0.89101 \times 0.86603 = 0.77164$$
$$\theta = 50^\circ 30'$$

【例题 6】

如图 19-10 所示的零件要加工一个斜孔，零件图上给出了角度 60° 和 75°。在加工和设计钻夹具时，由于要以平面 A 和孔 D、d 定位，试求出此斜孔在水平面上的投影角 γ 及斜孔与水平面 A 之间的夹角 θ。

解：根据已知条件和所求角度作出图 19-10（b）的计算投影图，对照图 19-3，符合图 19-3（b），并按表 19-1 中的公式 1 和 4 进行计算。

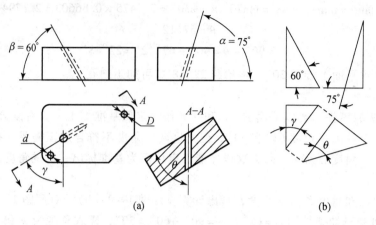

图 19-10 斜孔夹具的角度计算

$$\tan\gamma = \tan\alpha \times \cot\beta = \tan75^\circ \times \cot60^\circ = 3.732 \times 0.57735 = 2.15467$$

$$\gamma = 65^\circ6'$$

$$\cot\theta = \sqrt{\cot^2\alpha + \cot^2\beta}$$

$$= \sqrt{\cot^275^\circ + \cot^260^\circ} = \sqrt{(0.26795)^2 + (0.57735)^2}$$

$$= \sqrt{0.4051} = 0.6365$$

$$\theta = 57^\circ31'$$

【例题 7】

如图 19-11 所示零件图，要在平面磨床上磨削斜面。图中给定角度为 24°和 58°。然而这两个角度不符合加工要求，因此需要计算出 $A—A$ 剖面中的 θ 角才能进行加工。试计算该角度。

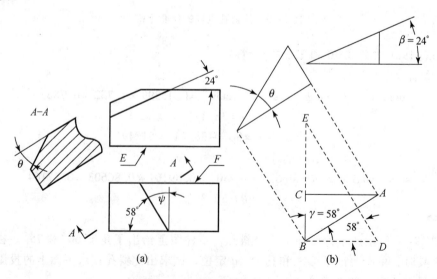

图 19-11 磨削斜面角度的计算

解：作出如图 19-11（b）所示的计算投影图，由于所求的 θ 角需要以水平投影图中直角三角形的斜边为底边画出，因此，投影图中的 Rt△*BED* 不符合计算要求。现利用直角三角形对应垂直边夹角相等的原理，重新作 Rt△*ABC*，这样以它斜边 *AB* 为底边所作的直角三角形才能符合计算要求，因为此处 θ 角正是我们所需要求的角度。

要计算 θ 角，可利用图 19-3（a）和表 19-1 中的公式 23，即可求出。

$$\tan\theta = \sin\gamma \times \tan\beta = \sin58° \times \tan24° = 0.84805 \times 0.44523 = 0.37758$$
$$\theta = 20°41'$$

加工工件时，可以用平面图 *A*、*B*、*C* 为定位基准，先将夹具上与工件 *B*、*C* 面相接触的定位面按夹具找正面沿水平面转过 ψ 角。然后再将夹具上与工件 *A* 面相接触的定位面垂直抬起 θ = 20°41'，即可实现工件的定位要求并正确进行斜面的磨削。

【例题 8】

一螺纹车刀如图 19-12 所示，已知前角为 15°，基面（水平投影面）投影刀尖角为 60°（即螺纹牙型角），现在要求出车刀前刀面上的刀尖角 2φ（*A* 向的车刀角度），这样在磨刀时按 2φ 磨刀，才能加工出牙型角正确的螺纹（60°）。

解： 根据已知条件和要求角度，对照图 19-3，符合投影图 19-3（b）。图中角度 β 和 φ 的三角形倒过来画不影响计算结果。本例已知 β = 15°，γ = 90° - 30° = 60°，求 θ 角。

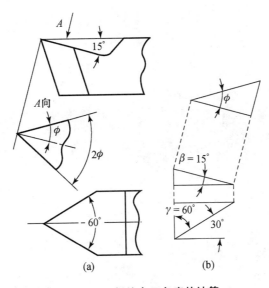

图 19-12　螺纹车刀角度的计算

选用表 19-1 中的公式 22：

$$\begin{aligned}
\tan\phi &= \cos\beta \times \cot\lambda \\
&= \cos15° \times \cot60° \\
&= 0.96592 \times 0.57735 \\
&= 0.55767
\end{aligned}$$

得　　　　　　　　　　　　　　$$\phi = 29°9'$$

前刀面上刃磨刀尖角 2φ = 58°18'。

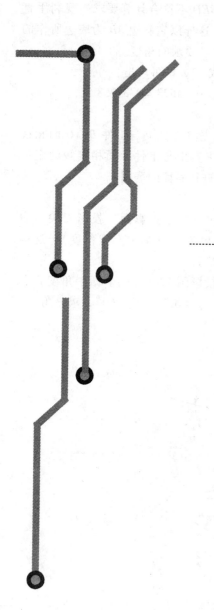

项目 20
优选法与切削加工

在生产中往往凭经验确定刀具几何参数和选择切削用量，这样有较大的盲目性，会造成较大的浪费。即便有时选择恰到好处，也缺乏理论依据。优选法可帮助我们减少盲目性，以最少的试验次数获得最佳的试验效果，从而达到事半功倍的目的。

20.1　用 0.618 法优选刀具主偏角 K_r

我们要优选在强力切削大走刀时的主偏角 K_r，先根据经验定出一个优选范围：$20°\sim75°$，然后根据以下步骤优选。

（1）先在试验范围 $20°\sim75°$ 的 0.618 处做第一次试验，这一试验点的数值由下式得出：

$$第 1 点 = （大 - 小） \times 0.618 + 小$$

即：

$$第 1 点 = （75° - 20°） \times 0.618 + 20°$$

刃磨 $Kr = 54°$ 的车刀进行切削，记录结果。

（2）在第 1 点的对称点即 0.382（$=1-0.618$）处做第二次实验，这一点可由下式获得：

$$第 2 点 = 大 - 中 + 小 \quad（中为前一试验点）$$

即：

$$第 2 点 = 75° - 54° + 20° = 41°$$

刃磨 $Kr = 41°$ 的车刀进行切削，记录结果。

（3）比较 $41°$ 和 $54°$ 两次试验结果，如果第二次比第一次效果好，则去掉第 1 点以右的部分（即 $54°\sim75°$），然后在留下部分的第 2 点对称点做第三次试验。数值仍用第 2 点公式计算：

$$第 3 点 = 54° - 41° + 20° = 33°$$

刃磨 $Kr = 33°$ 的车刀进行切削，记录结果。

（4）比较 $41°$ 和 $33°$ 两次试验结果，如果仍是第二次比第三次效果好，则去掉第 3 点以左的部分（即 $20°\sim33°$），然后在留下部分（$33°\sim54°$）的第 3 点对称点做第四次试验。数值仍用第 2 点公式计算：

$$第 4 点 = 54° - 41° + 33° = 46°$$

刃磨 $Kr = 46°$ 的车刀进行切削，记录结果。

（5）比较第 4 点与第 2 点的切削效果，如果第 4 点（46°）比第 2 点（41°）好，则去掉第 2 点以左的部分（33°～41°），在留下范围（41°～54°）内取好点（第 4 点）的对称点做第五次试验：

$$第 5 点 = 54° - 46° + 41° = 49°$$

第2点		第4点	第5点		第1点
41°		46°	49°		54°

刃磨 $Kr = 49°$ 的车刀进行切削，记录结果。

（6）将试验结果与第 4 点（46°）进行比较，如果仍是第 4 点（46°）好，则 $Kr = 46°$ 为最佳主偏角。

20.2　用分数法优选进给量 f

用分数法优选进给量 f 的步骤如下。

（1）原进给量 $f = 0.45$ mm/r，确定优选范围 $0.13 \sim 0.91$ mm/r，共 13 档（车床铭牌所示）。在分数：$\dfrac{1}{2}$、$\dfrac{2}{3}$、$\dfrac{3}{5}$、$\dfrac{5}{8}$、$\dfrac{8}{13}$、$\dfrac{13}{21}$、$\dfrac{21}{34}$、$\dfrac{34}{55}$、$\dfrac{55}{89}$、$\dfrac{89}{144}\cdots \approx \dfrac{\sqrt{5}-1}{2}$ 中取 $\dfrac{8}{13} \approx 0.618$ 做试验点，该点对应的进给量 $f_1 = 0.55$ mm/r，做试验，作记录。

					第2点		第1点					
0	$\dfrac{1}{13}$	$\dfrac{2}{13}$	$\dfrac{3}{13}$	$\dfrac{4}{13}$	$\dfrac{5}{13}$	$\dfrac{6}{13}$	$\dfrac{7}{13}$	$\dfrac{8}{13}$	$\dfrac{9}{13}$	$\dfrac{10}{13}$	$\dfrac{11}{13}$	$\dfrac{12}{13}$	$\dfrac{13}{13}$
$f:$	0.30	0.33	0.35	0.40	0.45	0.48	0.50	0.55	0.60	0.65	0.71	0.81	0.91

（2）第二次试验取对称点 $\dfrac{5}{13}$，$f_2 = 0.45$ mm/r 做试验。如果第一次（$f_1 = 0.55$ mm/r）好，则去掉 0.45 左段。第 3 点按对称点得：

$$第 3 点 = 大 + 小 - 中 = 13 + 5 - 8 = 10，即 \dfrac{10}{13} 处。$$

第2点			第1点		第3点			
$\dfrac{5}{13}$	$\dfrac{6}{13}$	$\dfrac{7}{13}$	$\dfrac{8}{13}$	$\dfrac{9}{13}$	$\dfrac{10}{13}$	$\dfrac{11}{13}$	$\dfrac{12}{13}$	$\dfrac{13}{13}$
$f:$ 0.45	0.48	0.50	0.55	0.60	0.65	0.71	0.81	0.91

（3）如果试验结果 f_3 优于 f_1，则去掉 f_1 以左部分，取第 4 点 $= 13 + 8 - 10 = 11$，即 $\dfrac{11}{13}$，$f_4 = 0.71$ mm/r 进行试验。

第1点		第3点	第4点		
$\dfrac{8}{13}$	$\dfrac{9}{13}$	$\dfrac{10}{13}$	$\dfrac{11}{13}$	$\dfrac{12}{13}$	$\dfrac{13}{13}$
$f:$ 0.55	0.60	0.65	0.71	0.81	0.91

（4）比较 0.71 和 0.65 两个进给量的试验结果，如果 $f_3 = 0.65$ 比 $f_4 = 0.71$ 好，则 $f_3 = 0.65$ mm/r 为优选值。

20.3　用平分法优选背吃刀量 a_p

在 2～10 mm 内对背吃刀量 a_p 进行优选，平分法计算公式为：

$$a_p = \frac{大 + 小}{2}$$

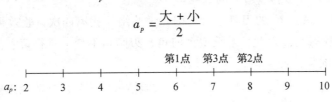

第 1 点 $a_{p1} = \frac{10 + 2}{2} = 6$ mm，如果机床运转正常，表明尚有潜力可挖，则去掉第 1 点左段。取第 2 点 $a_{p2} = \frac{10 + 6}{2} = 8$ mm。如果刀具切削费力，则表明过载，再取第 3 点 $a_{p3} = \frac{8 + 6}{2} = 7$ mm。试验结果机床运转正常，则优选 $a_p = 7$ mm。

20.4　用"爬山法"优选前角 γ_o 和刃倾角 λ_s

在优选前，先根据经验确定一组优选数据：γ_o 在 5°～30° 范围内；λ_s 在 +2°～+14° 范围内。

"爬山法"是由低到高逐渐提高，提高到一定程度遇到阻碍便横向前行；如果横向前行效果较好，则可继续攀升，如果攀升到一定程度又遇阻碍，又横向前行，如此反复直至试验出最佳状况。

选择较小的角度进行初始试验：$\gamma_o = 5°$、$\lambda_s = 2°$。

刃磨 $\gamma_o = 5°$、$\lambda_s = 2°$ 的刀具进行切削，记录原始数据，以便后续试验对比。如果效果良好，则增加某一角度进行第一次试验。

（1）第一次试验：$\gamma_o = 15°$、$\lambda_s = 2°$。

将 γ_o 增至 15°，λ_s 仍为 2°，进行第一对比试验。试验结果比较理想，即增大刀具前角对切削过程有利，因此，再增大前角（此时刃倾角仍保持初始试验参数），进行第二次试验。

（2）第二次试验：$\gamma_o = 20°$、$\lambda_s = 2°$。

刃磨 $\gamma_o = 20°$、$\lambda_s = 2°$ 的刀具进行切削，试验结果没有第一次试验效果好，表示继续增大前角对切削过程不利。因此将刀具前角降至第一次试验的参数，改为横向行进，即增大刀具的刃倾角。

（3）第三次试验：$\gamma_o = 15°$、$\lambda_s = 6°$。

刃磨 $\gamma_o = 15°$、$\lambda_s = 6°$ 的刀具进行切削，试验结果比第二次试验效果好，表示继续增大刃倾角对切削过程有利。

（4）第四次试验：$\gamma_o = 15°$、$\lambda_s = 8°$。

刃磨 $\gamma_o = 15°$、$\lambda_s = 8°$ 的刀具进行切削，切削效果不如第三次试验好，说明继续增大刃倾角对切削过程不利。此时，停止增加刃倾角，并将刃倾角退回第三次试验参数，改为增大前角，将试验继续进行下去。

（5）第五次试验：$\gamma_o = 20°$、$\lambda_s = 6°$。

刃磨 $\gamma_o = 20°$、$\lambda_s = 6°$ 的刀具进行切削，试验结果比第四次试验效果好，表示继续增大前角对切削过程有利。因此，继续增大前角、刃倾角不变，进行第六次试验。

（6）第六次试验：$\gamma_o = 25°$、$\lambda_s = 6°$。

刃磨 $\gamma_o = 25°$、$\lambda_s = 6°$ 的刀具进行切削，试验结果比第五次试验效果差，表示继续增大前角对切削过程不利。因此，退回至第五次试验的前角参数，改为增大刃倾角继续试验。

（7）第七次试验：$\gamma_o = 20°$、$\lambda_s = 10°$。

刃磨 $\gamma_o = 20°$、$\lambda_s = 10°$ 的刀具进行切削，效果比第六次试验好，说明增大刃倾角对切削过程有利，故再将刃倾角增大继续进行试验。

（8）第八次试验：$\gamma_o = 20°$、$\lambda_s = 12°$。

刃磨 $\gamma_o = 20°$、$\lambda_s = 12°$ 的刀具进行切削，试验效果比第七次试验效果差，表示继续增大刃倾角对切削过程不利。因此，退回至第七次试验的刃倾角参数，改为增大前角继续试验。

（9）第九次试验：$\gamma_o = 25°$、$\lambda_s = 10°$。

刃磨 $\gamma_o = 25°$、$\lambda_s = 10°$ 的刀具进行切削，效果比第八次试验好，说明增大前角对切削过程有利，故再将前角增大继续进行试验。

（10）第十次试验：$\gamma_o = 30°$、$\lambda_s = 10°$。

刃磨 $\gamma_o = 30°$、$\lambda_s = 10°$ 的刀具进行切削，试验效果比第九次试验效果差，表示继续增大前角对切削过程不利。因此，退回至第九次试验的前角参数，改为增大刃倾角继续试验。

（11）第十一次试验：$\gamma_o = 25°$、$\lambda_s = 12°$。

刃磨 $\gamma_o = 25°$、$\lambda_s = 12°$ 的刀具进行切削，效果比第十次试验差，说明增大刃倾角对切削过程不利，故前角和刃倾角均无增大的潜力，试验结束。

因此，试验结果表明第九次试验为最佳试验，优选得到的参数为：$\gamma_o = 25°$、$\lambda_s = 10°$。

试验路线图如图 20-1 所示。

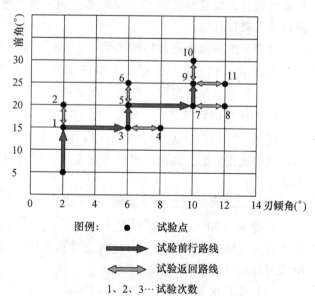

图 20-1　前角 γ_o 与刃倾角 λ_s 的优选路线图

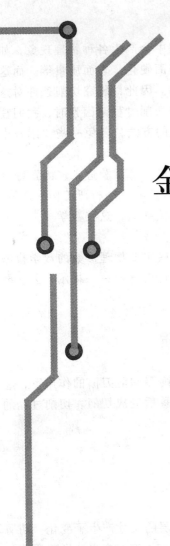

项目 21
金属切削规律的数学解释

21.1 概　　述

金属切削过程是一个复杂的物理过程，在金属切削过程中会产生各种物理现象，如切削力、切削热、切削温度、积屑瘤、刀具磨损、振动、表面硬化、表面质量等。而这些现象对生产率、加工质量和消耗等，都会产生很大的影响。因此，研究切削条件对这些现象的影响规律，将对生产起着巨大的作用。在研究影响切削过程诸因素时，我们往往选择相关度较高的影响因素进行研究，即遵循抓主要矛盾的方法，以免一些"细枝末节"干扰视线。

随着科学技术的进步，对金属切削过程的研究，正在从单因素试验进入多因素综合试验，从静态观测进入动态观测，从宏观研究进入微观研究。随着这些科研工作的进展，为人们提供了切削过程的某些主要物理参数的数学模型和相关数据，这些数学模型和数据对生产有着重要的指导意义。

本项目基于金属切削过程的大量试验，为人们揭示了某些主要物理参数的数学模型和相关数据，这些数学模型和数据以图表的形式，比较直观地将规律一一揭示，因此要读懂这些非文字的语言。

21.2　金属切削过程的本质

金属切削过程，就其本质来说，是被切金属层在刀具切削刃和前刀面的作用下，经受挤压而产生剪切滑移变形的过程。被切金属层通过剪切滑移后变成切屑。切削过程的各种物理现象无不与切削时的剪切滑移变形有关。

21.2.1　切削变形的度量

1. 切屑变形系数 ξ

由图 21-1 可知，切削变形使切屑的外形尺寸相对于切削层的尺寸产生了变化：切屑厚度增加（$a_c > a_{ch}$）、切削长度缩短（$l_{ch} < l_c$）。切屑的宽度基本不变。根据变形前后体积不变的原理可知：

$$\xi = \frac{a_{ch}}{a_c} = \frac{l_c}{l_{ch}} > 1 \tag{21-1}$$

经推导：

$$\xi = \frac{a_{ch}}{a_c} = \frac{OM\sin(90° - \phi + \gamma_0)}{OM\sin\phi}$$

$$\xi = \frac{\cos(\phi - \gamma_0)}{\sin\phi} \tag{21-2}$$

式（21-2）表明：影响切屑变形的刀具角度主要是前角 γ_0 和剪切角 ϕ 两个因素。其中剪切角随切削条件的不同而变化，如图 21-2 所示。根据材料力学理论可知：

$$\phi = 45° - (\beta - \gamma_0) \tag{21-3}$$

式中，β 是由刀具前刀面上摩擦系数 μ 而定的摩擦角，即 $\tan\beta = \mu$。

由式（21-2）和（21-3）可知，增大刀具前角 γ_0、减小前刀面与切屑之间的摩擦从而使剪切角 ϕ 增大，是减小切屑变形的重要途径。

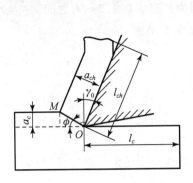

图 21-1　变形系数 ξ 的计算

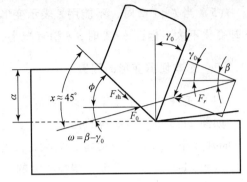

图 21-2　剪切角 ϕ 的确定

2. 相对滑移 ε

如图 21-3 所示，从纯材料力学的观点出发，研究金属材料的剪切变形可知：

$$\varepsilon = \frac{\Delta s}{\Delta y} = \frac{NP}{MK} = \frac{NK + KP}{MK}$$

则

$$\varepsilon = \cot\phi + \tan(\phi - \gamma_0) \qquad (21\text{-}4)$$

$$\varepsilon = \frac{\cos\gamma_0}{\sin\phi\cos(\phi - \gamma_0)} \qquad (21\text{-}5)$$

3. ξ 与 ε 的关系

将式（21-2）变形得

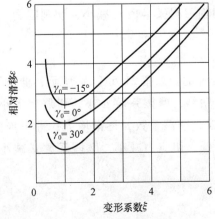

图 21-3　相对滑移 ε 的计算

$$\tan\phi = \frac{\cos\gamma_0}{\xi - \sin\gamma_0} \qquad (21\text{-}6)$$

将式（21-5）代入（21-3）式得：

$$\varepsilon = \frac{\xi^2 - 2\xi\sin\gamma_0 + 1}{\xi\cos\gamma_0} \qquad (21\text{-}7)$$

图 21-4 所示表达了 ξ 与 ε 的关系。图中各条曲线表示不同刀具前角的变形系数 ξ 与 ε 的关系，由图可知：

（1）相对滑移系数 ε 与切屑变形系数 ξ 并不相等，因为它们推导的出发点不一样。

（2）当 $\xi = 1$ 时，虽然 $a_{ch} = a_c$，但是相对滑移 $\varepsilon \neq 0$。意即从切屑外观上看似乎没有变形，但实际上切屑内部已经产生了较大的变形。

（3）当 $\gamma_0 = -15° \sim 30°$，切屑变形系数 ξ 虽然具有相同的数值，但相对滑移系数 ε 则在较大的差别。前角 γ_0 越小，相对滑移系数 ε 越大。

图 21-4　ξ 与 ε 的关系

（4）当 $\xi \geqslant 1.5$ 时，对于某一固定的前角，ε 与 ξ 成正比。这时，ξ 可以在一定程度上反映 ε 的大小。

（5）当 $\xi < 1.2$ 时，不能用 ξ 表示变形程度。因为：当 ξ 在 $1.2 \sim 1$ 之间，ξ 虽小，而 ε 却变化不大；但当 $\xi < 1$ 时，ξ 稍有减小，ε 却反而大大增加。

21.2.2 影响切屑变形的因素

（1）工件材料对切屑变形的影响

如图 21-5 所示，材料的强度、硬度越高，刀具与切屑之间的正压力越大，摩擦系数 $\mu = \tan\beta$ 减小，从而使剪切角 ϕ 增大，因此切削变形减小。

从图 21-5 还可以看出，塑性越大的材料，变形量越大，反之，变形量越小。

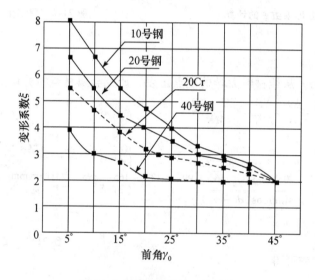

图 21-5 不同材料对 ξ 的影响

（2）前角对切屑变形的影响

从图 21-5 也可以看出，同一金属材料不同前角，对切屑变形的影响也是很大的。前角增大（后角 α_0 一定时），刀具的楔角 β_0 减小，切削刃圆弧半径 r_n 减小，切削阻力小，使摩擦系数 μ 减小，剪切角 ϕ 增大，切屑变形减小。

（3）切削速度对切屑变形的影响

切削速度是通过切削温度和积屑瘤来影响切屑变形的。如图 21-6（a）所示，低速切削时切削温度低，刀具前刀面与切屑之间不易产生粘结，摩擦系数 μ 小，切屑变形小；随着切削速度的提高，切削温度增高，粘结逐渐形成，摩擦系数 μ 逐渐增大；进一步提高切削速度，切削温度使工件材料剪切屈服强度降低，切应力减小，摩擦系数 μ 减小，因此切屑变形减小。

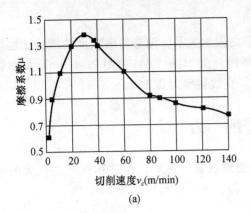

(a)

切削条件：工件材料30Cr　刀具 W18Cr4V

$\gamma_0 = 30^0$　$a_c = 0.15$ mm

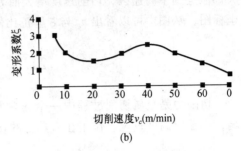

(b)

切削条件：工件材料45# 钢　刀具材料 W18Cr4V

$\gamma_0 = 5^\circ$　$f = 0.23$ mm/r

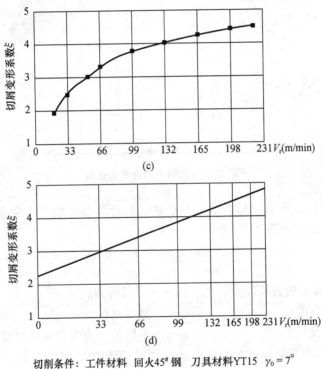

(c)

(d)

切削条件：工件材料　回火45# 钢　刀具材料YT15　$\gamma_0 = 7^\circ$

$\varepsilon_r = 1.2$ mm　　　$a_p = 2.6$ mm　　　$f = 0.25$ mm/r

注：图（d）是图（c）的对数坐标图

图 21-6　切削速度 v_c 对 ξ 和 μ 的影响

图 21-6（b）所示为切削过程产生积屑瘤的情况，随着切削速度提高，积屑瘤高度逐渐增加，使刀具的实际工作前角增大，切屑变形减小；切削速度为 20 m/min 左右时，积屑瘤高度达到最大值，此时的切屑变形最小；当切削速度超过 40 m/min 而继续提高，摩擦系数 μ 降低，使切屑变形减小；在高速时，切削层来不及充分变形已被切离工件，所以切屑变形很小。因此，可以控制切削速度的大小来控制积屑瘤的产生或直接控制切屑

191

变形。

图 21-6（c）能反映出切削速度与切屑变形之间的关系，随着切削速度的增大 ξ 也增大。但是到了高速区，切削速度增大而 ξ 增大缓慢。图 21-6（d）是图 21-6（c）的对数坐标图，从图中可以看出 v_c 与 ξ 呈正比例关系，直线斜率为 0.36。

21.3　切　削　力

切削力是金属切削过程中一个非常重要的物理现象，它对切削过程将产生极大的影响，应予以高度重视。作用在刀具上的切削力，经合成与分解后如图 21-7 所示。

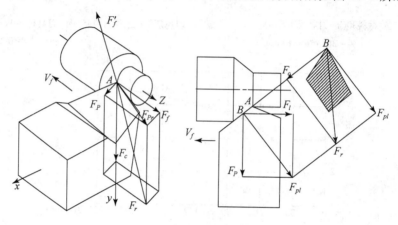

图 21-7　切削力的合成与分解

由材料力学可以推导出切削力的计算公式，由计算公式的函数关系可以知道各因素对切削力的影响规律。由图 21-7 可知：

$$F_r = \frac{\sigma a_c a_w \cos(\beta - \gamma_0)}{\sin\phi\cos(\phi + \beta - \gamma_0)} = \frac{\sigma a_c a_w \cos\omega}{\sin\phi\cos\chi} \tag{21-8}$$

式中，σ——剪切面上的剪切应力；　　γ_0——刀具前角；

a_c——切削厚度；　　　　　　　ϕ——剪切角；

a_w——切削宽度；　　　　　　　ω——作用角（合力与切削速度的夹角）；

β——前刀面与切屑间的摩擦角；χ—合力与剪切面之间的夹角。

根据材料力学试验，真实剪切应力 τ 与应变 ε 之间的关系如图 21-8 所示：

由图 21-8 可知，AB 段基本上是直线，故：

$$\lg\sigma = \lg\sigma_s + \tan\xi\lg\varepsilon$$

即：

$$\sigma = \sigma_s \varepsilon^n \tag{21-9}$$

式中，σ_s——材料的剪切屈服点；

n——材料的强化系数，

n——$\tan\xi$

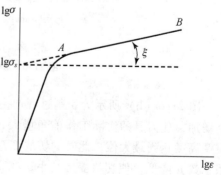

图 21-8　真实的 σ 与 ε 关系

材料的 σ_s 和 n 可由表 21-1 查得。

表 21-1　部分钢的强化系数 n 和剪切屈服点 σ_s

钢牌号	10	20	30	40	50	70	20Cr	40Cr	2Cr13
强化系数	0.23	0.22	0.18	0.17	0.15	0.19	0.16	0.28	0.14
剪切屈服点/MPa	206	245	294	333	373	421	540	785	450

将式（21-9）代入式（21-8）得：

$$F_r = \frac{\sigma_s \varepsilon^n a_c a_w \cos\omega}{\sin\phi\cos(\phi + \beta - \gamma_0)} = \frac{\sigma_s \varepsilon^n a_c a_w \cos(\chi - \phi)}{\sin\phi\cos\chi}$$

$$= \sigma_s \varepsilon^n a_c a_w (\cot\phi + \tan\chi) \qquad (21\text{-}10)$$

再将式（21-6）、式（21-7）代入（21-10）得：

$$F_r = \sigma_s a_c a_w \left(\frac{\xi^2 - 2\xi\sin\gamma_0 + 1}{\xi\cos\gamma_0}\right)^n \left(\frac{\xi - \sin\gamma_0}{\cos\gamma_0} + \tan\chi\right) \qquad (21\text{-}11)$$

令

$$\Omega = \left(\frac{\xi^2 - 2\xi\sin\gamma_0 + 1}{\xi\cos\gamma_0}\right)^n \left(\frac{\xi - \sin\gamma_0}{\cos\gamma_0} + \tan\chi\right) \qquad (21\text{-}12)$$

则式（21-11）可改写为：

$$F_r = \Omega\sigma_s a_c a_w \qquad (21\text{-}13)$$

从式（21-12）可以看出，Ω 是前角 γ_0 和切屑变形系数 ξ 的函数。χ 角与材料的特性有关，在不大的范围内变动，约为 $45°$ 左右。对于含碳量大于 0.25% 的碳素钢，$\chi \approx 50°$，将式（21-12）画成图 21-9，表示不同前角下的 Ω—ξ 关系。也可将式（21-12）改写成直线方程：

$$\Omega = 1.4\xi + C \qquad (21\text{-}14)$$

式中，C 为 Ω—ξ 直线的截距，可由表 21-2 查得。

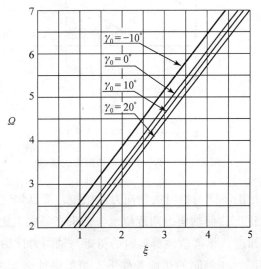

图 21-9　不同前角下 Ω 与 ξ 的关系

表 21-2　不同前角的 C 值

前角	$-10°$	$0°$	$10°$	$20°$
C	1.2	0.8	0.6	0.45

将式（21-14）代入式（21-13）得：

$$F_r = \sigma_s a_c a_w (1.4\xi + C) = \sigma_s a_p f(1.4\xi + C) \qquad (21\text{-}15)$$

从式（21-15）中可以解读出各因素对切削力的影响：

（1）工件材料强度增大，切削力增大。

（2）背吃刀量 a_p（或切削宽度 a_w）增大，切削力成正比例增大。

（3）进给量 f（或切削厚度 a_c）增大，切屑平均变形有所减小，故切削力虽然有所增大，但是不成正比例。

（4）前角 γ_0 增大，ξ 和 C 均减小，切削力明显减小。

切削力是工件材料抵抗刀具切削所产生的阻力。影响切削力的因素很多，凡是影响切屑变形的因素都会对切削力产生影响，其中主要有切削用量三要素、工件材料和刀具几何参数。

21.3.1　工件材料的影响

工件材料的物理机械性能对切削力的影响很大，一般来说，硬度越高、抗冲击韧性越高，切削时产生的切削力越大。如图 21-10 所示。

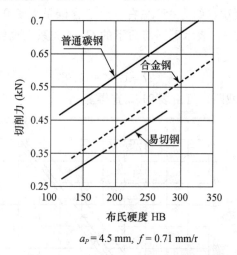

$a_P = 4.5$ mm, $f = 0.71$ mm/r

图 21-10　不同材料对切削力的影响

如图 21-11 所示为钻削不同材料时的轴向力和扭矩，可以知道，所得到的钻削扭矩近似地与钻头直径平方成正比；而轴向力则近似地与钻头直径成正比。

从图 21-11 中可以知道，钻削塑性材料时的扭矩与轴向力比钻削脆性材料时大，这一规律与其他切削加工相同。在相同的切削条件下，切削脆性金属材料 HT200 时的切削力会比切削塑性金属材料 45# 钢时低 40%；金属材料的韧性越高，剪切屈服强度越高，切屑不易折断、易产生加工硬化，产生的切削力越大。在常温下，1Cr18Ni9Ti 不锈钢的延伸率是 45# 钢的 4 倍，在相同的切削条件下产生的切削力比加工 45# 钢增大 25%。这进一步证明了金属切削过程的本质是金属材料的塑性变形这一原理的正确性。

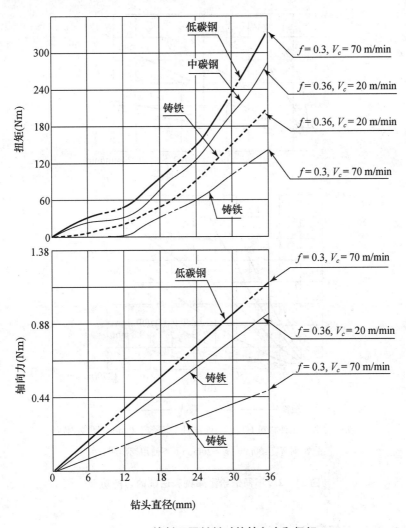

图 21-11 钻削不同材料时的轴向力和扭矩

21.3.2 切削用量三要素对切削力的影响

1. 切削深度 a_p 和进给量 f 对切削力的影响

切削深度 a_p 或进给量 f 加大，均使切削力增大，但两者的影响程度是不同的。a_p 增加时，变形系数 ξ 不变，切削力成正比增大；而加大 f 时，ξ 有所减小，故切削力不成正比增大，只增大 68%～86%。因此在生产中，要减小切削力、提高劳动效率，增大 f 比增

大 a_p 有利。

在切削同一种金属材料时，使用相同的切削用量，如果采用不同的加工方法，将会使切削力产生较大的差异。如图 21-12（a）、（b）所示的铣削加工，除了以上规律的充分体现以外，选择顺铣和逆铣将会使切削力产生变化。尤其是进给力的变化更为显著。

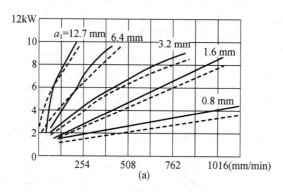

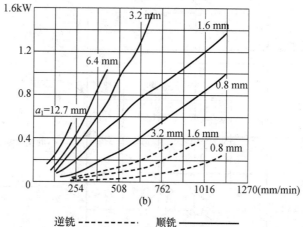

逆铣 - - - - - - - - 顺铣 —————

切削条件：工件材料 HT200　端铣刀　直径 $\phi100\,mm$ 刀齿数8齿

铣削宽度100mm　$v_c = 20\,m/min$ 不使用切削液

图 21-12　不同进给量顺铣和逆铣的切削功率

2. 切削速度 v_c 对切削力的影响

切削速度对切削力的影响与对切屑变形的影响规律基本相同。如图 21-13 所示，在积屑瘤产生区域内的切削速度增大，因刀具的工作前角增大，切屑变形减小，故切削力下降；待积屑瘤消失，切削力又上升。在中速后继续提高切削速度，切削力逐渐减小；当切削速度超过 90 m/min 后，切削力减少甚微，逐渐趋于稳定状态。

加工脆性金属材料时，切屑变形几乎为零，且不产生积屑瘤，刀具几何参数无变化，故切削速度对切削力的影响不大。

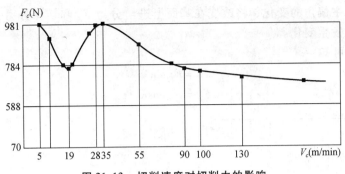

图 21-13　切削速度对切削力的影响

21.3.3　刀具几何参数对切削力的影响

1. 前角 γ_0 对切削力的影响

前角增大，切屑变形减小，式（21-15）中的 ξ 和 C 都会减小，因此切削力显著下降。这一结论在加工塑性金属材料工件时比加工脆性金属材料更为明显。一般车刀前角每加大 $1°$，加工 $45^\#$ 钢的切削力约降低 1%，加工紫铜时降低 $2\% \sim 3\%$。

图 21-14 所示为不同材料不同前角对切削力的影响。

切削条件如下：

刀具材料 W18Cr4V

$$f = 0.25 \text{ mm/r}$$

$$v_c = 4.3 \text{ m/min}$$

切削宽度 $a_w = 2.54 \text{ mm}$

进给后角 $a_f = 10°$

切深后角 $a_P = 10°$

2. 主偏角 K_r 对切削力的影响

如图 21-15 所示，主偏角的变化将会引起切削力的变化，这一变化是因为主偏角的大小改变了切削层参数的变化。在背吃刀量 a_p 和进给量不变的情况下，改变主偏角的大小，会使切削公称厚度 h_D 和切削公称宽度 b_D 发生变化，从而使切削过程产生变化。

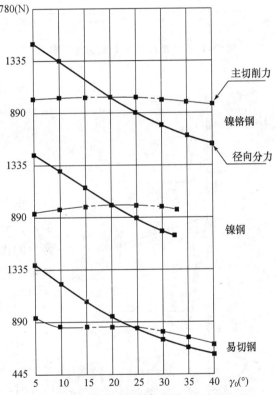

图 21-14　不同材料不同前角对切削力的影响

这一影响规律是：主偏角 K_r 在 $30° \sim 60°$ 范围内增大，使 h_D 增大，使切屑变形减小，切削力随之减小；K_r 在 $60° \sim 70°$ 范围内时，切削力最小；当 K_r 继续增大时，切削层参数发生变化，使刀尖圆弧所占的切削宽度比例加大，加剧了切屑变形，造成切削力逐渐加大。

与此同时，主偏角的变化，将改变在基面上进给分力 F_x 和切深分力 F_Y 的比例关系，从而使工艺系统发生变化。

由图 21-16 可知：

$$F_f = F_{Pf}\sin K_r \tag{21-16}$$

$$F_P = F_{Pf}\cos K_r \tag{21-17}$$

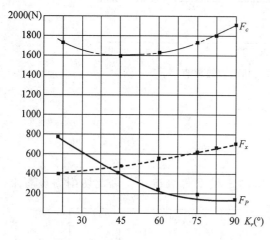

图 21-15　主偏角 K_r 对切削力的影响

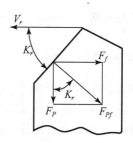

图 21-16　主偏角 K_r 对切削分力的影响

一般情况下，主切削力 F_c 消耗功率最多，而进给分力和切深分力消耗功率较少。三者的比例关系范围较大，一般：

$$F_f = (0.15 \sim 0.7)F_c$$

$$F_P = (0.1 \sim 0.6)F_c$$

图 21-17（a）中的前角小于图 21-17（b）中的前角，分别将它们投影到基面（图 21-17（c））上，两力的比例明显减小。这就是增大前角可以使切削轻快省力的缘故。

3. 刃倾角 λ_S 对切削力的影响

刃倾角影响切削力主要是从改变刀具前角这一原理出发的。当刀具有了刃倾角后，改变了切屑流出方向，并使刀具沿切削刃产生速度分量（图 21-18），增强了刀具的切割性，降低了刀具的推挤作用，使刀具的工作前角增大（图 21-19），使刀具的切削刃圆弧半径减小（图 21-20），使刀具变得更加锋利，从而降低了切削力。

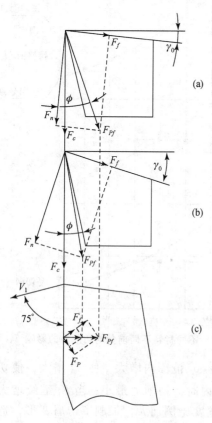

图 21-17　前角 γ_0 对切削分力的影响

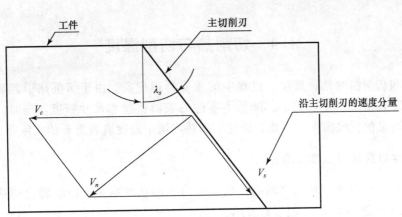

图 21-18　刃倾角对切削速度的分解

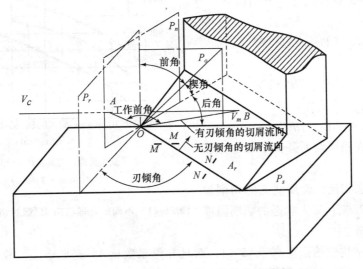

图 21-19　刃倾角对刀具工作前角的影响

当 $\lambda_s = 75°$ 时，$r_{ne} \approx \dfrac{r_n}{3.86}$。

这样，在不改变刀具其他参数的前提下，增加了刀具的锋利性，可以实现微量切削，从而获得很高的加工精度和理想的表面粗糙度。

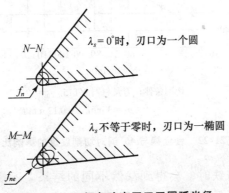

图 21-20　刃倾角改变了刀刃圆弧半径

21.4　切削热与切削温度

切削热和切削温度是金属切削过程中的重要物理现象。由于切削热引起切削温度的升高，导致工艺系统产生热变形，降低了零件的表面质量和尺寸精度。同时，切削温度是影响刀具寿命的主要因素。因此，研究切削热和切削温度有着重要的实际意义。

21.4.1　工件材料对切削温度的影响

（1）工件材料的硬度和强度越高，切削时消耗的功率越多，由功转化的热量也就越多，切削温度就越高。如图 21-21 所示，这三种状态的 $45^{\#}$ 钢机械性能分别如下。

正火状态：

$$\sigma_b = 0.59\,GPa，HB = 187$$

调质状态：

$$\sigma_b = 0.74\,GPa，HB = 229$$

淬火状态：

$$\sigma_b = 1.45\,GPa，HRC = 44$$

切削时，在相同切削条件下切削温度相差悬殊：

与正火状态相比，调质状态的切削温度增高 $20\% \sim 25\%$；淬火状态的切削温度增高 $40\% \sim 50\%$。

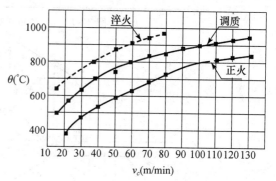

切削条件：刀具材料 YT15　$\gamma_0 = 12°$
$a_P = 3$ mm，$f = 0.12$ mm/r

图 21-21　不同热处理状态 $45^{\#}$ 钢对切削温度的影响

（2）合金结构钢的强度高于 $45^{\#}$ 钢，而且导热系数比 $45^{\#}$ 钢低得多，故切削时切削温度高于 $45^{\#}$ 钢。如图 21-22 所示。

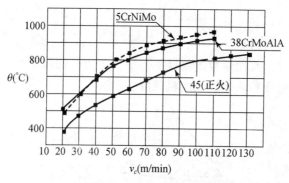

切削条件：刀具材料 YT15　$\gamma_0 = 12°$
$a_P = 3$ mm，$f = 0.12$ mm/r

图 21-22　合金钢与 $45^{\#}$ 钢对切削温度的影响比较

（3）加工不锈钢和铸铁时，会得到截然不同的结果。不锈钢有很强的韧性和高温硬度，而且导热系数也很低，因此加工时切削温度很高，刀具最容易磨损。而铸铁的强度和塑性较低，切削时塑性变形很小，消耗功率较低，产生的切削热较少、切削温度较低。

　　一般情况下，加工铸铁时比加工 45# 钢时的切削温度低 20% ～ 30%。如图 21-23 所示。

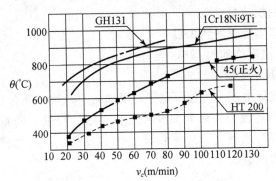

切削条件：刀具材料 YT15　$\gamma_0 = 12°$

$a_P = 3\ mm,\ f = 0.12\ mm/r$

图 21-23　不锈钢和铸铁对切削温度的影响

21.4.2　切削用量对切削温度的影响

　　切削用量三要素 v_c、a_P 和 f 的增加，都会不同程度地导致切削温度增加，但是影响程度是不相同的。影响规律如下。

　　1. 切削速度 v_c 的影响规律

　　根据实验研究可知：

$$\theta = C_{\theta V} \times v_c^{0.26 \sim 0.41}$$

式中，θ——切削温度；

　　　$C_{\theta V}$——单因素影响系数；

　　　v_c 的指数——与试验时的进给量有关。上式的指数数值是在进给量 $f = 0.1 \sim 0.3\ mm$ 时得出的。

　　2. 进给量 f 的影响规律

　　根据实验研究可知：

$$\theta = C_{\theta f} \times f^{0.14}$$

式中，θ——切削温度；

　　　$C_{\theta f}$——单因素影响系数。

　　根据 f 的指数可知，f 的影响不如 v_c 的影响大。

　　3. 背吃刀量 a_P 的影响规律

　　根据实验研究可知：

$$\theta = C_{\theta aP} \times a_P^{0.042}$$

式中，θ——切削温度；

$\qquad C_{\theta ap}$——单因素影响系数。

根据 a_P 的指数可知，a_P 的影响不如 f 的影响大。

综述，大致的影响规律是：

v_c 增加 1 倍，切削温度增加约 32%；

f 增加 1 倍，切削温度增加约 18%；

a_P 增加 1 倍，切削温度增加约 7%。

这一影响规律在实际生产中有重要意义：增加 v_c、a_P 和 f 都有望提高生产率，但是从减少刀具磨损，保持刀具较高寿命和减少磨刀、对刀、测量、调整机床等辅助时间的角度来讲，尽量不要提高切削速度，应尽量增大背吃刀量。当增大背吃刀量受到加工余量限制时，应尽可能增大进给量。

21.4.3 刀具几何参数对切削温度的影响

1. 前角 γ_0 对切削温度的影响

前角对切削温度的影响规律是：前角增大，切屑变形减小，摩擦阻力减小，消耗的切削功减小，从而使切削热减少，切削温度低。

当然，前角增大得有一定限度，如果前角太大，在后角不变的情况下，会使刀具的楔角减小，从而使刀具的散热体积减小，切削温度反而上升，同时刀具强度降低，从而增大刀具磨损，降低刀具使用寿命。因此在设计和刃磨刀具时，不能一味地追求大的前角，要很好地掌握增大前角的"度"。从图 21-24 可知，当前角增大超过 15°后，导致切削温度上升。

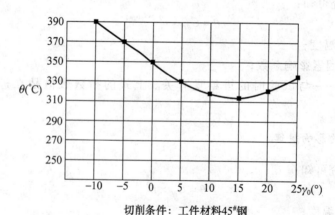

切削条件：工件材料45#钢

刀具材料 W18Cr4V $Kr = 75°$ $\gamma_0 = 8°$

$a_0 = 3$ mm, $v_c = 24$ m/min, $a_P = 1.6$ mm, $f = 0.23$ mm/r

图 21-24 前角 γ_0 对切削温度的影响

2. 主偏角 K_r 对切削温度及刀具耐用度的影响

主偏角 K_r 对切削温度的影响要从两个方面进行讨论。如图 21-25 所示。

（1）减小主偏角，使切屑变形和摩擦增加，从而使切削温度升高；

（2）减小主偏角，使刀具的散热体积增大，有利于切削热的传导，切削温度下降。

刀具的主偏角对刀具的寿命有直接影响，当副偏角一定时，在相同的切削条件下，小的主偏角刀具寿命长，反之则寿命短。如图 21-26 所示。

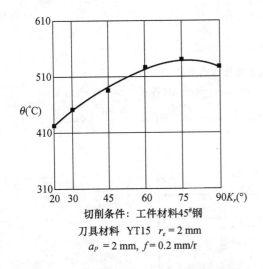

切削条件：工件材料 45#钢
刀具材料 YT15　$r_\varepsilon = 2$ mm
$a_P = 2$ mm，$f = 0.2$ mm/r

图 21-25　主偏角 K_r 对切削温度的影响

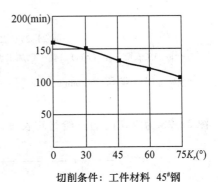

切削条件：工件材料　45#钢
刀具材料　W18Cr4V　$\gamma_0 = 12°$
$a_0 = 6°$，$a_P = 2.5$ mm，$f = 0.32$ mm/r

图 21-26　主偏角 K_r 对刀具耐用度的影响

影响金属切削过程的因素很多，过程中的物理现象也很复杂，在研究这一过程时可以作定量和定性分析，找出规律。在找影响因素及规律时，要抓住主要矛盾进行研究，找到突破口，用以解决生产中的实际问题。切不可东一榔头西一棒子，胡子眉毛一把抓。

21.5　切削用量与生产率的关系的计算

在金属切削过程中，切削用量三要素对生产率的影响较大，一般都认为"提高切削用量三要素，就能提高生产率"，其实并非如此。本书则是根据生产实际，从纯数学推导角度得出结论："在要实现给定的刀具耐用度前提下，提高切削用量三要素中的任一要素，都会导致生产率下降，其中对生产率影响最大的是切削速度，其次是进给量，影响最小的是背吃刀量。"提高生产率是一个综合性的全局问题，不能只着眼于切削用量，片面地追求高的切削用量，则欲速不达。

图 21-27 所示为纵车外圆时车刀的工件上的表面及切削用量。

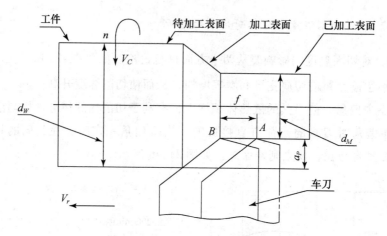

图 21-27 工件上的表面及切削用量

d_w—待加工表面直径（mm）；d_m—已加工表面直径（mm）；n—车床主轴转速（r/min 或 r/s）；v_c—

切削速度 $\left(v_c = \dfrac{\pi d_w n}{1000}\right)$（m/min 或 m/s）；$f$—进给量（mm/r）；$a_P$—背吃刀量 $\left(a_P = \dfrac{d_w - d_m}{2}\right)$（mm）

图 21-28 为纵车时的进给行程长度。

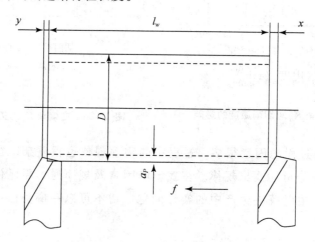

图 21-28 外圆纵车的进给行程长度

一次进给行程的机动工时可用下式计算：

$$t_m = \frac{L}{n \times f} \tag{21-18}$$

式中，L——总的进给行程：$L = l_w + x + y$；

　　　l_w——为工件长度；

　　　x——为切入备量；

　　　y——为切出备量。

设工件直径为 D，加工余量为 h，则多次进给的机动工时为：

$$t_m = \frac{L}{n \times f} \times \frac{h}{a_p} \tag{21-19}$$

切削加工生产率可用单位时间内加工的工件数量 Q 表示：

$$Q = \frac{1}{t_m} = \frac{n \times f \times a_p}{L \times h} = \frac{10^3 \times v_c \times f \times a_p}{\pi \times D \times L \times h} \qquad (21\text{-}20)$$

因为 D、L、h 均为给定值，故令：

$$A_0 = \frac{10^3}{\pi \times D \times L \times h}$$

则：

$$Q = A_0 \times v_c \times f \times a_p \qquad (21\text{-}21)$$

另外，也可以用单位时间（秒：此时 v_c 的计量单位为 m/s）金属切除量 Z 表示生产率：

$$Z = 10^3 \times v_c \times f \times a_p \quad (\text{mm}^3/\text{s}) \qquad (21\text{-}22)$$

式（21-21）和式（21-22）具有完全相同的特性，即：切削用量三要素同生产率均保持线性关系，即提高切削速度、增大进给量和背吃刀量，都能"同样地提高"劳动生产率。实际上，为了确保刀具具有合理的耐用度，提高切削用量中的任何一用量，必须相应地降低其他两个用量。因此，选择切削用量归根到底是选择切削用量三者的最佳组合。

在常用切削用量范围内，切削用量与刀具耐用度 T 的关系可用下式表示：

$$T = \frac{C_{v_c T}}{v_c^{\frac{1}{m}} a_p^{\frac{1}{p}} f^{\frac{1}{n}}} \quad \text{或} \quad v_c = \frac{C_{v_c T}^m}{T^m a_p^{\frac{m}{p}} f^{\frac{m}{n}}} \qquad (21\text{-}23)$$

式中，T——刀具耐用度（min）；

C——各种条件所决定的系数；

m、p、n——各种条件所决定的指数。

令 $x_v = \dfrac{m}{p}$，$y_v = \dfrac{m}{n}$，并在刀具耐用度 T 已经选定的情况下，令所有常数项为 C_{v_c}，则：

$$v_c = \frac{C_{v_c}}{a_p^{x_v} f^{y_v}} \qquad (21\text{-}24)$$

式（21-24）表明：为保持刀具合理的耐用度 T，增大背吃刀量或进给量时，都必须相应降低切削速度。

在外圆纵车碳素结构钢，使用 YT15 硬质合金车刀，不加切削液时：

$$x_v = 0.15，\ y_v = 0.35，\ m = 0.2$$

如果将背吃刀量增加 3 倍，进给量不变，则：

$$v_{c3a_p} = \frac{C_{v_c}}{3^{0.15} a_p^{0.15} f^{0.35}} \approx 0.85 \, \frac{C_{v_c}}{a_p^{0.15} f^{0.35}} \approx 0.85 v$$

即切削速度须降低 15%，此时的生产率为：

$$Q_{3a_p} = A_0 \times 0.85 v_c \times 3 a_p \times f \approx 2.6 Q$$

即生产率只提高 2.6 倍。

如果将进给量增大至 3 倍，背吃刀量不变，则：

$$v_{c3f} = \frac{C_{v_c}'}{3^{0.35} a_p^{0.15} f^{0.35}} \approx 0.68 \, \frac{C_{v_c}'}{a_p^{0.15} f^{0.35}} \approx 0.68 v$$

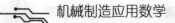

即切削速度必须降低 32% 。此时生产率为：

$$Q_{3f} = A_0 \times 0.68 v_c \times a_p \times 3f \approx 2Q$$

即生产率只能提高到 2 倍。

由此可以看出：增大背吃刀量比增大进给量更有利于提高生产率。但是，背吃刀量受加工余量的限制，当背吃刀量最大限度地增加到某一数值之后，即 $a_p = $ 常数，则

式（21-21）为：

$$Q = A_0' v_o f$$

式（21-24）为：

$$v_c = \frac{C_{v_C}'}{f^{y_v}}$$

式中 $A_0' = A_0 a_p$, $C_v' = \dfrac{C_{v_C}}{a_p^{x_v}}$ 。

这时：

$$Q = A_0' C_{v_C}' \frac{f}{f^{y_v}} = C_1 f^{1-y_v} \tag{21-25}$$

或者

$$f = \frac{C_{v_C}'^{\frac{1}{y_v}}}{v_c^{\frac{1}{y_v}}}$$

$$Q = A_0' C_{v_C}'^{\frac{1}{y_v}} \times \frac{v_c}{v_c^{\frac{1}{y_v}}} = \frac{C_2}{v_c^{\frac{1}{y_v}-1}} \tag{21-26}$$

式中 C_1、C_2 均为合并后的常系数。

同上，取 $y_v = 0.35$ ，当进给量增大至 3 倍时：

$$Q_{3f} = C_1 \times 3^{1-0.35} f^{1-0.35} \approx 2Q$$

当切削速度提高 3 倍时：

$$Q_{3v} = \frac{C_2}{3^{\frac{1}{0.35}-1} \times v_c^{\frac{1}{0.35}-1}} \approx 0.13 \times \frac{C_2}{v_c^{\frac{1}{0.35}-1}} \approx 0.13Q$$

这就是说，切削速度提高 3 倍反而会使生产率降低 87% 。

上述分析是着眼于切削条件来看，不论是最低成本切削条件还是最大利润切削条件，切削用量三要素对评价目标的影响程度都与最高生产率切削条件的分析结果相类似。

因此，切削用量的选择原则如下。

1. 切削用量选择的基本原则

切削用量的合理选择，直接关系到优质、高产和低耗。

切削用量三要素 v_c、f 和 a_p 虽然对优质、高产和低耗都会产生影响，但三者的影响程度不尽相同，而且在不同场合的影响也是不一样的。因此，选择时存在着一个从不同角度出发，优先将某一个要素选择为最大的问题。具体的切削条件和加工要求是多种多样的，因此切削用量的选择一定要具体问题具体分析。

2. 粗加工时的切削用量的选择原则

粗加工时，"高产"是追求的基本目标。限制粗加工时切削用量提高的主要约束条

件是刀具的耐用度。对刀具耐用度影响最大的切削用量是切削速度 v_c，其次是进给量 f，影响最小的是背吃刀量 a_p。因此为了保证合理的刀具耐用度，在选择切削用量时，应首先选取尽可能大的背吃刀量 a_p；其次要根据机床动力和刚性条件或已加工表面粗糙度的要求，选取尽可能大的进给量 f，最后才根据确定的刀具耐用度选择尽可能大的切削速度 v_c。

3. 精加工时切削用量的选择原则

精加工时首先应该确保加工精度和表面质量，同时兼顾必要的刀具耐用度和生产率。因此，精加工时切削用量的选择原则是：选择较小的背吃刀量 a_p 和进给量 f，以减小切削力及工艺系统的弹性变形、减小工件已加工表面的残留面积高度。a_p 的选择根据加工余量的大小确定；进给量 f 的提高则受表面粗糙度的限制。当 a_p 和 f 确定以后，在保证合理的刀具耐用度的前提下，确定合理的切削速度 v_c。

以上讨论基于未考虑刀具几何参数对切削过程的影响的单因素情况。

21.6　金属切削规律的归纳总结

现将金属切削原理归纳总结于表 21-3。读此表时，主要应该把握事物发展的总体趋势，从中获得需要的知识，并以此指导生产。

表 21-3　金属切削规律归纳总结

规律\现象 因素		ξ	积屑瘤	切削力 F_c	F_p	F_f	切削热	R_a值	T	生产率
工件材料　强度 硬度	↑	↑	↓	↑		↑			↓	↓
韧性 塑性		↑	↑	↑			↑	↑	↓	↓
导热 系数		↓	↓				↓		↑	↑
刀具角度　γ_0		↓	↓	↓			↓		↑	↑
α_0				↙				↙	↙	↗
Kr		↓		↓	↑	↗	↑	↑	↓	
切削用量　V_c		↓	↓	↓			↑	↓	↓	↓
f		↓	↓	↗			↑	↑	↙	↑
a_p		↑		↑			↑	↑	↓	↑

符号说明：

ξ——切屑变形系数；

T——刀具耐用度；

R_a——表面粗糙度值；

F_c——主切削力；

F_P——切深分力；

F_f——进给分力；

γ_0——前角；

α_0——后角；

K_r——主偏角；

V_C——切削速度；

f——进给量；

a_P——背吃刀量；

↑——上升、增加、增大；

↓——下降、减少、减小；

↗——上升、增加、增大不明显，不呈线性规律；

↙——下降、减少、减小不明显，不呈线性规律；

空格——不相关或相关度极小。

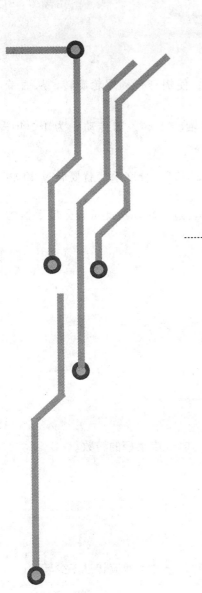

项目 22
铣床分度计算

22.1 简单分度

简单分度又叫单式分度，是最常用的分度方法。

简单分度时，应先将分度盘固定，通过手柄的转动，使蜗杆带动蜗轮旋转，从而带动主轴和工件旋转。

由分度头传动系统可知，分度手柄转过 40 转，主轴转 1 转，即传动比为 1：40，"40" 叫做分度头的定数。

例如要分度头主轴转过 $\frac{1}{2}$ 转（即对圆周作 2 等分，$z=2$），分度手柄就要转过 20 转（即 $n=20$）。如果要主轴转 $\frac{1}{5}$ 转（即 $z=5$），分度手柄要转过 8 转。由此可知分度手柄的转数 n 和工件等分数 Z 的关系如下：

$$1：40 = \frac{1}{z}：n$$

即：

$$n = \frac{40}{z}$$

式中，n——分度手柄转数；

40——分度头定数；

z——工件的等分数（或齿数、等边数）。

【例题 1】

在 FW250 分度头上铣削一个八边形工件，求每铣一面时分度手柄的转数。

解：以 $z=8$ 带入公式得：

$$n = \frac{40}{z} = \frac{40}{8} = 5 \text{（转）}$$

即每铣完一面后，分度手柄应转过 5 转。

【例题 2】

在 FW250 分度头上铣削一个六角螺钉，求每铣一面时，分度手柄应转过多少转？

解：以 $z=6$ 带入公式得：

$$n = \frac{40}{z} = \frac{40}{6} = 6\frac{2}{3} \text{（转）}$$

即分度手柄应摇 $6\frac{2}{3}$ 转，这时工件转过 $\frac{1}{6}$ 转。

将 $\frac{2}{3}$ 的分子分母同时扩大 22 倍得：$\frac{44}{66}$，即选用 66 孔板数，分度叉内 45（$=44+1$）孔数。

【例题 3】

今要铣一个 64 齿的齿轮，分度手柄应摇几转后再铣第二齿？

解：以 $z=64$ 带入公式得：

$$n = \frac{40}{z} = \frac{40}{64} = \frac{5}{8} = \frac{15}{24}\text{（转）}$$

即选用 24 孔板数，分度叉内 16 （ = 15 + 1 ） 孔数。

22.2　角度分度法

角度分度法实际上就是简单分度法的另一种形式，只是计算的依据不同而已。简单分度法是以工件的等分数作为计算依据，而角度分度法则以工件所需的角度 θ 作为计算依据。因此在具体计算方法上有些不同。

从分度头结构可知，分度手柄摇 40 转，分度头主轴带动工件转一转，即转了 $360°$。所以，分度手柄转一转，工件只转过 $9°$。根据这一关系可以得出下面的公式：

$$n = \frac{\theta}{9°}\text{（转）}\quad\text{或}\quad n = \frac{\theta'}{540'}\text{（转）}$$

式中，n——分度手柄的转数；

θ——工件所需要的角度（度或分）。

【例题 4】

在圆形工件上，铣两条夹角为 $116°$ 的槽，求分度手柄的转数。

解：根据公式：

$$n = \frac{\theta°}{9°} = \frac{116°}{9°} = 12\frac{8}{9}^{°} = 12\frac{48}{54}\text{（转）}$$

式中 12 为 12 个整圈，分母 54 为选 54 孔板数，分子 48 为转过 48 孔（分度叉间为 49 个孔）。

当工件所需的角度带有分或秒数值时，可借助于"角度分度表"，采用计算与查表相结合的办法。查表法还可知道分度误差。

【例题 5】

如果两条槽的夹角 $\theta = 38°9'6''$，求分度手柄转数。

解：根据公式：

$$n = \frac{\theta}{9°} = \frac{38°9'6''}{9°} = 4\text{（转）余 } 2°9'6''$$

余下的 $2°9'6''$ 可以从"角度等分表"中查得与之相接近的角度数值：$2°9'8''$ 对应的分度盘孔数为 46，孔距数为 11，即 $n = 4\frac{11}{46}$ 转。误差为：$2°9'8'' - 2°9'6'' = 2''$。

22.3　差 动 分 度

简单分度虽然解决了大部分的分度问题，但有时会遇到工件的等分数 z 不能与 40 相约，如 $z = 109$，$n = 40/109$，或者工件的等分数 z 与 40 相约后，分度盘上没有所需要的孔圈数，如 $z = 126$，$n = 40/126 = 20/63$。像 61、63、79、101、109、126、127 等这一类数，由于受到分度盘孔圈数的限制，就不能用简单分度法，此时可以用差动分度法加以解决。

在学习差动分度之前，我们应先学习一些预备知识。

1. 轮系和配换齿轮

在齿轮传动中，凡两个以上的齿轮组成的传动系统叫做轮系。根据传动轮的啮合方式又可以分为单式轮系和复式轮系两种。

（1）单式轮系

单式轮系由一个主动轮、一个被动轮和若干个中间轮组成，如图 22-1 所示。

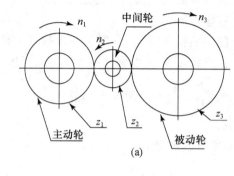

(a)

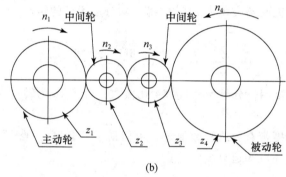

(b)

图 22-1　单式轮系

在轮系传动中，最重要的是要能判断出主动轮和由它带动的任一被动轮（或轴）的旋转方向，以及计算出各轮或轴的转速。当主动轮与被动轮直接啮合时，它们的旋转方向相反。中间轮的个数是单数时，它们的旋转方向相同；中间轮的个数是偶数时，则旋转方向相反。

当主动轮 z_1（假若齿数为 20）转 1 整转时，在两个齿轮的啮合处被动轮（图 22-1（a）的 z_3，图 22-1（b）的 z_4）转过的齿数等于主动轮的齿数（20 齿）。显然，当主动轮转 2 转时，被动轮在啮合处就转过 40 齿。因此，在啮合处转过的齿数应该等于该齿轮的齿数与转数的乘积。由此可知两个啮合齿轮（图 22-1（a）），它们的齿数与转数的乘积也相等。

$$n_1 z_1 = n_3 z_3$$

即
$$\frac{n_3}{n_1} = \frac{z_1}{z_3} \quad 或 \quad n_3 = \frac{n_1 \times z_1}{z_3}$$

式中，n_1——主动轮转数；

$\quad$ z_1——主动轮齿数；

$\quad$ n_3——被动轮转数；

$\quad$ z_3——被动轮齿数。

从公式可知：两啮合齿轮，它们的转速比等于它们齿数的反比。

被动轮与主动轮转数之比称为传动比，用 i 表示。被动轮转得比主动轮越多，即传动比越大，反之，则传动比小。中间轮（z_2）对传动比没有影响。

（2）复式轮系

在轮系传动中，除了第一根主动轴和最后一根被动轴以外，其他各轴中至少有一根轴上有两个齿轮，一个为主动齿轮，一个为被动齿轮，这样的轮系叫做复式轮系，如图22-2所示。

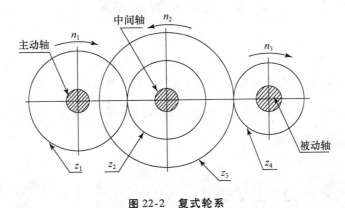

图 22-2　复式轮系

图22-2中首先传递运动的 z_1 轮的轴叫主动轴，最末一个齿轮 z_4 的轴叫被动轴，z_1 与 z_4 间的轴叫中间轴。传动结果表明：当中间轴的根数为奇数时，则主动轴与被动轴的转向相同；中间轴的根数为偶数时，主动轴与被动轴的转向相反。

复式轮系的传动比 i 和被动轴转数 $n_{被}$ 可按下式计算：

$$i = \frac{Z_{被}}{Z_{主}} = \frac{Z_1 \times Z_3 \times Z_5 \times \cdots \times Z_{n-1}}{Z_2 \times Z_4 \times Z_6 \times \cdots \times Z_n} = n_{主} \times i_1 \times i_2 \times i_3 \times \cdots \times i_{\frac{n}{2}}$$

$$n_{被} = n_{主} \frac{z_1 \times z_3 \times z_5 \times \cdots \times z_{n-1}}{z_2 \times z_4 \times z_6 \times \cdots \times z_n} = n_{主} \times i_1 \times i_2 \times i_3 \times \cdots \times i_{\frac{n}{2}}$$

（3）配换齿轮

铣工在做比较复杂的分度和铣螺旋线等比较复杂的工件时，会遇到根据已知的传动比来确定齿轮的齿数。

为了使齿轮在传动时情况良好，一般齿轮的传动比不应大于6。因此当传动比大于6时，应采用复式轮系。计算配换齿轮可根据以上公式进行。

【例题6】

已知 $i = 3$，被动轴旋转方向要与主动轴旋转方向相同。求配换齿轮的齿数和中间轴数。

解：根据公式：

$$i = \frac{Z_{主}}{Z_{被}} = \frac{3}{1} = \frac{3}{1} \times \frac{30}{30} = \frac{90}{30}$$

其中乘以 30/30 是为了得到铣床上所带的齿轮齿数。现在的主动轮为 90 齿，被动轮为 30 齿。被动轮要求与主动轮旋转方向相同，因此用一根中间轴，从而得到如图 22-3 所示的只有一个中间轮的单式轮系。

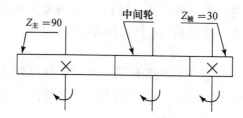

图 22-3 $i = 3$ 同向齿轮配换

【例题 7】

已知 $i = 1.65$，被动轴与主动轴方向相同，求配换齿轮。

解：根据分析，用单式轮系要得到传动比 1.65 是困难的，故采用复式轮系。

$$i = i_1 \times i_2 = \frac{A}{B} \times \frac{C}{D} = 1.65 = \frac{165}{100} = \frac{11}{10} \times \frac{15}{10} = \frac{11 \times 5}{10 \times 5} \times \frac{15 \times 4}{10 \times 4} = \frac{55}{50} \times \frac{60}{40}$$

得到如图 22-4 所示的复式轮系。

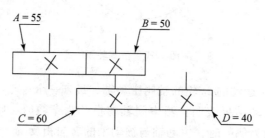

图 22-4 $i = 1.65$ 同向复式轮系

【例题 8】

已知 $i = 1.35$，被动轴与主动轴要求反向，求配换齿轮。

解：由公式得：

$$i = i_1 \times i_2 = 1.35 = \frac{135}{100} \doteq \frac{9 \times 15}{10 \times 10} = \frac{90}{100} \times \frac{60}{40}$$

得到如图 22-5 所示的复式轮系。

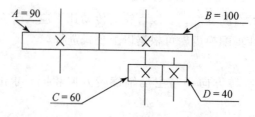

图 22-5 $i = 1.35$ 反向复式轮系

计算出来的轮系必须符合下列关系，否则装配时会发生干涉现象：

$$z_1 + z_2 > z_3 + 15 \sim 20$$

$$z_3 + z_4 > z_2 + 15 \sim 20$$

如不符合此条件，则要重新进行计算。

计算出来的齿轮如果现场没有，可运用下列方法之一灵活调整：

a）主动轮与被动轮可同时扩大或缩小几倍。

b）主动轮与主动轮、被动轮与被动轮可互借倍数。

c）主动轮与主动轮、被动轮与被动轮可以互换。

总原则是传动比 i 不变。

2. 差动分度的原理

差动分度是用配换齿轮把分度头主轴和侧轴连接起来（图 22-6），并松开分度盘紧固螺钉，这样，当分度手柄转动时，分度盘随着分度手柄以相同或相反方向转动，因此分度手柄的实际转数是分度手柄相对分度盘的转数与分度盘本身转数之和或差。

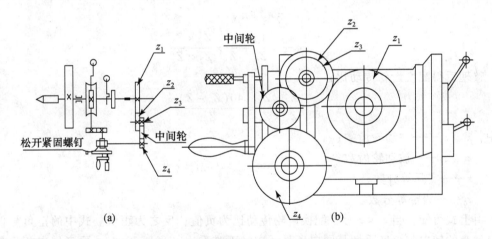

图 22-6　差动分度的传动系统及齿轮配换安装

例如：设工件等分数 $z = 109$，按简单分度公式，分度手柄应转过 $n = \dfrac{40}{z} = \dfrac{40}{109}$，但此时既不能约简，分度盘也无 109 孔圈数，故要用差动分度。方法是：可先取一个与 z 接近而又能作简单分度的假定等分数 Z_0（此例可取 $Z_0 = 105$）。然后按 Z_0 选择孔圈，并使分度手柄相对分度盘转过 $n_0 = \dfrac{40}{z_0}$。然而此时，工件应转过 $\dfrac{1}{z}$ 转，其差值可由主轴经配换齿轮传动分度盘，使其倒转 "$n_盘$" 转得到。如图 22-7 所示。

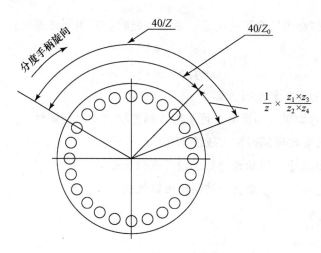

图 22-7　差动分度原理

$$n_{盘} = \frac{1}{Z} \times \frac{Z_1 \times Z_3}{Z_2 \times Z_4} \text{（转）}$$

此时，分度手柄的实际转数 n 应该是 n_0 与"$n_{盘}$"的合成，由此可得等式：

$$n = n_0 + n_{盘}$$

$$\frac{40}{Z} = \frac{40}{Z_0} + \frac{1}{Z} \times \frac{Z_1 \times Z_3}{Z_2 \times Z_4}$$

整理后得配换齿轮传动比：

$$i = \frac{Z_1 \times Z_3}{Z_2 \times Z_4} = \frac{40(Z_0 - Z)}{Z_0}$$

式中，z_1、z_3——主动轮齿数；

$\quad\quad z_2$、z_4——被动轮齿数；

$\quad\quad z$——实际等分数；

$\quad\quad z_0$——假定等分数。

由上式可知，当 $z_0 < z$ 时，配换齿轮传动比为负值；反之为正值。式中的正负号仅说明分度盘的转向与分度手柄是同向还是反向。不难看出，当 $z_0 < z$ 时，两者转向相反，而 $z_0 > z$ 时，则转向相同。转向的调整取决于配换齿轮中是否加中间轮，中间轮的齿数并不影响转向，而中间轮的个数则能影响分度盘的转向。

3. 差动分度的计算

（1）选取假定等分数 Z_0。原则上讲，Z_0 大于还是小于实际等分数 Z，只要能进行简单分度都可以。实践证明，当采用 $z_0 < z$ 时，分度盘和分度手柄旋向相反，可避免分度头传动副间隙的影响，可以提高分度精度。

（2）根据 Z_0 按公式计算分度手柄相对分度盘的转数 n_0，并选择分度盘孔圈数。

（3）按公式计算配换传动比，确定配换齿轮齿数。

【例题 9】

现需要把工件分成 109 等分，选取配换齿轮和分度盘孔圈数，并决定手柄转数。

解：设假定等分数 $z_0 = 105$

则：
$$n_0 = \frac{40}{Z_0} = \frac{40}{105} = \frac{8}{21} = \frac{16}{42}$$

即每分度一次，分度手柄相对分度盘在 42 孔的孔圈上转过 16 个孔距（分度叉之间包括 17 个孔）。

计算差动分度：
$$\frac{Z_1 \times Z_3}{Z_2 \times Z_4} = \frac{40(Z_0 - Z)}{Z_0} = \frac{40(105 - 109)}{105} = -\frac{160}{105} = -\frac{40 \times 80}{70 \times 30}$$

即：主动轮 $z_1 = 40$，$z_3 = 80$；被动轮 $z_2 = 70$，$z_4 = 30$。负号表示分度盘与分度手柄旋向相反。

【例题 10】

现需要将工件 83 等分，试决定配换齿轮和分度盘孔圈数，并决定手柄转数。

解：设假定等分数 $Z_0 = 80$

$$n_0 = \frac{40}{n_0} = \frac{40}{80} = \frac{27}{54}$$

即：每分度一次，分度手柄相对分度盘在 54 孔的孔圈上转过 27 个孔距（分度叉中含 28 个孔）。

$$\frac{Z_1 \times Z_3}{Z_2 \times Z_4} = \frac{40(Z_0 - Z)}{Z_0} = \frac{40(80 - 83)}{80} = -\frac{120}{80} = -\frac{3}{2} = -\frac{90}{60}$$

即：主动轮 $z_1 = 90$，被动轮 $z_4 = 60$。负号表示分度盘与分度手柄转向相反。

在实际生产中，差动计算可利用"差动分度表"查表得到。

【例题 11】

在 135 mm 中心高的分度头上加工一正齿轮，已知齿数 $Z = 111$，试求铣削时分度头转数 n 和所用挂轮。分度头定数为 40。

解：（1）设假定齿数 $Z_0 = 120$

$$n = \frac{40}{Z_0} = \frac{40}{120} = \frac{1}{3} = \frac{22}{66}$$

即：选用 66 孔圈数分度盘，手柄转过 22 个孔距数。

（2）计算挂轮

$$i = \frac{Z_1}{Z_2} \times \frac{Z_3}{Z_4} = \frac{40(Z_0 - Z)}{Z_0} = \frac{40(120 - 111)}{120} = \frac{40 \times 9}{120} = \frac{4 \times 9}{3 \times 4} = \frac{40 \times 90}{30 \times 40} = \frac{80 \times 90}{60 \times 40}$$

即：$Z_1 = 80$，$Z_3 = 90$，$Z_2 = 60$，$Z_4 = 40$，因为 $Z_0 > Z$，因此手柄和分度盘的转向相同。中心高为 125 mm 和 135 mm 的分度头可以不加中间轮。

【例题 12】

加工一齿轮，已知 $Z = 30$，$m_n = 4$，$\beta = 18°$，$P = 6$ mm，分度头定数 40。

解：分度头传动系统如图 22-8 所示。

根据分度头传动比的计算公式得：

$$i = \frac{Z_1}{Z_2} \times \frac{Z_3}{Z_4} = \frac{40P}{L} = \frac{40P}{\pi D \cot \beta} = \frac{40P}{\pi m_s Z \cot \beta} = \frac{40P \sin \beta}{\pi m_n Z}$$

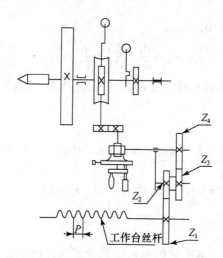

图 22-8　铣螺旋齿轮时分度头传动系统图

式中，40——分度头定数；

$\quad\quad P$——机床工作台丝杆螺距；

$\quad\quad L$——工件导程；

$\quad\quad D$——齿轮分度圆直径；

$\quad\quad \beta$——齿轮螺旋角；

$\quad\quad m_s$——端面模数；

$\quad\quad m_n$——法向模数；

$\quad\quad Z$——工件齿数；

$\quad\quad Z_1$、Z_2、Z_3、Z_4——挂轮齿数。

$$i = \frac{40P\sin\beta}{\pi m_n Z}$$

$$= \frac{40 \times 6 \times \sin 18°}{\pi \times 4 \times 30} = \frac{2 \times \sin 18°}{\pi} = 0.196826$$

$$i = 0.196826 = \frac{Z_1}{Z_2} \times \frac{Z_3}{Z_4} \approx \frac{25}{100} \times \frac{55}{70}$$

$$\frac{25}{100} \times \frac{55}{70} = 0.196428$$

$$\Delta i = 0.196826 - 0.196428 = 0.000398$$

　　误差值较小，此挂轮可用。如果精度不能满足传动要求，则从挂轮表中选取相近齿数挂轮重新代入公式计算，直至能满足要求为此。

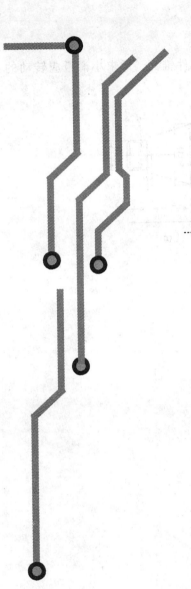

项目 23

综合练习题

23.1　车　工　工　作

1. 用转动小滑板的方法车削如图 23-1 所示的三种零件锥面，试求小滑板应转动的角度。

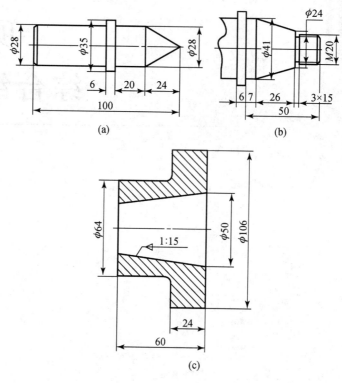

图 23-1　车锥度

解：根据图形列出已知条件。

已知：a）$D = 28\,\text{mm}$，$d = 0\,\text{mm}$，$L = 24\,\text{mm}$；

　　　b）$D = 41\,\text{mm}$，$d = 24\,\text{mm}$，$L = 26\,\text{mm}$；

　　　c）$C = 1 : 15$。

a）根据（4-2）式：

$$\tan\frac{\alpha}{2} = \frac{D-d}{2L} = \frac{28-0}{2\times24} = 0.58333$$

得：$\dfrac{\alpha}{2} = 30°15'23''$

b）同上：

$$\tan\frac{\alpha}{2} = \frac{D-d}{2L} = \frac{41-24}{2\times26} = 0.3269$$

得：$\dfrac{\alpha}{2} = 18°6'13''$

c）同上：

$$\tan\frac{\alpha}{2} = \frac{C}{2} = \frac{\frac{1}{15}}{2} = \frac{1}{30} = 0.03333$$

得：$\frac{\alpha}{2} = 1°54'33''$

答：小滑板转动角度为：a）$30°15'23''$，b）$18°6'13''$，c）$1°54'33''$。

2. 用偏移尾座的方法车削如图 23-2 所示的轴类零件，求尾座偏移量 S。

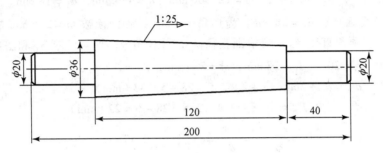

图 23-2 车锥度心轴

解：已知：$C = 1:25$，$L_0 = 200\,\text{mm}$。

$$S = \frac{C \times L_0}{2} = \frac{\frac{1}{25} \times 200}{2} = 4\ (\text{mm})$$

答：车床尾座偏移量 $S = 4\,\text{mm}$。

3. 如图 23-3 所示车削球头手柄，试计算球头部分长度 L。

解：已知：$D = 40\,\text{mm}$，$d = 28\,\text{mm}$。

$$L = \frac{1}{2}(D + \sqrt{D^2 - d^2}) = \frac{1}{2}(40 + \sqrt{40^2 - 28^2}) = 34.28\ (\text{mm})$$

答：球头部分长度 $L = 34.28\,\text{mm}$。

4. 车削如图 23-4 所示的凹形球面，试计算球面深度 h。

解：已知：$R = 50\,\text{mm}$，$r = 20\,\text{mm}$。

$$h = R - \sqrt{R^2 - r^2} = 50 - \sqrt{50^2 - 20^2} = 4.17\ (\text{mm})$$

答：球面深度 $h = 4.17\,\text{mm}$。

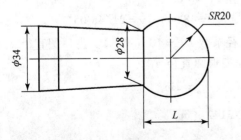

图 23-3 车球头

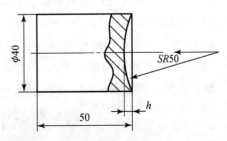

图 23-4 车凹球面

5. 车削齿顶圆直径 $d_{a1} = 22$ mm，齿形角 $\alpha = 20^\circ$，轴向模数 $m = 2$ mm 的双头米制蜗杆，求蜗杆的轴向齿距 P_X、导程 P_h、全齿高 h 和分度圆直径 d_1。

解：已知：$\alpha = 20^\circ$，$d_{a1} = 22$ mm，$m = 2$ mm，$Z_1 = 2$

$$P_X = \pi m = 3.1415 \times 2 = 6.283 \,(\text{mm})$$

$$P_h = Z_1 \pi m = 2 \times 3.1415 \times 2 = 12.566 \,(\text{mm})$$

$$h = 2.2m = 2.2 \times 2 = 4.4 \,(\text{mm})$$

$$d_1 = d_{a1} - 2m = 22 - 2 \times 2 = 18 \,(\text{mm})$$

答：蜗杆的 $P_X = 6.283$ mm，$P_Z = 12.566$ mm，$h = 4.4$ mm，$d_1 = 18$ mm。

6. 车削分度圆直径 $d_1 = 28$ mm，齿形角 $\alpha = 20^\circ$，轴向模数 $m = 2.5$ mm 的双头米制蜗杆，求蜗杆的齿顶圆直径 d_{a1}，齿根圆直径 d_{f1}，导程角 γ，轴向齿厚 S_X 和法向齿厚 S_n。

解：已知：$\alpha = 20^\circ$，$d_1 = 28$ mm，$m = 2.5$ mm，$Z_1 = 2$

$$d_{a1} = d_1 + 2m = 28 + 2 \times 2.5 = 28 + 5 = 33 \,(\text{mm})$$

$$d_{f1} = d_1 - 2.5m = 28 - 2.4 \times 2.5 = 28 - 6 = 22 \,(\text{mm})$$

$$\tan\gamma = \frac{P_h}{\pi d_1} = \frac{Z_1 \pi m}{\pi d_1} = \frac{Z_1 m}{d_1} = \frac{2 \times 2.5}{28} = 0.17857$$

查反三角函数表得：$\gamma = 10.12459^\circ = 10^\circ 07' 29''$

$$S_X = \frac{\pi m}{2} = \frac{3.1415 \times 2.5}{2} = 3.927 \,(\text{mm})$$

$$S_n = \cos\gamma \frac{\pi m}{2} = \cos 10.12459^\circ \frac{3.1415 \times 2.5}{2} = 3.866 \,(\text{mm})$$

答：该蜗杆的 $d_{a1} = 33$ mm，$d_{f1} = 22$ mm，$\gamma = 10^\circ 07' 29''$，$S_X = 3.927$ mm，$S_n = 3.866$ mm。

7. 已知一 4 头米制蜗杆的齿形角 $\alpha = 20^\circ$，轴向模数 $m = 4$ mm、直径系数 $q = 10$。试求蜗杆的轴向齿厚 S_X、齿根高 h_f、导程角 γ 和齿顶圆直径 d_{a1}。

解：已知：$\alpha = 20^\circ$，$m = 4$ mm，$Z_1 = 4$，$q = 10$。

$$P_X = \pi m = 3.1415 \times 4 = 12.566 \,(\text{mm})$$

$$h_f = 1.2m = 1.2 \times 4 = 4.8 \,(\text{mm})$$

$$d_{a1} = d_1 + 2m = qm + 2m = 10 \times 4 + 2 \times 4 = 48 \,(\text{mm})$$

$$\tan\gamma = \frac{P_h}{\pi d_1} = \frac{Z_1 \pi m}{\pi q m} = \frac{Z_1}{q} = \frac{4}{10} = 0.4$$

查反三角函数表得：$\gamma = 21.801^\circ = 21^\circ 48' 05''$

答：该蜗杆的 $P_X = 12.566$ mm，$h_f = 4.8$ mm，$d_{a1} = 48$ mm，$\gamma = 21^\circ 48' 05''$。

8. 已知一双头英制蜗杆齿形角 $\alpha = 14^\circ 30'$、径节数 $DP = 10$（in^{-1}）、齿顶圆直径 $d_a = 2$ in，试求该蜗杆的轴向齿距 P_X、度圆直径 d_1 和齿根圆直径 d_f。

解：已知：齿形角 $\alpha = 14^\circ 30'$、$DP = 10$（in^{-1}）、$d_a = 2$ in。

$$P_X = \frac{\pi}{DP} = \frac{3.1415}{10} = 0.3142 \,(\text{in})$$

$$d_1 = d_a - \frac{2}{DP} = 2 - \frac{2}{10} = 1.8 \,(\text{in})$$

$$d_f = d_a - \frac{4.314}{DP} = 2 - \frac{4.314}{10} = 1.5686 \ (in)$$

答：该蜗杆的 $P_X = 0.3142 \ in$，$d_1 = 1.8 \ in$，$d_f = 1.5686 \ in$。

9. 在丝杆螺距为 6 mm 的车床上，车削 $m = 2.5$ mm 的蜗杆，试求交换齿轮齿数。

解：已知：$P_丝 = 6$ mm，$m = 2.5$ mm。

$$i = \frac{P_工}{P_丝} = \frac{\pi m}{6} = \frac{\frac{22}{7} \times 2.5}{6} = \frac{55}{7 \times 6} = \frac{55 \times 100}{70 \times 60} = \frac{55}{35} \times \frac{50}{60}$$

即：

$$i = \frac{Z_1}{Z_2} \times \frac{Z_3}{Z_4} = \frac{55}{35} \times \frac{50}{60}$$

验算：

$$Z_1 + Z_2 = 55 + 35 = 90$$
$$Z_3 + 15 = 50 + 15 = 65$$
$$Z_1 + Z_2 > Z_3 + 15$$
$$Z_3 + Z_4 = 50 + 60 = 110$$
$$Z_2 + 15 = 35 + 15 = 50$$
$$Z_3 + Z_4 > Z_2 + 15$$

符合安装条件，挂轮安装时不会产生干涉。

答：交换齿轮为：$Z_1 = 55$，$Z_2 = 35$，$Z_3 = 50$，$Z_4 = 60$。

10. 已知一米制蜗杆，分度圆直径 $d_1 = 51$ mm，轴向齿距 $P_X = 9.425$ mm，齿形角 $\alpha = 20°$，导程角 $\gamma = 10°$，头数 $Z_1 = 3$。用三针测量法进行测量，求量针直径 d_D 和测量值 M。

解：已知：$d_1 = 51$ mm，$P_X = 9.425$ mm

$$d_D = 0.533 P_X = 0.533 \times 9.425 = 5.024 \ (mm)$$
$$M = d_1 + 3.924 d_D - 1.374 P_X = 51 + 3.924 \times 5.024 - 1.374 \times 9.425$$
$$= 57.764 \ (mm)$$

答：量针直径 $d_D = 5.024$ mm；测量值 $M = 57.764$ mm。

11. 已知一梯形螺纹 Tr60×18(P9) - 8e 的实际大径尺寸为 $\phi 59.84$ mm，欲用单针进行测量，试求量针直径 d_D 和测量值 A。

解：已知：$P = 9$ mm，$d = 60$ mm，$d_0 = 59.84$ mm。

$$d_D = 0.518 P = 0.518 \times 9 = 4.662 \ (mm)$$
$$d_2 = d - 0.5 P = 60 - 0.5 \times 9 = 55.5 \ (mm)$$
$$M = d_2 + 4.864 d_D - 1.866 P = 55.5 + 4.864 \times 4.662 - 1.866 \times 9$$
$$= 61.382 \ (mm)$$
$$A = \frac{M + d_0}{2} = \frac{61.382 + 59.84}{2} = 60.611 \ (mm)$$

答：量针直径 $d_D = 4.662$ mm，测量值 $A = 60.611$ mm。

12. 已知一米制蜗杆的法向齿厚要求为：$3.92^{-0.26}_{-0.31}$ mm，使用三针测量时，试计算量针测量值的偏差。

解：已知：$S_n = 3.92 {}^{-0.26}_{-0.31}$ mm

$$\Delta M_{上} = 2.7475 \Delta_{S上} = 2.7475(-0.26) = -0.714 \text{(mm)}$$

$$\Delta M_{下} = 2.7475 \Delta_{S下} = 2.7475(-0.31) = -0.852 \text{(mm)}$$

答：量针测量值的偏差为：$M {}^{-0.714}_{-0.852}$ mm。

13. 用齿厚游标卡尺测量分度圆直径 $d_1 = 50$ mm，轴向模数 $m = 5$ mm，头数 $Z_1 = 3$ 的米制蜗杆的法向弦齿厚 S_n。问齿高尺应调为什么尺寸？法向齿厚的基本尺寸等于多少？

解：已知：$d_1 = 50$ mm，$m = 5$ mm，$Z_1 = 3$。

$$h_a = m = 5 \text{(mm)}$$

$$\tan\gamma = \frac{P_h}{\pi d_1} = \frac{Z_1 \pi m}{\pi d_1} = \frac{3 \times 5}{50} = 0.3$$

查反三角函数表得：$\gamma = 16.69924°$

$$S_n = \frac{\pi m}{2}\cos\gamma = \frac{3.1415 \times 5}{2}\cos 16.69924° = 7.854 \times 0.9578$$

$$= 7.523 \text{(mm)}$$

答：齿高尺调至 5 mm；法向齿厚基本尺寸应为 7.523 mm。

14. 用百分表测量工件时，测杆与工件表面呈 $60°$ 夹角，测量值为 0.027 mm，求正确的测量值。

解：根据题意画出解算图形如图 23-5 所示。

已知：$\angle B = 60°$，$AB = 0.027$ mm，求 AC。

在 Rt$\triangle ABC$ 中：

$$\sin 60° = \frac{AC}{AB}$$

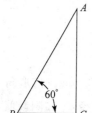

图 23-5　测杆与工件表面不垂直造成测量误差

则：　$AC = AB\sin 60° = 0.027 \times 0.866 = 0.023 \text{(mm)}$

答：正确的测量值应为 0.023 mm。

15. 刻度值为 0.02 mm/1 000 mm 水平仪玻璃管的曲率半径 $R = 103\,132$ mm，当被测量平面在 1 000 mm 长度上倾斜 0.03 mm 时，水泡移动多少格？

解：已知：$L = 1\,000$ mm，$R = 103\,132$ mm。

$$\tan\alpha = \frac{0.03}{1000} = 0.00003$$

得：$\alpha = 6''$

$$l = \frac{2\pi R\alpha}{360 \times 60 \times 60} = \frac{2\pi \times 103132 \times 6}{360 \times 60 \times 60} = 3 \text{(mm)}$$

答：该水平仪每格为 0.02 mm，现移动 3 mm 即移动了一格半。

16. 使用刻度值为 0.02 mm/1 000 mm、玻璃管的曲率半径 $R = 103\,132$ mm 的水平仪测量机床导轨，发现水平仪水准泡移动了 2 格，计算出导轨平面在 1 000 mm 长度中倾斜了多少毫米。

解：已知：$L = 1\,000$ mm，$n = 2$ 格，$R = 103\,132$ mm。

根据　　　　　　　　　　　$l = \dfrac{2\pi R\alpha}{360 \times 60 \times 60}$

则：
$$\alpha = \frac{l \times 360 \times 60 \times 60}{2\pi R} = \frac{4 \times 360 \times 60 \times 60}{2\pi \times 103132} = 8'' = 0.00222°$$
$$\Delta l = 1000 \times \tan^{-1}\alpha = 1000 \times \tan^{-1}0.00222° = 0.039 \,(\text{mm})$$

答：机床导轨在 1 000 mm 长度中倾斜了 0.039 mm。

17. 车削直径为 30 mm，长度为 950 mm 的细长轴，材料为 45 号钢，工件温度由 22℃ 上升至 58℃，求该轴的热伸长量。（45 号钢线膨胀系数 $al = 11.59 \times 10^{-6}1/℃$）

解：已知：$L = 950 \,\text{mm}$，$\Delta t = 58 - 22 = 36℃$，$al = 11.59 \times 10^{-6}1/℃$。
$$\Delta l = al \times L \times \Delta t = 11.59 \times 10^{-6} \times 950 \times 36 = 0.3964 \,(\text{mm})$$

答：该轴的热变形伸长量为 0.3964 mm。

18. 在车床上加工长度为 800 mm 的 Tr85×12-6h 精密丝杆，由于切削热的影响，使工件的温度从 20℃ 增至 50℃。如果只考虑受热伸长的影响，试计算加工后丝杆的单个螺距和全长螺距误差是多少？（丝杆材料线膨胀系数 $al = 11.5 \times 10^{-6}1/℃$）

解：已知：$L = 950 \,\text{mm}$，$\Delta t = 50 - 20 = 30℃$，$al = 11.5 \times 10^{-6}1/℃$。

单个螺距误差：
$$\Delta P = al \times L \times \Delta t = 11.5 \times 10^{-6} \times 12 \times 30 = 0.00414 \,(\text{mm})$$

全长螺距误差：
$$\Delta P = al \times L \times \Delta t = 11.5 \times 10^{-6} \times 800 \times 30 = 0.276 \,(\text{mm})$$

答：单个螺距误差为 0.004 14 mm；全长螺距误差为：0.276 mm。

19. 在车床上利用三爪卡盘加垫片的方法车削偏心工件，已知偏心距 $e = 2$ mm，试切后得偏心距为 2.06 mm，试计算正确的垫片厚度。

解：已知：
$$e = 2 \,\text{mm}, \quad e_{实} = 2.06 \,\text{mm}$$
$$X = 1.5e = 1.5 \times 2 = 3 \,(\text{mm})$$

根据题意，垫片需进行修正：
$$\Delta e = 2.06 - 2 = 0.06 \,(\text{mm})$$
$$K = 1.5\Delta e = 1.5 \times 0.06 = 0.09 \,(\text{mm})$$

实际偏心距大于工件偏心距，垫片偏厚，应减薄，故：
$$X = 1.5e - K = 1.5 \times 2 - 0.09 = 2.91 \,(\text{mm})$$

答：合理的垫片厚度应为 2.91 mm。

20. 一根呈 120°±15′ 等分的 6 拐曲轴，曲轴轴颈直径 $d_1 = 225^{0}_{-0.01}$ mm，$d_2 = 225^{0}_{-0.03}$ mm，偏心距 $R = 225 \pm 0.1$ mm。如图 23-6 所示，分度头将 d_1 转至水平位置时，测得 $H_1 = 448$ mm；再将分度头旋转 120°，将 d_2 调至水平，测得 $H_2 = 447.40$ mm，求曲轴的角度误差。

解：已知：$d_1 = 225^{0}_{-0.01}$ mm，$d_2 = 225^{0}_{-0.03}$ mm，偏心距 $R = 225 \pm 0.1$ mm，
$H_1 = 448$ mm，$H_2 = 447.40$ mm，求 $\Delta\theta$。

从图 23-6 可知：
$$L_1 = H_1 - \frac{d_1}{2} = 448 - \frac{224.99}{2} = 335.51 \,(\text{mm})$$
$$L_2 = H_2 - \frac{d_2}{2} = 447.40 - \frac{224.97}{2} = 334.92 \,(\text{mm})$$
$$\Delta L = L_1 - L_2 = 335.51 - 334.92 = 0.59 \,(\text{mm})$$

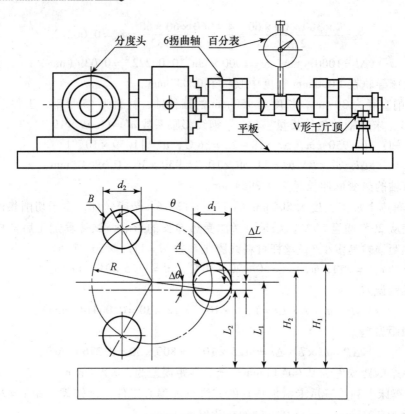

图 23-6　曲轴的检测

角度误差为:

$$\sin\Delta\theta = \frac{\Delta L}{R} = \frac{0.59}{225} = 0.00262$$

查反三角函数表得:

$$\Delta\theta = 9'$$

答: 曲轴曲拐 A 与 B 之间的角度误差为 $9'$。用同样的方法可以检测其他曲拐与某一基准轴颈之间的角度误差。测量时, ΔL 可能是正值, 也可能是负值。正值表示角度误差使 θ 角增大; 反之, 使 θ 角减小。

21. 如图 23-7 所示, 一根呈 $120° \pm 15'$ 等分的 6 拐曲轴, 曲拐轴颈直径 $d = 90\,\mathrm{mm}$, 主轴颈直径 $D = 100\,\mathrm{mm}$, 偏心距 $R = 96\,\mathrm{mm}$。在 V 形块上测量主轴颈顶点高度 $M = 200\,\mathrm{mm}$, 测得曲拐轴颈中心高度差 $\Delta H = 0.4\,\mathrm{mm}$, 求曲拐轴颈的角度误差。

解: 上例中三曲拐之间的 $120°$ 等分由分度头分出, 此例不用分度头, 而用块规组合尺寸 h 获得, 因此, 需要先计算出块规组合尺寸 h, 将块规垫在一侧曲拐下方, 另一侧曲拐则呈对称分布, 这样便可测出曲拐角度误差。

用同样的方法可以检测其他曲拐与某一基准轴颈之间的角度误差。

如果没有角度误差, 用百分表测得左右两侧曲拐上母线读数应该相等, 均为尺寸 H; 如果两曲拐之间存在角度误差, 则测得数据为 H_1 和 H_2, 用 H_1 和 H_2 之差进行相关运算, 即可得到两拐轴之间的角度误差。

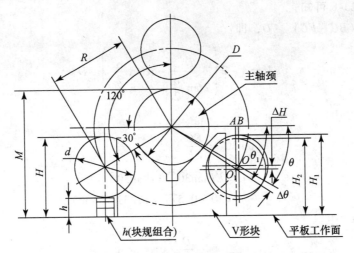

图 23-7 曲拐等分性的检测

先求尺寸 h：

$$h = M - \frac{D}{2} - R\sin\theta - \frac{d}{2} = 200 - \frac{100}{2} - 96\sin30° - \frac{90}{2} = 57\,(\text{mm})$$

计算 $\Delta\theta$：

$$\Delta\theta = \theta_1 - \theta \quad OB = R\sin\theta \quad O_1A = OB + \Delta H$$

$$\sin\theta_1 = \frac{O_1A}{R} = \frac{R\sin\theta + \Delta H}{R} = \frac{96\sin30° + 0.4}{96} = 0.50417$$

查反三角函数表得：

$$\theta_1 = 30°16'34''$$

$$\Delta\theta = \theta_1 - \theta = 30°16'34'' - 30° = 16'34''$$

答：两曲拐轴颈的角度误差为 $16'34''$。

23.2 铣 工 工 作

1. 如图 23-8 所示，已知一燕尾槽的槽口宽度 $A = 80\,\text{mm}$，槽深 $H = 30\,\text{mm}$，槽形角 $\alpha = 60°$。现用 $D = 20\,\text{mm}$ 的标准检验心轴测量燕尾槽槽口宽度，试求检验心轴内侧尺寸 M。

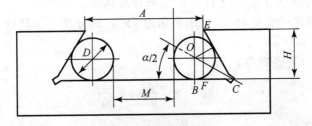

图 23-8 测量燕尾槽

解：由图 23-8 可知；

$M = A - 2(BC - FC) - D$，即：

$$M = A - 2\left(\frac{D}{2\tan\frac{\alpha}{2}} - H\tan\frac{\alpha}{2}\right) - D$$

在 $\text{Rt}\triangle EFC$ 中：

$$\tan30° = \frac{FC}{EF}$$

$$FC = EF\tan30° = H\tan30°$$
$$= 30 \times 0.577 = 17.321\ (\text{mm})$$

在 $\text{Rt}\triangle OBC$ 中：

$$\tan30° = \frac{OB}{BC},\quad BC = \frac{OB}{\tan30°} = \frac{\dfrac{D}{2}}{0.577} = \frac{10}{0.577} = 17.321\ (\text{mm})$$

$$M = A - 2(BC - FC) - D = 80 - 2(17.321 - 17.321) - 20 = 60.00\ (\text{mm})$$

答：此时的 M 值应为 60.00 mm。（本例 $BC = FC$ 是特例）

2. 如图 23-9 所示，用 $D = 25$ mm 的检验心轴测量一燕尾槽，已知 A 应铣至 100 mm，槽深 $H = 40$ mm，槽形角 $\alpha = 60°$，试求两检验心轴外侧尺寸 M。

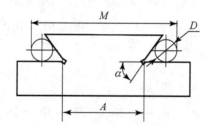

图 23-9 用心轴测量燕尾宽度

解：由项目 8 可知：

$$M = A + D\left(1 + \cot\frac{\alpha}{2}\right)$$
$$= 100 + 25 \times 2.732$$
$$= 168.30\ (\text{mm})$$

答：两检验心轴外侧尺寸为 168.30 mm。

3. 在 F11125 分度头上装夹工件，铣三条直角沟槽。其中第一、二条槽之间夹角为 75°，第二、三条槽之间夹角 60°。试求夹角为 75°时的分度手柄转数 n_1 和夹角为 60°时的分度手柄转数 n_2。

解：根据角度分度原理得：

$$n_1 = \frac{\theta°}{9°} = \frac{75°}{9°} = 8\frac{22}{66}r$$

$$n_2 = \frac{\theta°}{9°} = \frac{60°}{9°} = 6\frac{44}{66}r$$

答：夹角为 $75°$ 时的分度手柄转数 $n_1 = 8\dfrac{22}{66}r$；

夹角为 $60°$ 时的分度手柄转数 $n_2 = 6\dfrac{44}{66}r$。

4. 在 F11125 分度头上装夹工件，铣两条 V 形沟槽，两槽夹角为 $50°16'$。试计算分度时手柄转数 n，并验算夹角的分度误差。

解：根据角度分度原理得：

$$n = \frac{\theta°}{9°} = \frac{\theta'}{540'} = \frac{60' \times 50 + 16'}{540'} = \frac{3016'}{540'} = 5\frac{316'}{540'} \approx 5\frac{39}{66}r$$

$$\Delta\theta = 9° \times 5\frac{39}{66} - 50°16' = 50°19'05'' - 50°16' = +3'05''$$

答：分度手柄转数为 $5\dfrac{39}{66}r$，夹角误差 $\Delta\theta = 3'05''$。误差为正时表示角度偏大；反之为角度偏小。

5. 在 F11125 分度头上铣削直齿圆柱齿轮，$Z = 77$、91。用何种分度方法？试进行分度计算。

并判断分度手柄和分度盘旋转方向。

解：因为 $Z = 77$、91 无法进行简单分度，故采用差动分度。

（1）$Z = 77$ 时，取 $Z' = 75$。

$$n' = \frac{40}{Z'} = \frac{40}{75} = \frac{16}{30}r$$

$$\frac{Z_1 Z_3}{Z_2 Z_4} = \frac{40(Z'-Z)}{Z'} = \frac{40(75-77)}{75} = -\frac{80}{75} = -\frac{40 \times 80}{60 \times 50}$$

答：分度手柄转 $\dfrac{16}{30}r$。挂轮取 $-\dfrac{40 \times 80}{60 \times 50}$。挂轮前有负号，分度盘转向与分度手柄转向相反。

（2）$Z = 91$ 时，取 $Z' = 90$。

$$n' = \frac{40}{Z'} = \frac{40}{90} = \frac{24}{54}r$$

$$\frac{Z_1 Z_3}{Z_2 Z_4} = \frac{40(Z'-Z)}{Z'} = \frac{40(90-91)}{90} = -\frac{40}{90}$$

答：分度手柄转 $\dfrac{24}{54}r$。挂轮取 $-\dfrac{40}{90}$。挂轮前有负号，分度盘转向与分度手柄转向相反。

6. 在 X62W 铣床上用 F11125 分度头圆周刻线，每格刻度值为 $1°30'$。试计算每刻一格分度手柄转数和刻 28 条线分度头转过的度数。

解：根据角度分度原理得：

$$n = \frac{\theta°}{9°} = \frac{1.5°}{9°} = \frac{9}{54}r$$

$$\theta = 1°30' \times (28-1) = 40.5° = 40°30'$$

答：每刻一格分度头转 $\dfrac{9}{54}r$，刻 28 条线分度头主轴转角 $\theta = 40°30'$。

7. 在 X62W 铣床上用 F11125 分度头进行直刻线。刻线每格 $S = 2.25\,\text{mm}$。若分别选取分度手柄转数 $n = 5r$ 和 $n = 1$ 转，判断哪种转数合理，并计算选定后的交换挂轮。$P_{44} = 6\,\text{mm}$。

解：（1） $n = 5$ 时：

$$\frac{Z_1 Z_3}{Z_2 Z_4} = \frac{40S}{nP_{44}} = \frac{40 \times 2.25}{5 \times 6} = \frac{90}{30}$$

（2） $n = 1$ 时：

$$\frac{Z_1 Z_3}{Z_2 Z_4} = \frac{40S}{nP_{44}} = \frac{40 \times 2.25}{1 \times 6} = \frac{90}{6}$$

答：由计算可知，当 $n = 1$ 时传动比过大，故选 $n = 5$，此时 $\dfrac{Z_1 Z_3}{Z_2 Z_4} = \dfrac{90}{30}$。

8. 如图 23-10 所示，在 X62W 铣床上用 F11125 分度头铣外花键，已知花键齿数 $Z = 8$，键宽 $B = 8\,\text{mm}$，小径 $d = 42\,\text{mm}$。若采用先铣中间槽的方法，试求铣刀最大宽度 L，并选用铣刀。

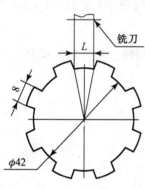

图 23-10　铣外花键

解：根据公式（17-3）可得：

$$L = d\sin\left[\frac{180°}{Z} - \arcsin\left(\frac{B}{d}\right)\right]$$

$$= 42 \times \sin\left[\frac{180°}{8} - \arcsin\left(\frac{8}{42}\right)\right]$$

$$= 42 \times \sin\left[22.5° - 10.98°\right]$$

$$= 8.39\,(\text{mm})$$

答：选用宽度小于 $8.39\,\text{mm}$ 的三面刃标准铣刀。

9. 在 X62 铣床上用 F11125 分度头铣外花键，已知花键齿数 $Z = 6$，键宽 $B = 6\,\text{mm}$，小径 $d = 26\,\text{mm}$。若采用先铣中间槽的方法，试求铣完中间槽后（图 23-11（a））再铣侧面（图 23-11（b））时，分度手柄转数和工件横向移动距离。

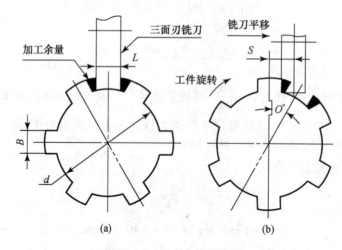

（a）　　　　　　　　　　（b）

图 23-11　二工步铣外花键

解：铣完中间槽后（图 23-11（a））尚留有加工余量，需将工件旋转并横向移动（图 23-11（b）），用铣刀侧面铣去加工余量。

$$L = d\sin\left[\frac{180°}{Z} - \text{arsin}\left(\frac{B}{d}\right)\right]$$

$$= 26 \times \sin\left[\frac{180°}{6} - \text{arsin}\left(\frac{6}{26}\right)\right]$$

$$= 26 \times \sin\left[30° - 13.34°\right]$$

$$= 7.45 \text{（mm）}$$

三面刃铣刀宽度小于 7.45 mm，本例选 6 mm 宽标准三面刃铣刀。

铣完槽后将分度手柄旋转 $\frac{n}{2}$：

$$\frac{n}{2} = \frac{40}{2Z} = \frac{20}{6}r = 3\frac{22}{66}r$$

$$S = \frac{L+B}{2} = \frac{6+6}{2} = 6 \text{（mm）}$$

答：铣完中间槽后分度手柄旋转 $3\frac{22}{66}r$，工作台横向移动距离 $S = 6$ mm。

10. 在 X62W 铣床上用 F11125 分度头铣削直齿条，已知 $m = 6$ mm，$\alpha = 20°$，铣床工作台丝杆螺距 $P_{丝} = 6$ mm。试求（1）若用块规控制工作台移动距离时块规组合尺寸是多少？（2）试求分度手柄转数和挂轮齿数。

解：（1）用块规分齿只需求出齿条的齿距 P。

$$P = \pi m = 3.1415 \times 6 = 18.849 \text{（mm）}$$

（2）取分度手柄转数 $n = 3$。则：

$$\frac{Z_1 Z_3}{Z_2 Z_4} = \frac{P_X}{nP_{丝}} = \frac{6\pi}{3 \times 6} = \frac{6 \times \frac{22}{7}}{18} = \frac{22}{21} = \frac{2 \times 11}{3 \times 7} = \frac{40 \times 55}{60 \times 35} = \frac{80 \times 55}{60 \times 70}$$

答：（1）块规组合尺寸为 18.849 mm；（2）选定分度手柄转数为 3 转；挂轮为 $\frac{80 \times 55}{60 \times 70}$。

11. 在 X62W 铣床上用 F11125 分度头铣削交错齿三面刃铣刀螺旋齿槽。已知工件外径 $d_0 = 100$ mm，刃倾角 $\lambda_S = 15°$。试求导程 P_h、传动比 i 和挂轮。

解：刃倾角就是螺旋角。故：

$$P_h = \pi d\cot\beta = 3.1415 \times 100 \times \cot 15° = 1172.424$$

$$i = \frac{40P_{丝}}{P_X} = \frac{40 \times 6}{1172.424} = 0.2047$$

$$i = \frac{Z_1 Z_3}{Z_2 Z_4} \approx \frac{55 \times 30}{80 \times 100} = 0.20625$$

$$\Delta i = 0.20625 - 0.2047 = 0.00155$$

答：导程 $P_h = 1172.424$；传动比 $i = 0.2047$；挂轮 $\frac{Z_1 Z_3}{Z_2 Z_4} = \frac{55 \times 30}{80 \times 100}$。

12. 用同一把单角铣刀铣削刀具齿槽和齿背，已知被加工刀具圆周齿齿背角 $\alpha_1 = 24°$、法向前角 $\gamma_n = 15°$，单角铣刀齿形角 $\theta = 45°$。试求铣完齿槽后铣齿背时工件需回转的角度 ϕ 和分度手柄转数 n。

解： $\phi = 90° - \theta - \alpha_1 - \gamma_n = 90° - 45° - 24° - 15° = 6°$

$$n = \frac{\theta°}{9°} = \frac{6°}{9°} = \frac{44}{66}r$$

答：工件回转角度 $\phi = 6°$，分度手柄转数 $n = \frac{44}{66}r$。

13. 在 X62W 铣床上用 F11125 分度头铣削一蜗杆，已知 $m_x = 4$ mm，$\alpha = 20°$，$\gamma = 5°11'40''(R)$，$Z_1 = 1$。试求挂轮、确定配置方法和工作台转向和转角。

解： $P_h = Z_1 m\pi = 1 \times 4 \times 3.1415 = 12.5664$（mm）

$$\frac{Z_1 Z_3}{Z_2 Z_4} = \frac{40 P_{丝}}{P_Z} = \frac{40 \times 6}{12.5664} = 19.0985 \approx 3 \times 6.3 = \frac{100 \times 90}{30 \times 100} \times \frac{90 \times 70}{25 \times 40} = \frac{100}{15} \times \frac{100}{35}$$

$$\Delta i = 19.0985 - 19.0476 = 0.051$$

采用主轴挂轮法所得挂轮不符合安装条件，且误差较大，故改为侧轴挂轮法。设 $n = 1$。

$$\frac{Z_1 \times Z_3}{Z_2 \times Z_4} = \frac{P_Z}{n P_{丝}} = \frac{12.5664}{1 \times 6} = 2.0944 \approx \frac{80 \times 55}{30 \times 70} = 2.0952$$

$$\Delta i = 2.0952 - 2.0944 = 0.0008$$

答：挂轮为 $\frac{80 \times 55}{30 \times 70}$；采用侧主轴挂轮法，主动轮安装在分度头侧轴上，从动轮安装在机床纵向走刀丝杆上；因工件为右旋，机床作台顺时针旋转 $5°11'40''$。

14. 在 X62W 铣床上用 F11125 分度头铣削一蜗杆，已 $m_x = 4$ mm，$\gamma = 21°48'05''(R)$，$\alpha = 20°$，$Z_1 = 4$。试求挂轮、确定配置方法和工作台转向和转角。

解： $P_h = Z_1 m\pi = 4 \times 4 \times 3.1416 = 50.2656$（mm）

采用侧轴挂轮法。设 $n = 4$

$$\frac{Z_1 \times Z_3}{Z_2 \times Z_4} = \frac{P_Z}{n P_{丝}} = \frac{50.2656}{4 \times 6} = 2.0944 \approx \frac{80 \times 55}{30 \times 70} = 2.0952$$

$$\Delta i = 2.0952 - 2.0944 = 0.0008$$

主轴挂轮法

主轴挂轮法是利用分度头的减速作用，从分度头主轴后锥孔插入安装配换齿轮的心轴，通过齿轮传动，传至纵向工作台丝杆，使工作台产生移距。这样，当分度手柄转了若干转以后，纵向工作台才移动一个短短的距离。这种移距方法适用于间隔距离较小或移距精度要求较高的工件。配换齿轮的计算公式可由图 23-12 推导出：

$$n \times \frac{1}{40} \times \frac{Z_1 \times Z_3}{Z_2 \times Z_4} \times P_{丝} = P_h$$

$$\frac{n P_{丝}}{40} \times \frac{Z_1 \times Z_3}{Z_2 \times Z_4} = P_h$$

$$\frac{Z_1 \times Z_3}{Z_2 \times Z_4} = \frac{40 P_h}{n P_{丝}}$$

式中，Z_1，Z_3——主动轮齿数；

Z_2，Z_4——从动轮齿数；

40——分度头定数；

P_h——工件导程；

$P_丝$——纵向工作台丝杆螺距；

n——每次分度手柄转数。

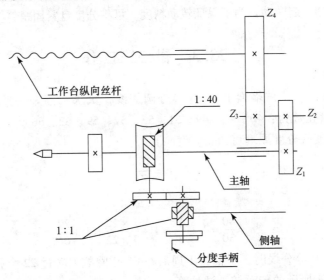

图 23-12　主轴挂轮法

侧轴挂轮法

对于移距间隔较大的工件，如采用主轴挂轮法移距分度，则每次分度时手柄需转很多圈，操作很不方便。改用侧轴挂轮法，则可改变这一现状。侧轴挂轮法是将挂轮配置在分度头侧轴与纵向工作台丝杆之间，如图 23-13 所示。这样，传动链可不经过蜗杆副 1：40 的减速传动。由此，可得出如下公式。

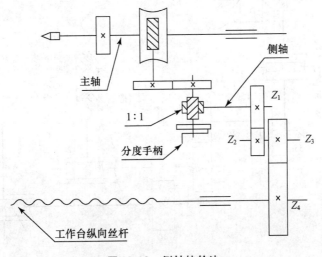

图 23-13　侧轴挂轮法

$$n \times \frac{Z_1 \times Z_3}{Z_2 \times Z_4} \times P_{丝} = P_h$$

$$\frac{Z_1 \times Z_3}{Z_2 \times Z_4} = \frac{P_h}{n P_{丝}}$$

n 的选取范围和主轴挂轮法相同，一般取小于 10 的整数，并要保证配换齿轮的传动比不大于 2.5。侧轴挂轮法分度时，手柄的定位销不能拔出，应松开分度头的锁紧螺钉，使分度盘连同分度手柄一起转动。为了保证转动精度，可将分度盘紧固螺钉改为侧面定位。

23.3　钳　工　工　作

1. 用分度头在一工件端面上画 30 等分圆周线，试求每画好一条线后分度手柄的转数。（已知分度盘孔数为：40、47、49、51、53、57、59、62、66）

解：根据分度头分度原理可知：

$$n = \frac{40}{Z}$$

所以：

$$n = \frac{40}{30} = 1 + \frac{1}{3} = 1 + \frac{1 \times 22}{3 \times 22} = 1 + \frac{22}{66}$$

答：画圆周 30 等分线时，手柄转 1 周后在 66 孔圈数上转过 22 个孔距。

2. 如图 23-14 所示的传动链，试计算：

（1）轴 A 每分钟转速；

（2）轴 A 转 1 转时，轴 B 转过的转数；

（3）轴 B 转 1 转时，螺母 C 的移动距离。

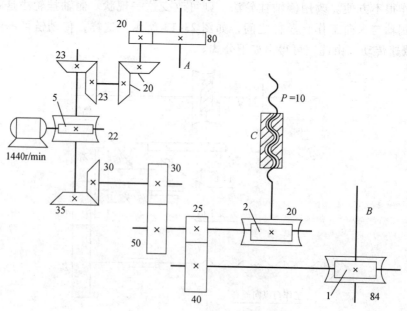

图 23-14　传动链计算

解：（1）轴 A 每分钟转速

$$n_A = n_{电} \times \frac{5}{22} \times \frac{23}{23} \times \frac{20}{20} \times \frac{20}{80} = 1440 \times \frac{5}{22} \times \frac{20}{80} = 81.82 \, (\text{r/min})$$

（2）轴 A 转 1 转时，轴 B 转过的转数

$$n_B = 1r(n_A) \times \frac{80}{20} \times \frac{20}{20} \times \frac{23}{23} \times \frac{35}{30} \times \frac{30}{50} \times \frac{25}{40} \times \frac{1}{84} = 1 \times \frac{80}{20} \times \frac{35}{30} \times \frac{30}{50} \times \frac{25}{40} \times \frac{1}{84} = 0.0208 \, (\text{转})$$

（3）轴 B 转 1 转时，螺母 C 的移动距离

$$L_C = 1r(n_B) \times \frac{84}{1} \times \frac{40}{25} \times \frac{2}{20} \times P = 1 \times \frac{84}{1} \times \frac{40}{25} \times \frac{2}{20} \times 10 = 134.4 \, (\text{mm})$$

答：轴 A 的转速是 $81.82 \, \text{r/min}$；

轴 A 转 1 转时，轴 B 转过 0.0208 转；

轴 B 转 1 转时，螺母 C 移动 $134.4 \, \text{mm}$。

3. 如图 23-15 所示的尺寸链，已知 $A_1 = 30^{0}_{-0.04} \, \text{mm}$，$A_2 = 100^{+0.08}_{-0.02} \, \text{mm}$，$A_3 = 50^{+0.01}_{-0.02} \, \text{mm}$，$A_4 = 80^{+0.01}_{-0.02}$，$A_5 = 100^{-0.02}_{-0.10} \, \text{mm}$。

求：（1）确定增环与减环；

（2）列出尺寸链方程；

（3）计算 A_0 基本尺寸及偏差。

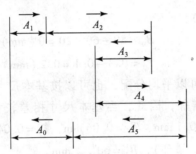

图 23-15　尺寸链计算

解：（1）A_1，A_2，A_4 是增环；A_3，A_5，A_0 是减环；

（2）尺寸链链方程：

$$A_0 = (A_1 + A_2 + A_4) - (A_3 + A_5)$$

（3）$A_0 = (30 + 100 + 80) - (50 + 100) = 60 \, (\text{mm})$

$$A_{0\max} = (A_{1\max} + A_{2\max} + A_{4\max}) - (A_{3\min} + A_{5\min})$$

$$= 30 + 100.08 + 80.01 - 49.98 - 99.9 = 60.21 \, (\text{mm})$$

$$A_{0\min} = (A_{1\min} + A_{2\min} + A_{4\min}) - (A_{3\max} + A_{5\max})$$

$$= 29.96 + 99.98 + 79.98 - 50.01 - 99.98 = 59.93 \, (\text{mm})$$

$$ES(A_0) = A_{0\max} - A_0 = 60.21 - 60 = +0.21 \, (\text{mm})$$

$$EI(A_0) = A_{0\min} - A_0 = 59.93 - 60 = -0.07 \, (\text{mm})$$

$$A_0 = 60^{+0.21}_{-0.07} \, (\text{mm})$$

答：基本尺寸和上下偏差为 $60^{+0.21}_{-0.07} \, \text{mm}$。

4. 如图 23-16（a）所示装配图，为了使齿轮正常工作，要求装配后齿轮端面和机体孔端面之间存在轴向间隙 0.1～0.30 mm 之内。各环基本尺寸为 $B_1 = 80$ mm、$B_2 = 60$ mm、$B_3 = 20$ mm，用完全互换法解此尺寸链。

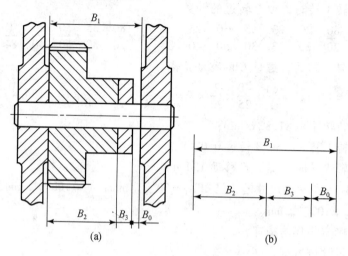

(a)　　　　　　　　　　　(b)

图 23-16　装配尺寸链计算

解：画出尺寸链图（b）。

$$B_0 = 80 - 60 - 20 = 0 \, (\text{mm})$$

$$T_0 = 0.3 - 0.1 = 0.2 \, (\text{mm})$$

封闭环公差 T_0 的分配可以平均分配，也可以按基本尺寸大小进行分配。平均分配会造成大尺寸环的制造难度增加，因此，当基本尺寸相差较大时，按尺寸大小分配为宜。故本例分配方案如下：$T_1 = 0.1$ mm，$T_2 = 0.06$ mm，$T_3 = 0.04$ mm。

这样：$B_1 = 80_0^{+0.10}$ mm（增环），$B_2 = 60_{-0.06}^{0}$ mm。

则：

$$B_{3\max} = B_{1\min} - (B_{2\max} + B_{0\min}) = 80 - (60 + 0.1) = 19.9 \, (\text{mm})$$

$$B_{3\min} = B_{1\max} - (B_{2\min} + B_{0\max}) = 80.1 - (59.94 + 0.3) = 19.86 \, (\text{mm})$$

则：

$$B_3 = 20_{-0.14}^{-0.10} \, \text{mm}。$$

答：当 $B_3 = 20_{-0.14}^{-0.10}$ mm 制造时，不需进行任何修配，装配后即能保证精度要求。

5. 用精度为 0.02/1000 的水平仪检验长度为 2 m 的普通车床导轨在垂直面内的直线度。水平仪每移动 500 mm 测量记录一次测量结果，水平仪读数为：+1 格、+2 格、-1 格、-1.5 格。问该项精度是否合格。（查该项标准误差为：全长：0.03 mm 且中凸；任意 500 mm 上：0.015 mm）

解：按测量结果画出导轨直线度误差曲线图，如图 23-17 所示。为计算方便纵坐标按测量长度折算成线性值。并由图可知：

$$\Delta_{全} = 0.03 - 0.0025 = 0.0275 \, (\text{mm})$$

$$\Delta_1 = 0.01 - 0.00125 = 0.00875 \, (\text{mm})$$

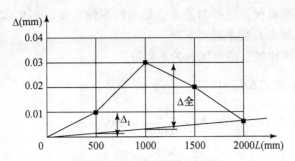

图 23-17　机床导轨直线度误差曲线

全长导轨直线度误差为 0.0275 mm < 0.03 mm，且中间凸起，符合要求。

任意 500 mm 上误差：

$$\Delta_{\text{全}} - \Delta_1 = 0.0275 - 0.009 = 0.0185 > 0.015 \text{ mm}$$

所以，不符合要求。

6. 用精度为 0.03/1000 的水平仪检验长 2 m 车床横向导轨平行度。依次测得 4 个读数为：+1 格、+0.7 格、+0.3 格、-0.2 格。问该导轨精度是否合格。（查该项标准误差为：0.04/1000）

解：导轨在全部测量长度上水平仪读数最大差值为：1 - (-0.2) = 1.2 格，横向导轨平行度误差为：0.03 × 1.2 = 0.036/1000 < 0.04/1000，该项精度合格。

7. 用 300 mm 长的检验棒测量主轴轴线对溜板移动的平行度。为消除检验棒轴线与主轴旋转轴线不重合对测量精度的影响，测量时旋转主轴 180° 作两次测量，并将测量数据作相关处理，以求得实际误差，如图 23-18 所示。

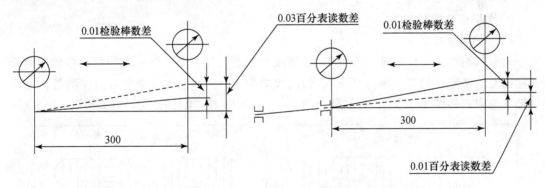

图 23-18　消除检验棒对测量精度的影响

解：实际误差计算：

$$\Delta = \frac{0.03/300 + 0.01/300}{2} = 0.02/300$$

8. 水平仪读数原理：假定平板处于自然水平，在平板上放一根 1 m 长的平行平尺，平尺上的水平仪读数为零，即水平状态。如果将平尺右端抬起 0.02 mm。相当于使平尺与平板形成 4″ 的角度。如果此时水平仪的气泡向右移动 1 格，则水平仪读数精度规定为每格 0.02/1000，读作千分之零点零二。

水平仪是一种测角量仪，它的测量单位是用斜率做刻度，如 0.02/1000。而此时平尺两端的高度差，则因测量长度不同而不同。

在图 23-19 中，按相似三角形比例关系可得：

在离左端 200 mm 处：$\Delta H_1 = 0.02 \times \dfrac{200}{1000} = 0.004$（mm）

在离左端 250 mm 处：$\Delta H_2 = 0.02 \times \dfrac{250}{1000} = 0.005$（mm）

在离左端 500 mm 处：$\Delta H_3 = 0.02 \times \dfrac{500}{1000} = 0.01$（mm）

因此，在使用水平仪测量导轨直线度时，与测量用垫铁跨度有关。

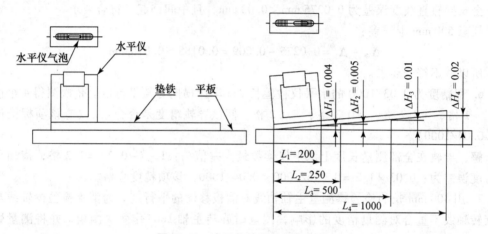

图 23-19　水平仪读数的几何意义

9. 水平仪读数的方法

（1）绝对读数法

只有气泡在中间位置时，读作 0。以零线为起点，气泡向任意一端偏离的格数，即为实际偏差的格数。偏离起端为"＋"，偏向起端为"－"。一般习惯由右向左测量，也可以把气泡向右移作为"＋"，向左移作为"－"。如图 23-20（a）为"＋2 格"。

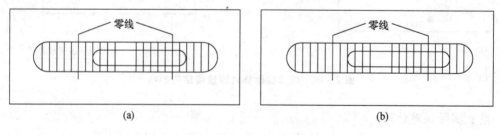

图 23-20　水平仪的读数法

（2）平均值读数法

分别从两零线起向同一方向读至气泡停止的格数，把两数相加除以 2，即为其读数值。如图 23-20（b）所示，气泡偏离右端零线 3 格，气泡左侧也向左端零线偏离 2 格，实际读数为"＋2.5 格"，即右端比左端高 2.5 格。平均读数法不受温度的影响，读数精度高。

10. 用水平仪测量导轨垂直平面内直线度的方法

（1）用一定长度（L：一般为 200 mm）的垫铁安放水平仪，不能直接将水平仪置于被测表面上。

（2）将水平仪置于导轨中间，调平导轨。

（3）将导轨分段，其长度与垫铁长度相适应。依次首尾相接逐段测量，取得各段读数，根据气泡移动方向来判断导轨倾斜方向。如果气泡移动方向与水平仪移动方向相同，表示导轨向右上倾斜。

（4）把各点测量数据逐点累积，画出导轨直线度曲线图。作图时，导轨的长度为横坐标，水平仪读数为纵坐标。根据水平仪读数依次画出各折线段，每一段的起点与前一段的终点相重合。

例如长 1 600 mm 的导轨，用精度为 0.02/1 000 mm 的框形水平仪测量机床导轨垂直面内的直线度误差。水平仪垫铁长度为 200 mm，分 8 段测量。用绝对读数法，每段读数依次为：+1、+1、+2、0、-1、-1、0、-0.5。

取坐标纸，画出导轨直线度曲线图如图 23-21 所示：

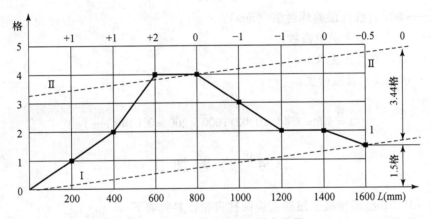

图 23-21　导轨直线度误差曲线图

也可按各点相对于起点计算累积误差，对应各测量位置在 Y 轴上取点，连接各点获得直线度误差曲线图。

（5）用端点连线法或最小区域法确定最大误差格数和误差曲线形状。

1）两端点连线法

若导轨直线度误差曲线呈单凸或单凹时，作首尾两端点连线 Ⅰ—Ⅰ，并通过曲线最高点或最低点作 Ⅱ—Ⅱ 直线与 Ⅰ—Ⅰ 平行。两包容线间最大限度坐标值即为最大误差值。如图 23-21 所示，最大误差在导轨长度为 600 mm 处。曲线右端坐标值为 1.5 格，按相似三角形解法，导轨 600 mm 处最大误差值为 3.44（=4-0.56）格。

2）最小区域法

在直线度误差曲线有凸有凹呈波折状时，如图 23-22 所示，过曲线上两个最低点（或两个最高点），作一条包容线 Ⅰ—Ⅰ；过曲线上两个最高点（或两个最低点），作平行于 Ⅰ—Ⅰ 的另一条包容线 Ⅱ—Ⅱ，将误差曲线全部包容在两平行线之间。两平行线之间沿 Y

轴方向的最大坐标值即为最大误差。

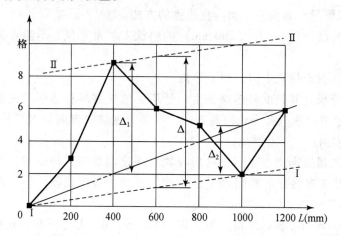

图 23-22　最小区域法确定导轨误差曲线

（6）按误差格数换算导轨直线度线性值，一般按下式换算：

$$\Delta = niL$$

式中，Δ——导轨直线度误差线性值（mm）；

　　　n——曲线中最大误差格数；

　　　L——每段测量长度（mm）；

　　　i——水平仪的读数精度。

上例中：

$$\Delta = niL = 3.44 \times 0.02/1000 \times 200 = 0.014\,(mm)$$

23.4　滚　齿　加　工

1. 在 Y3150E 型滚齿机上滚切直齿圆柱齿轮。参数如下。

工件：齿数 $Z = 46$，模数 $m = 3$，齿轮轮齿厚度 $B = 40\,mm$。

滚刀：滚刀外径 $D_{刀} = 70\,mm$，滚刀头数 $K = 1$，滚刀螺旋角 $\omega = 4°$，右旋。

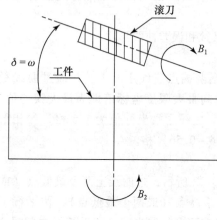

图 23-23　滚刀安装

相关参数：切削速度 $v_c = 35\,m/min$；全齿深 $H = 6.75\,mm$，分两次切削完成：$H_1 = 5\,mm$、$H_2 = 1.75\,mm$。轴向进给量：$S_1 = 2.9\,mm/r$，$S_2 = 1.16\,mm/r$。采用逆铣切削。

（1）工件安装（略）

（2）滚刀安装

根据机床说明书，采用如图 23-23 所示的安装方式。要注意的是，滚刀和工件的旋转方向应是从机床背面进行观察所得的旋向，即：人、滚刀和工件三者之间的位置关系是："工人—刀具—工件"。并且，滚刀的倾斜方向为"右旋右高"，即使用右旋滚刀，则右侧偏高；若使用左旋滚刀，左侧偏高，即"左旋左高"。滚刀倾斜角度为滚刀的螺旋角，可从刀架转盘刻度中读取。本例偏转 4°。

（3）滚刀主轴转速的计算及调整

因为　　　　　$v_c = \dfrac{\pi D_刀\, n_刀}{1000}$（m/min），则：$n_刀 = \dfrac{1000 v_c}{\pi D_刀}$（r/min）

本例：　　　　$n_刀 = \dfrac{1000 v_c}{\pi D_刀} = \dfrac{1000 \times 35}{3.14 \times 70} = 159.2 \approx 160$（r/min）

机床说明书有如表 23-1 所示的规定：

表 23-1　滚刀头数、工件齿数和滚刀转速的关系

滚刀	1 头滚刀	2 头滚刀	3 头滚刀	4 头滚刀	$n_{刀\,max}$（r/min）
$Z_工$	5	10～11	15～17	20～22	40
	50	6	12～13	18～20	23～27
	63	7～8	14～17	21～26	28～35
	80	9～11	18～22	27～35	36～44
	100	12～14	23～27	36～41	45～55
	125	15～17	28～35	42～53	56～71
	160	18～22	36～44	54～68	72～88
	200	23～27	45～54	69～83	89～111
	250	≥28	≥55	≥84	≥112

机床工作时间未满 600 小时，工件齿数与滚刀头数关系应为下表所列齿数的 1.5 倍：

滚刀头数 K　　　　　1　　2　　3　　4

工件最小齿数 Z_{min}　　5　　10　　15　　20

计算结果与说明书的规定基本相符，选取滚刀主轴转速 160 r/min。

滚刀主轴转速选定后，则应根据说明书选配规定的挂轮和相应手柄位置，如表 23-2 所示。

表 23-2　滚刀主轴转速及挂轮表

挂轮 手柄位置	22/44	33/33	44/22
Ⅰ	40	80	160
Ⅱ	63	125	250
Ⅲ	50	100	200

（4）分齿挂轮的计算与调整

根据范成运动的原理可知，当使用 K 头滚刀加工齿数为 Z 的齿轮时，滚刀旋转一转，工作台带着工件旋转 K/Z 转。根据机床说明书可得：

$$\frac{a \times c}{b \times d} = \frac{24K}{Z} \times \frac{f}{e}$$

当 $5 \leqslant \dfrac{Z}{K} \leqslant 20$ 时，$e = 48$，$f = 24$。

$$\frac{a \times c}{b \times d} = \frac{24K}{Z} \times \frac{f}{e} = \frac{12K}{Z} \qquad (1)$$

当 $21 \leqslant \dfrac{Z}{K} \leqslant 142$ 时，$e = 36$，$f = 36$。

$$\frac{a \times c}{b \times d} = \frac{24K}{Z} \times \frac{f}{e} = \frac{24K}{Z} \qquad (2)$$

当 $143 \leqslant \dfrac{Z}{K}$ 时，$e = 24$，$f = 48$。

$$\frac{a \times c}{b \times d} = \frac{24K}{Z} \times \frac{f}{e} = \frac{48K}{Z} \qquad (3)$$

本例：$Z = 46$、$K = 1$　$Z/K = 46$，故用公式（2）。得：

$$\frac{a \times c}{b \times d} = \frac{24K}{Z} \times \frac{f}{e} = \frac{24 \times 1}{46} = \frac{24 \times 20}{20 \times 46}$$

即：$a = 24$，$b = 20$，$c = 20$，$d = 46$，且 4 个齿轮均为机床所带。

或查机床铭牌得：当 $Z = 46$ 时，$a = 48$，$d = 92$。机床规定：使用右旋滚刀时应加惰轮，使用左旋滚刀时不加惰轮。本例使用的是右旋滚刀，故应加惰轮。如图 23-24 所示。

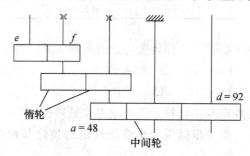

图 23-24　分齿挂轮

（5）机床进给运动的计算与调整

1）径向进给：本机床的径向进给是工作台沿床身水平导轨方向的进给运动。径向进给运动是靠手动实现的。旋转方头手柄 1 周，工作台径向移动 2 mm，刻度盘上每 1 小格为 0.02 mm。本例第一次径向进给 5 mm，第二次进给至全齿深 6.75 mm。

2）轴向进给：本机床的轴向进给是刀架沿立柱导轨方向的进给运动。轴向进给运动为机动。通过 4 对挂轮和一个推挡齿轮变速器变速，从而获得 12 种进给量，以满足不同表面粗糙度之需。

本例：

$S_{轴1} = 2.9 \, \text{mm/r}$，这时手柄位置为 Ⅲ；

$S_{轴2} = 1.16 \, \text{mm/r}$，这时手柄位置为 Ⅰ。

这时的进给挂轮为：

$$a_1 = 46, \quad b_1 = 32$$

详见表 23-3。

表 23-3　轴向进给量及挂轮

使用右旋滚刀 （使用左旋滚刀）	逆铣（顺铣）		顺铣（逆铣）	
	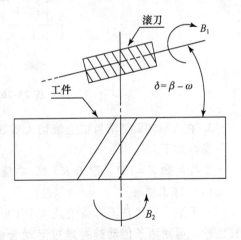			
a_1/b_1 手柄位置	26/52	32/46	46/32	52/26
Ⅰ	0.4	0.56	1.16	1.6
Ⅱ	0.63	0.87	1.8	2.5
Ⅲ	1	1.41	2.9	4

2. 在 Y3150E 型滚齿机上滚切斜齿圆柱齿轮。参数如下。

工件：齿数 $Z = 63$，法向模数 $m_{法} = 3$，齿轮轮齿厚度 $B = 40\,\text{mm}$，螺旋角 $\beta = 20°$，右旋。

滚刀：滚刀外径 $D_{刀} = 70\,\text{mm}$，滚刀头数 $K = 1$，滚刀螺旋角 $\omega = 4°$，右旋。

相关参数：切削速度 $v_c = 35\,\text{m/min}$；全齿深 $H = 6.75\,\text{mm}$，分两次切削完成：$H_1 = 5\,\text{mm}$、$H_2 = 1.75\,\text{mm}$。轴向进给量：$S_1 = 1.8\,\text{mm/r}$，$S_2 = 1.16\,\text{mm/r}$。采用逆铣切削。

（1）工件安装（略）

（2）滚刀安装

滚刀的安装与刀具旋向、工件旋向有关：当滚刀螺旋方向与工件螺旋方向相同时，滚刀安装角 $\delta = \beta - \omega$；当滚刀螺旋方向与工件螺旋方向相反时，滚刀安装角 $\delta = \beta + \omega$。如图 23-25 所示。

（3）滚刀主轴转速的计算及调整

滚切斜齿圆柱齿轮时刀主轴转速计算及调整，与滚切直齿圆柱齿轮相同，本例从略。

（4）分齿挂轮的计算与调整

滚切斜齿圆柱齿轮时分齿挂轮的计算及调整，与滚切直齿圆柱齿轮相同，本例从略。

（5）机床进给运动的计算与调整

滚切斜齿圆柱齿轮时进给运动计算及调整，与滚切直齿圆柱齿轮相同，本例从略。

图 23-25　滚斜齿分齿挂轮

（6）差动挂轮的计算与调整

根据滚斜齿原理可知，差动传动链给予工作台的补偿运动为：当滚刀垂直移动一个工件的螺旋导程长度 L 时，差动传动链给予工作台补偿运动为正或负 1 转。

工件的螺旋导程为：

$$L = \frac{M\pi Z}{\sin\beta}$$

挂轮按下式计算：

$$\frac{a_2 \times c_2}{b_2 \times d_2} = \pm \frac{\sin\beta}{MK} \tag{4}$$

正负号的确定如表 23-4 所示。

表 23-4　差动挂轮正负号的确定

工件旋向 ＼ 滚刀旋向	右旋	左旋
右旋	－	＋
左旋	＋	－

根据机床说明书的要求，取正号时不用惰轮；负号时使用惰轮。本例取负号。
计算如下：

$$\frac{a_2 \times c_2}{b_2 \times d_2} = -\frac{\sin\beta}{MK} = -9 \times \frac{\sin 20^\circ}{3 \times 1} = -1.02606$$

查挂轮表得：

$$\frac{a_2 \times c_2}{b_2 \times d_2} = -\frac{37 \times 83}{41 \times 73}$$

挂轮按图 23-26 挂接：

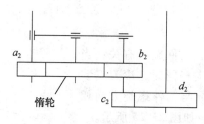

图 23-26　滚斜齿差动挂轮

3. 在 Y3150E 型滚齿机上滚切大质数直齿圆柱齿轮。

参数如下：

工件齿数 $Z = 101$，滚刀 $K = 1$，右旋，轴向进给量 $f = 1.41 \text{ mm/r}$。

（1）加工原理

由于滚齿机通常不具备齿数大于 100 的质数挂轮，为了在滚齿机上滚切大质数直齿圆柱齿轮，可用两条传动链并通过运动合成器来实现所需的范成运动。其原理是：设工件齿数为 Z（大于 100 的质数），选一个接近 Z 的 Z_0 来调整传动链（注意：Z_0 是滚齿机挂轮可以利用的数值）。这样一来，范成运动便产生了运动误差 $\left(\dfrac{K}{Z} - \dfrac{K}{Z_0}\right)$ 转。为了补偿这一误差，可利用差动传动链，在工件转 $\dfrac{K}{Z}$ 转的过程中，使工件附加转 $\left(\dfrac{K}{Z} - \dfrac{K}{Z_0}\right)$ 转，从而加工出齿数为 Z 的直齿圆柱齿轮。

（2）范成（分齿）运动挂轮的计算

选定补偿量 $\Delta = -\dfrac{1}{17}$（补偿量一般为 $\dfrac{1}{5} \sim \dfrac{1}{50}$，负号表示滚刀转动减慢）

得：

$$\frac{a \times c}{b \times d} = \frac{24K}{Z} \times \frac{f}{e} = \frac{48K}{Z + \Delta} = \frac{48 \times 1}{101 + \left(-\dfrac{1}{17}\right)} = 0.475524475$$

所以：

$$\frac{a \times c}{b \times d} = \frac{34 \times 50}{55 \times 65} \quad (= 0.475524475)$$

（3）差动（附加运动）挂轮的计算

$$\frac{a_2 \times c_2}{b_2 \times d_2} = \frac{625\Delta}{32u_f K} \tag{5}$$

$$u_f = \frac{a_1}{b_1} \times u_{\text{进给箱}} = \frac{f}{0.4608\pi} \tag{6}$$

在计算时，不能直接带入 f 进行计算，因为机床铭牌上所给的标称值是粗略的，误差较大，应具体查阅机床说明书，确定此时 f 所对应的 $u_{\text{进给箱}}$。经查得：

$$u_{\text{进给箱}} = 0.97391304347 = \frac{16}{23} \times \frac{7}{5} \tag{7}$$

将式（7）、（6）一并带入式（5）进行计算得：

$$\frac{a_2 \times c_2}{b_2 \times d_2} = \frac{52 \times 75}{58 \times 57}$$

这里值得一提的是，在进行差动传动链计算时，轴向进给量已经作为传动链中的一个因子参与了计算，并由此得到相应的挂轮。因此，在整个齿轮滚切过程中，不允许改变已经确定的轴向进给量，否则差动传动将产生错误。如果由于切削之需，确要更改轴向进给量，则需重新计算差动挂轮，并重新对刀方可进行切削。

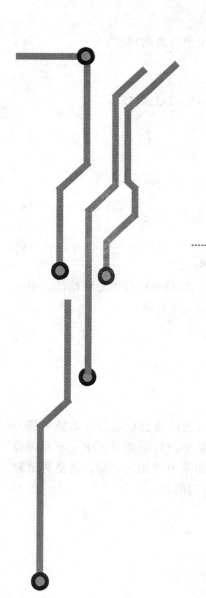

附录1
常用数学基础知识

1. 移项计算

(1) $a + b = c - d$

$a = (c - d) - b = c - d - b$ $\qquad\qquad$ $b = (c - d) - a = c - d - a$

$c = (a + b) + d = a + b + d$ $\qquad\qquad$ $d = c - (a + b) = c - a - b$

(2) $\dfrac{a}{b} = \dfrac{c}{d}$

$a = b \times \dfrac{c}{d}$ $\qquad$ $b = a \times \dfrac{d}{c}$ $\qquad$ $c = d \times \dfrac{a}{b}$ $\qquad$ $d = c \times \dfrac{b}{a}$

$bc = ad$ $\qquad\qquad$ $\dfrac{a}{c} = \dfrac{b}{d}$ $\qquad\qquad$ $\dfrac{d}{b} = \dfrac{c}{a}$ $\qquad\qquad$ $\dfrac{d}{c} = \dfrac{b}{a}$

2. 加减乘除计算

(1) $(+a) + (+b) = +(a + b) = a + b$ $\quad$ $(+a) + (-b) = +(a - b) = a - b = -(b - a)$

 $(+a) - (+b) = (+a) + (-b) = a - b$ $\quad$ $(+a) - (-b) = (+a) + (+b) = a + b$

 $(-a) + (-b) = -(a + b)$ $\qquad\qquad$ $(-a) + (+b) = -(a - b) = +(b - a)$

 $(-a) - (-b) = (-a) + (+b) = b - a$ $\quad$ $(-a) - (+b) = (-a) + (-b) = -(a + b)$

(2) $(+a)(+b) = +ab = ab$ $\qquad$ $(-a)(+b) = -ab$ $\qquad\qquad$ $(+a)(-b) = -ab$

 $(-a)(-b) = +ab = ab$ $\qquad$ $(+a) \div (+b) = +\dfrac{a}{b} = \dfrac{a}{b}$ $\quad$ $(-a) \div (+b) = -\dfrac{a}{b}$

 $(+a) \div (-b) = -\dfrac{a}{b}$ $\qquad\qquad\qquad\qquad$ $(-a) \div (-b) = +\dfrac{a}{b} = \dfrac{a}{b}$

 $(a + b)(c + d) = ac + ad + bc + bd$ $\qquad$ $(a - b)(c + d) = ac - bc + ad - bd$

 $(a + b)(c - d) = ac + bc - ad - bd$ $\qquad$ $(a - b)(c - d) = ac - bc - ad + bd$

(3) $a + 0 = a$ $\qquad$ $a - 0 = a$ $\qquad$ $a \times 0 = 0 (a \neq 0)$ $\qquad$ $\dfrac{0}{a} = 0 (a \neq 0)$ $\qquad$ $\dfrac{a}{b} = \dfrac{am}{bm} (m \neq 0)$

$\dfrac{a_1}{b} + \dfrac{a_2}{b} = \dfrac{a_1 + a_2}{b}$ $\qquad\qquad$ $\dfrac{a_1}{b} - \dfrac{a_2}{b} = \dfrac{a_1 - a_2}{b}$

$\dfrac{a_1}{b_1 d} + \dfrac{a_2}{b_2 d} = \dfrac{a_1 b_2 + a_2 b_1}{b_1 b_2 d}$ $\qquad\qquad$ $\dfrac{a_1}{b_1 d} - \dfrac{a_2}{b_2 d} = \dfrac{a_1 b_2 - a_2 b_1}{b_1 b_2 d}$

$\left(\dfrac{a}{b}\right) m = \dfrac{am}{b}$ $\qquad$ $m\left(\dfrac{a}{b}\right) = \dfrac{ma}{b}$ $\qquad$ $\dfrac{a}{b} \div c = \dfrac{a}{bc} = \dfrac{a}{c} \div b$ $\qquad$ $a \div \dfrac{b}{c} = a\left(\dfrac{c}{b}\right) = \dfrac{ac}{b}$

$\left(\dfrac{a_1}{b_1}\right) \times \left(\dfrac{a_2}{b_2}\right) = \dfrac{a_1 a_2}{b_1 b_2}$ $\qquad\qquad$ $\dfrac{a_1}{b_1} \div \dfrac{a_2}{b_2} = \left(\dfrac{a_1}{b_1}\right)\left(\dfrac{b_2}{a_2}\right) = \dfrac{a_1 b_2}{b_1 a_2}$

3. 一元二次方程求根

$ax^2 + bx + c = 0$ $\qquad\qquad\qquad$ $x = \dfrac{-b \pm \sqrt{b^2 - 4ac}}{2a}$

4. 因式分解

$(a + b)^2 = a^2 + 2ab + b^2 = (a - b)^2 + 4ab$ $\qquad$ $(a - b)^2 = a^2 - 2ab + b^2$

$$a^2 + b^2 = (a-b)^2 + 2ab \qquad a^2 - b^2 = (a+b)(a-b)$$

$$(a+b+c)^2 = a^2 + b^2 + c^2 + 2ab + 2ac + 2bc = (a+b)^2 + 2(a+b)c + c^2$$

$$(a-b+c)^2 = a^2 + b^2 + c^2 - 2ab + 2ac - 2bc$$

$$(a+b)^3 = a^3 + 3a^2b + 3ab^2 + b^3 \qquad (a-b)^3 = a^3 - 3a^2b + 3ab^2 - b^3$$

$$a^3 + b^3 = (a+b)(a^2 - ab + b^2) \qquad a^3 - b^3 = (a-b)(a^2 + ab + b^2)$$

$$(a \pm b)^4 = a^4 \pm 4a^3b + 6a^2b^2 \pm 4ab^3 + b^4 \qquad a^4 + b^4 = (a^2 + b^2 + \sqrt{2}ab)(a^2 + b^2 - \sqrt{2}ab)$$

5. 幂和根式

(1) $\ (+a)^{2n} = +a^{2n} = a^{2n} \quad (-a)^{2n} = +a^{2n} \quad (+a)^{2n+1} = +a^{2n+1} \quad (-a)^{2n+1} = -a^{2n+1}$

$(-1)^{2n} = +1 \qquad -(1)^{2n} = -1 \qquad a^1 = a \qquad 0^1 = 0 \qquad 1^n = 1 \qquad a^0 = 1$

$$a^{-n} = \frac{1}{a^n} \qquad a^n = \frac{1}{a^{-n}} = \left(\frac{1}{a}\right)^{-n} \qquad \frac{a^n}{b^n} = \left(\frac{a}{b}\right)^n = \left(\frac{b}{a}\right)^{-n}$$

$$a^m a^n = a^{m+n} \qquad a^m \div a^n = \frac{a^m}{a^n} = a^{m-n} \qquad (a^m)^n = (a^n)^m = a^{mn} \qquad (abc)^m = a^m b^m c^m$$

(2) $\sqrt[n]{0} = 0 \qquad \sqrt{1} = 1 \qquad \sqrt[1]{a} = a \qquad \sqrt[2]{a} = \sqrt{a} \qquad (\sqrt[n]{a})^n = a$

$$\sqrt[n]{abc \cdots m} = \sqrt[n]{a}\sqrt[n]{b}\sqrt[n]{c} \cdots \sqrt[n]{m} \qquad \left(\frac{a}{b}\right)^{\frac{1}{n}} = \sqrt[n]{\frac{a}{b}} = \frac{\sqrt[n]{a}}{\sqrt[n]{b}} \qquad a^{-\frac{1}{n}} = \sqrt[n]{\frac{1}{a}} = \frac{1}{\sqrt[n]{a}}$$

$$a^{\frac{1}{n}} = \sqrt[n]{a} = \sqrt[mn]{a^m} \qquad a^{\frac{m}{n}} = \sqrt[n]{a^m} = (\sqrt[n]{a})^m \qquad c\sqrt[n]{a} = \sqrt[n]{ac^n} \ (c > 0)$$

$$\sqrt[n]{a} \times \sqrt[m]{a} = \sqrt[mn]{a^{m+n}} \qquad \sqrt[m]{\sqrt[n]{a}} = \sqrt[n]{\sqrt[m]{a}} = \sqrt[mn]{a}$$

$$\sqrt{a} + \sqrt{b} = \sqrt{a + b + 2\sqrt{ab}} \qquad \sqrt{a} - \sqrt{b} = \sqrt{a + b - 2\sqrt{ab}}$$

$$\frac{c}{\sqrt{a} - \sqrt{b}} = \frac{c(\sqrt{a} + \sqrt{b})}{a - b} \qquad \sqrt{a + \sqrt{b}} = \sqrt{\frac{a + \sqrt{a^2 - b}}{2}} + \sqrt{\frac{a - \sqrt{a^2 - b}}{2}}$$

$$\sqrt{a - \sqrt{b}} = \sqrt{\frac{a + \sqrt{a^2 - b}}{2}} - \sqrt{\frac{a - \sqrt{a^2 - b}}{2}} \qquad a^n b^n = (ab)^n$$

6. 对数（前提：$a > 1$，$a \neq 1$）

(1) 若 $a^x = M$，则 $\log_a M = x$

(2) $\log_a a = 1$

(3) $\log_a 1 = 0$

(4) $\log_a(MN) = \log_a M + \log_a N$

(5) $\log_a \dfrac{M}{N} = \log_a M - \log_a N$

(6) $\log_a(M)^n = n\log_a M$

(7) $\log_a \sqrt[n]{M} = \dfrac{1}{n}\log_a M$

(8) $\lg M = 0.4343 \ln M$

(9) $\ln M = 2.3026 \lg M$

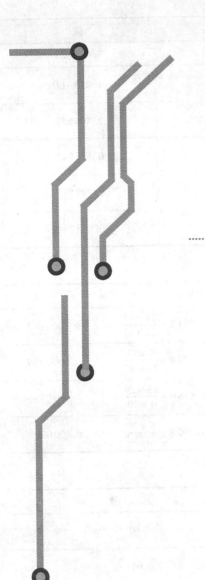

附录 2
常用数表

附表 2-1　π 的重要函数

函数	值	函数	值
π	3. 141 593	$\sqrt{2\pi}$	2. 506 628
π^2	9. 869 604	$\sqrt{\dfrac{\pi}{2}}$	1. 253 314
$\sqrt{\pi}$	1. 772 454	$\sqrt[3]{\pi}$	1. 464 592
$\dfrac{1}{\pi}$	0. 318 310	$\sqrt{\dfrac{1}{2\pi}}$	0. 398 942
$\dfrac{1}{\pi^2}$	0. 101 321	$\sqrt{\dfrac{2}{\pi}}$	0. 797 885
$\sqrt{\dfrac{1}{\pi}}$	0. 564 190	$\sqrt[3]{\dfrac{1}{\pi}}$	0. 682 784

附表 2-2　π 的近似分数

近似分数	误差	近似分数	误差
$\pi \approx 3.140\,000\,00 = \dfrac{157}{50}$	0. 001 592 7	$\pi \approx 3.141\,711\,2 = \dfrac{25 \times 47}{22 \times 17}$	0. 000 118 5
$\pi \approx 3.142\,857\,1 = \dfrac{22}{7}$	0. 001 264 4	$\pi \approx 3.141\,700\,4 = \dfrac{8 \times 97}{13 \times 19}$	0. 000 107 7
$\pi \approx 3.141\,818\,1 = \dfrac{32 \times 27}{25 \times 11}$	0. 000 225 4	$\pi \approx 3.141\,666\,6 = \dfrac{13 \times 29}{4 \times 30}$	0. 000 073 9
$\pi \approx 3.141\,732\,2 = \dfrac{19 \times 21}{127}$	0. 000 139 5	$\pi \approx 3.141\,592\,9 = \dfrac{5 \times 71}{113}$	0. 000 000 2

附表 2-3　25.4 的近似分数

近似分数	误差
$25.400\,00 = \dfrac{127}{5}$	0
$25.411\,76 = \dfrac{18 \times 24}{17}$	0. 011 76
$25.396\,83 = \dfrac{40 \times 40}{7 \times 9}$	0. 003 17
$25.384\,61 = \dfrac{11 \times 30}{13}$	0. 015 39

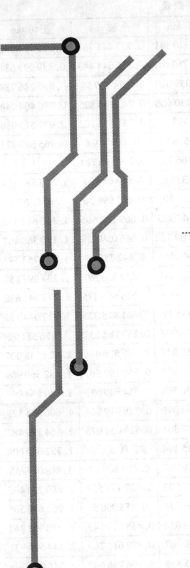

附录 3
三角函数表

附表 3-1　整度数 $0° \sim 90°$ 三角函数表

角度	正弦 sin	余弦 cos	正切 tan	角度	正弦 sin	余弦 cos	正切 tan
0	0	1	0	39	0. 629 320 391	0. 777 145 961	0. 809 784 033
1	0. 017 452 406	0. 999 847 695	0. 017 455 065	40	0. 642 787 61	0. 766 044 443	0. 839 099 631
2	0. 034 899 497	0. 999 390 827	0. 034 921	41	0. 656 059 029	0. 754 709 58	0. 869 286 738
3	0. 052 335 956	0. 998 629 535	0. 052 407 779	42	0. 669 130 606	0. 743 144 825	0. 900 404 044
4	0. 069 756 474	0. 997 564 05	0. 069 926 812	43	0. 681 998 36	0. 731 353 702	0. 932 515 086
5	0. 087 155 743	0. 996 194 698	0. 087 488 664	44	0. 694 658 37	0. 719 339 8	0. 965 688 775
6	0. 104 528 463	0. 994 521 895	0. 105 104 235	45	0. 707 106 781	0. 707 106 781	1
7	0. 121 869 343	0. 992 546 152	0. 122 784 561	46	0. 719 339 8	0. 694 658 37	1. 035 530 314
8	0. 139 173 101	0. 990 268 069	0. 140 540 835	47	0. 731 353 702	0. 681 998 36	1. 072 368 71
9	0. 156 434 465	0. 987 688 341	0. 158 384 44	48	0. 743 144 825	0. 669 130 606	1. 110 612 515
10	0. 173 648 178	0. 984 807 753	0. 176 326 981	49	0. 754 709 58	0. 656 059 029	1. 150 368 407
11	0. 190 808 995	0. 981 627 183	0. 194 380 309	50	0. 766 044 443	0. 642 787 61	1. 191 753 593
12	0. 207 911 691	0. 978 147 601	0. 212 556 562	51	0. 777 145 961	0. 629 320 391	1. 234 897 157
13	0. 224 951 054	0. 974 370 065	0. 230 868 191	52	0. 788 010 754	0. 615 661 475	1. 279 941 632
14	0. 241 921 896	0. 970 295 726	0. 249 328 003	53	0. 798 635 51	0. 601 815 023	1. 327 044 822
15	0. 258 819 045	0. 965 925 826	0. 267 949 192	54	0. 809 016 994	0. 587 785 252	1. 376 381 92
16	0. 275 637 356	0. 961 261 696	0. 286 745 386	55	0. 819 152 044	0. 573 576 436	1. 428 148 007
17	0. 292 371 705	0. 956 304 756	0. 305 730 681	56	0. 829 037 573	0. 559 192 903	1. 482 560 969
18	0. 309 016 994	0. 951 056 516	0. 324 919 696	57	0. 838 670 568	0. 544 639 035	1. 539 864 964
19	0. 325 568 154	0. 945 518 576	0. 344 327 613	58	0. 848 048 096	0. 529 919 264	1. 600 334 529
20	0. 342 020 143	0. 939 692 621	0. 363 970 234	59	0. 857 167 301	0. 515 038 075	1. 664 279 482
21	0. 358 367 95	0. 933 580 426	0. 383 864 035	60	0. 866 025 404	0. 5	1. 732 050 808
22	0. 374 606 593	0. 927 183 855	0. 404 026 226	61	0. 874 619 707	0. 484 809 62	1. 804 047 755
23	0. 390 731 128	0. 920 504 853	0. 424 474 816	62	0. 882 947 593	0. 469 471 563	1. 880 726 465
24	0. 406 736 643	0. 913 545 458	0. 445 228 685	63	0. 891 006 524	0. 453 990 5	1. 962 610 506
25	0. 422 618 262	0. 906 307 787	0. 466 307 658	67	0. 898 794 046	0. 438 371 147	2. 050 303 842
26	0. 438 371 147	0. 898 794 046	0. 487 732 589	65	0. 906 307 787	0. 422 618 262	2. 144 506 921
27	0. 453 990 5	0. 891 006 524	0. 509 525 449	66	0. 913 545 458	0. 406 736 643	2. 246 036 774
28	0. 469 471 563	0. 882 947 593	0. 531 709 432	67	0. 920 504 853	0. 390 731 128	2. 355852366
29	0. 484 809 62	0. 874 619 707	0. 554 309 051	68	0. 927 183 855	0. 374 606 593	2. 475086853
30	0. 5	0. 866 025 404	0. 577 350 269	69	0. 933 580 426	0. 358 367 95	2. 605 089 065
31	0. 515 038 075	0. 857 167 301	0. 600 860 619	70	0. 939 692 621	0. 342 020 143	2. 747 477 419
32	0. 529 919 264	0. 848 048 096	0. 624 869 352	71	0. 945 518 576	0. 325 568 154	2. 904 210 878
33	0. 544 639 035	0. 838 670 568	0. 649 407 593	72	0. 951 056 516	0. 309 016 994	3. 077 683 537
34	0. 559 192 903	0. 829 037 573	0. 674 508 517	73	0. 956 304 756	0. 292 371 705	3. 270 852 618
35	0. 573 576 436	0. 819 152 044	0. 700 207 538	74	0. 961 261 696	0. 275 637 356	3. 487 414 444
36	0. 587 785 252	0. 809 016 994	0. 726 542 528	75	0. 965 925 826	0. 258 819 045	3. 732 050 808
37	0. 601 815 023	0. 798 635 51	0. 753 554 05	76	0. 970 295 726	0. 241 921 896	4. 010 780 934
38	0. 615 661 475	0. 788 010 754	0. 781 285 627	77	0. 974 370 065	0. 224 951 054	4. 331475874

续表

角度	正弦 sin	余弦 cos	正切 tan	角度	正弦 sin	余弦 cos	正切 tan
78	0. 978 147 601	0. 207 911 691	4. 704 630 109	85	0. 996 194 698	0. 087 155 743	11. 430 052 3
79	0. 981 627 183	0. 190 808 995	5. 144 554 016	86	0. 997 564 05	0. 069 756 474	14. 300 666 26
80	0. 984 807 753	0. 173 648 178	5. 671 281 82	87	0. 998 629 535	0. 052 335 956	19. 081 136 69
81	0. 987 688 341	0. 156 434 465	6. 313 751 515	88	0. 999 390 827	0. 034 899 497	28. 636 253 28
82	0. 990 268 069	0. 139 173 101	7. 115 369 722	89	0. 999 847 695	0. 017 452 406	57. 289 961 63
83	0. 992 546 152	0. 121 869 343	8. 144 346 428	90	1	0	/
84	0. 994 521 895	0. 104 528 463	9. 514 364 454				

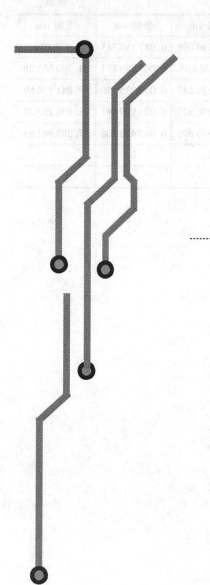

附录 4
公英制换算（长度）

附表 4-1　公英制换算表

毫米/mm	英寸/in	毫米/mm	英寸/in
4.76	$\frac{3}{16}''$（1 分半）	25.40	$1''$（1 寸）
5.56	$\frac{7}{32}''$	26.99	$1\frac{1}{16}''$（1 寸半分）
5.95	$\frac{15}{64}''$	28.58	$1\frac{1}{8}''$（1 寸 1 分）
6.35	$\frac{1}{4}''$（2 分）	30.16	$1\frac{3}{16}''$（1 寸 1 分半）
7.84	$\frac{5}{16}''$（2 分半）	31.75	$1\frac{1}{4}''$（1 寸 2 分）
8.33	$\frac{21}{64}''$	33.34	$1\frac{5}{16}''$（1 寸 2 分半）
8.73	$\frac{11}{32}''$	34.93	$1\frac{3}{8}''$（1 寸 3 分）
9.53	$\frac{3}{8}''$（3 分）	36.51	$1\frac{7}{16}''$（1 寸 3 分半）
11.11	$\frac{7}{16}''$（3 分半）	38.10	$1\frac{1}{2}''$（1 寸 4 分）
12.70	$\frac{1}{2}''$（4 分）	39.69	$1\frac{9}{16}''$（1 寸 4 分半）
14.29	$\frac{9}{16}''$（4 分半）	41.28	$1\frac{5}{8}''$（1 寸 5 分）
15.88	$\frac{5}{8}''$（5 分）	42.86	$1\frac{11}{16}''$（1 寸 5 分半）
17.46	$\frac{11}{16}''$（5 分半）	44.45	$1\frac{3}{4}''$（1 寸 6 分）
19.10	$\frac{3}{4}''$	46.04	$1\frac{13}{16}''$（1 寸 6 分半）
20.64	$\frac{13}{16}''$（6 分半）	47.63	$1\frac{7}{8}''$（1 寸 7 分）
22.23	$\frac{7}{8}''$（7 分）	49.21	$1\frac{15}{16}''$（1 寸 7 分半）
23.83	$\frac{15}{16}''$（7 分半）	50.80	$2''$（2 寸）

注: 1 英里 = 1760 码 = 5280 英尺 = 1.609 344 公里

1 英尺 = 12 英寸 = 0.304 8 米

1 英寸 = 25.4 毫米

1 毫米 = 0.039 37 英寸

1 米 = 3.280 8 英尺

1 码 = 3 英尺 = 0.914 4 米

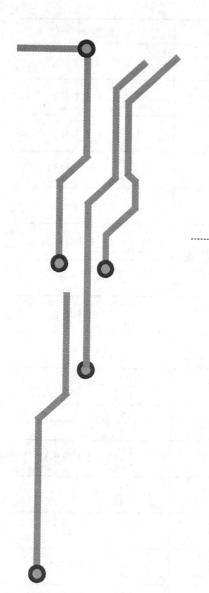

附录 5
冲压件的相关计算

附表 5-1　常见简单几何体表面积计算公式

序　号	名　　称	简　图	面积 A 的计算公式
1	圆形		$A = \dfrac{\pi d^2}{4} = 0.785d^2$
2	环形		$A = \dfrac{\pi}{4}(d_2^2 - d_1^2) = 0.785(d_2^2 - d_1^2)$
3	圆筒形		$A = \pi dh$
4	斜切圆筒		$A = \dfrac{\pi d}{2}(h_1 + h_2)$
5	圆锥形		$A = \dfrac{\pi d}{4}\sqrt{d^2 + 4h^2} = \dfrac{\pi dL}{2}$
6	截头锥形		$A = \dfrac{l\pi}{2}(d_1 + d_2)$ $l = \sqrt{h^2 + \left(\dfrac{d_2 - d_1}{2}\right)^2}$
7	半圆球		$A = 2\pi r^2 = 6.28r^2$
8	半球形底杯		$A = 2\pi rh = 6.28rh$

序 号	名 称	简 图	面积 A 的计算公式
9	球面体		$A = \dfrac{\pi}{4}(S^2 + 4h^2)$ 或 $A = 2\pi rh = 6.28rh$
10	凸形球环		$A = 2r\pi h = 6.28rh$
11	带法兰球面体		$A = \pi\left(\dfrac{d^2}{4} + h^2\right)$
12	1/4 凸形球环		$A = \dfrac{\pi r}{2}(\pi d + 4r) = 4.94rd + 6.28r^2$
13	1/4 凹形球环		$A = \dfrac{\pi r}{2}(\pi d - 4r) = 4.94rd - 6.28r^2$
14	凸形球环		$A = \pi(dL + 2rh)$ 式中 $h = r(1 - \cos\alpha)$, $L = \dfrac{\pi r\alpha}{180°}$
15	凸形球环		$A = \pi(dL + 2rh)$ 式中 $h = r \times \sin\alpha$, $L = \dfrac{\pi r\alpha}{180°}$
16	凸形球环		$A = \pi(dL + 2rh)$ $h = r[\cos\beta - \cos(\alpha + \beta)]$ 式中 $L = \dfrac{\pi r\alpha}{180°}$
17	凹形球环		$A = \pi(rL - 2rh)$ 式中 $h = r(1 - \cos\alpha)$, $L = \dfrac{\pi r\alpha}{180°}$
18	凹形球环		$A = \pi(rL - 2rh)$ 式中 $h = r \times \sin\alpha$, $L = \dfrac{\pi r\alpha}{180°}$

续表

序　号	名　　称	简　图	面积 A 的计算公式
19	凹形球环		$A = \pi(rL - 2rh)$ $h = r[\cos\beta - \cos(\alpha + \beta)]$ 式中　$L = \dfrac{\pi r \alpha}{180°}$
20	截头锥体		$A = 2\pi r\left(h - d\dfrac{\pi\alpha}{360°}\right)$
21	半圆 截面环		$A = \pi^2 rd = 9.87rd$
22	旋转 抛物面		$A = \dfrac{2\pi}{3K}\sqrt{(R^2 + K^2)^2} - K^3$ $K = \dfrac{R^2}{2h}$
23	截头旋转 抛物面		$A = \dfrac{2\pi}{3K}\left(\sqrt{(R^2 + K^2)^2} - \sqrt{(K^2 + r^2)^3}\right)$ $K = \dfrac{R^2 - r^2}{2h}$
24	带边杯体		$A = \pi^2 rd + \dfrac{\pi}{4}(d - 2r)^2$
25	凸形筒		$A = \pi^2 rd = 9.87rd$

续表

序　号	名　　称	简　图	面积 A 的计算公式
26	鼓形筒	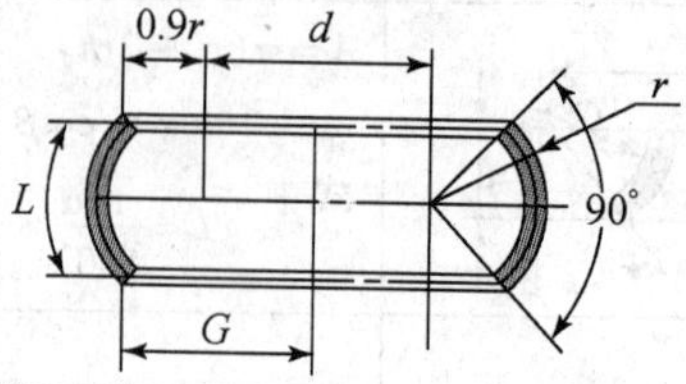	$A = 2\pi GL = \pi^2 Gr = 9.87Gr$ 式中 $G = \dfrac{d}{2} + 0.9r$ $L = \dfrac{r\pi}{2}$
27	鼓形筒	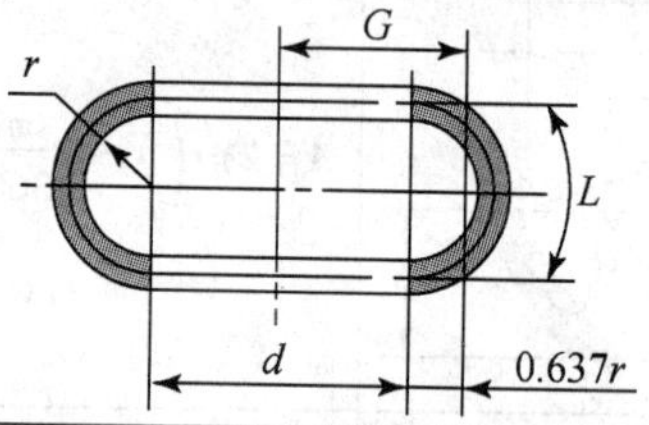	$A = 2\pi dL = 2\pi^2 dr = 19.74Gr$ 式中 $G = \dfrac{d}{2} + 0.637r$ $L = \pi r$
28	凹形筒	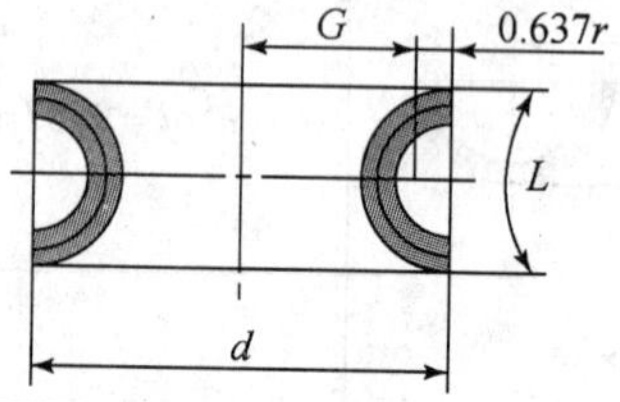	$A = 2\pi GL = 2\pi^2 Gr = 19.74Gr$ $G = \dfrac{d}{2} - 0.637r$ $L = \pi r$

附表 5-2　常见拉深件毛坯直径计算公式

序　号	简　图	毛坯直径 D_0 计算公式
1	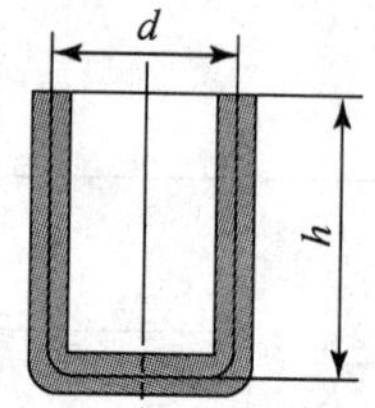	$D_0 = \sqrt{d^2 + 4dh}$
2	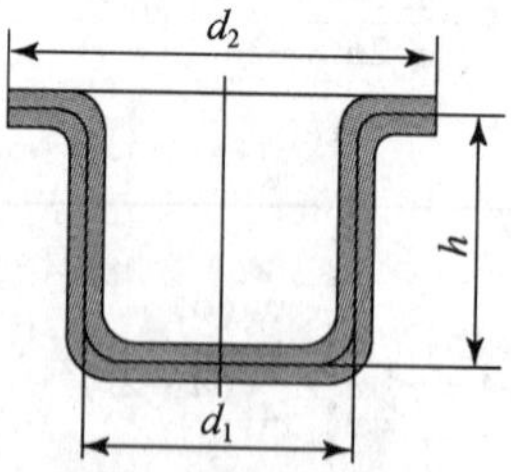	$D_0 = \sqrt{d_2^2 + 4d_1 h}$
3	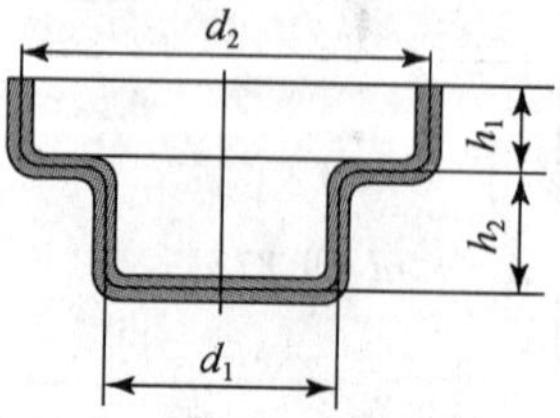	$D_0 = \sqrt{d_2^2 + 4(d_1 h_1 + d_2 h_2)}$

序　号	简　图	毛坯直径 D_0 计算公式
4		$D_0 = \sqrt{d_3^2 + 4(d_1 h_1 + d_2 h_2)}$
5		$D_0 = \sqrt{d_1^2 + 4d_1 h + 2L(d_1 + d_2)}$
6		$D_0 = \sqrt{d_3^2 + 4(d_1 h_1 + d_2 h_2) + 2L(d_2 + d_1)}$
7		$D_0 = \sqrt{d_1^2 + 2L(d_1 + d_2)}$
8		$D_0 = \sqrt{d_1^2 + 2L(d_1 + d_2) + 4d_2 h}$
9		$D_0 = \sqrt{d_1^2 + 2L(d_1 + d_2) + d_3^2 - d_2^2}$
10		$D_0 = \sqrt{2dL}$

序　号	简　图	毛坯直径 D_0 计算公式
11		$D_0 = \sqrt{2d(L+2h)}$
12		$D_0 = \sqrt{d_1^2 + 2r(\pi d_1 + 4r)}$
13		$D_0 = \sqrt{d_1^2 + 6.28rd_1 + 8r^2 + d_3^2 - d_2^2}$
14		$D_0 = \sqrt{d_1^2 + 6.28rd_1 + 8r^2 + 2L(d_2 + d_3)}$
15		$D_0 = \sqrt{d_1^2 + 4d_2h + 6.28rd_1 + 8r^2}$ 或 $D_0 = \sqrt{d_2^2 + 4d_2H - 1.72rd_2 - 0.56r^2}$
16		$D_0 = \sqrt{d_1^2 + 2\pi rd_1 + 8r^2 + 4d_2h + d_3^2 - d_2^2}$

序　号	简　图	毛坯直径 D_0 计算公式
17		$D_0 = \sqrt{d_1^2 + 2\pi r(d_1 + d_2) + 4\pi r^2}$
18		$D_0 = \sqrt{d_1^2 + 2\pi r d_1 + 8r^2 + 4d_2 h + 2L(d_2 + d_3)}$
19		当 $r_1 = r$ 时 $D_0 = \sqrt{d_1^2 + 4d_2 h + 2\pi r(d_1 + d_2) + 4\pi r^2}$ 当 $r_1 \neq r$ 时 $D_0 = \sqrt{d_1^2 + 2\pi r d_1 + 8r^2 + 4d_2 h + 2\pi r_1 d_2 + 4.56 r^2}$
20		当 $r_1 = r$ 时 $D_0 = \sqrt{d_1^2 + 4d_2 h + 2\pi r(d_1 + d_2) + 4\pi r^2 + d_4^2 - d_3^2}$ 或 $D_0 = \sqrt{d_4^2 + 4d_2 H - 3.44 d_2}$ 当 $r_1 \neq r$ 时 $D_0 = \sqrt{d_1^2 + 2\pi r d_1 + 8r^2 + 4d_2 h + 2\pi r_1 d_2 + 4.56 r_1^2 + d_4^2 - d_3^2}$
21		$D_0 = \sqrt{8Rh}$ 或 $D_0 = \sqrt{S^2 + 4h^2}$

序　号	简　图	毛坯直径 D_0 计算公式
22	$R=d/2$　d	$D_0 = \sqrt{2d^2} = 1.41d$
23	d_2　d_1　R　h	$D_0 = \sqrt{d_2^2 + 4h^2}$
24	d_2　d_1　$R=d/2$	$D_0 = \sqrt{d_1^2 + d_2^2}$
25	d_2　L　h　d_1	$D_0 = \sqrt{d_1^2 + 4h^2 + 2L(d_1 + d_2)}$
26	d_2　L　R　h_2　h_1　d_1	$D_0 = \sqrt{d_1^2 + 4\left[h_1^2 + d_1 h_1 + \dfrac{L}{2}(d_1 + d_2)\right]}$

续表

序　号	简　图	毛坯直径 D_0 计算公式
27		$D_0 = 1.414\sqrt{d_1^2 + L(d_1 + d_2)}$
28		$D_0 = 1.414\sqrt{d_1^2 + 2d_1h + L(d_1 + d_2)}$
29		$D_0 = \sqrt{d^2 + 4(h_1^2 + dh_2)}$
30		$D_0 = \sqrt{d_2^2 + 4(h_1^2 + d_1h_2)}$
31		$D_0 = 1.414\sqrt{d^2 + 2dh}$ 或 $D_0 = 2\sqrt{dH}$

序　号	简　图	毛坯直径 D_0 计算公式
32		$D_0 = \sqrt{d_1^2 + d_2^2 + 4d_1 h}$
33		$D_0 = \sqrt{8R\left[X - b\left(\arcsin \dfrac{X}{R} \right) \right] + 4dh_2 + 8rh_1}$
34		$D_0 = \sqrt{d_2^2 - d_1^2 + 4d_1\left(h + \dfrac{L}{2} \right)}$
35		$D_0 = \sqrt{d_1^2 + 4d_1 h_1 + 4d_2 h_2}$

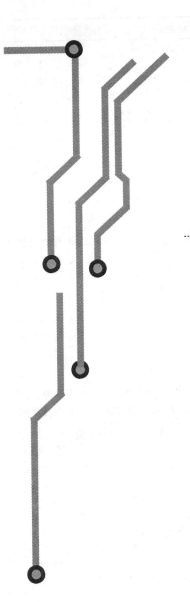

附录 6
弯曲件的相关计算

附表 6-1　弯曲件坯料计算

弯曲特征		简　图	经验公式	说　明
弯曲内圆角半径 $r \geqslant 0.5t$		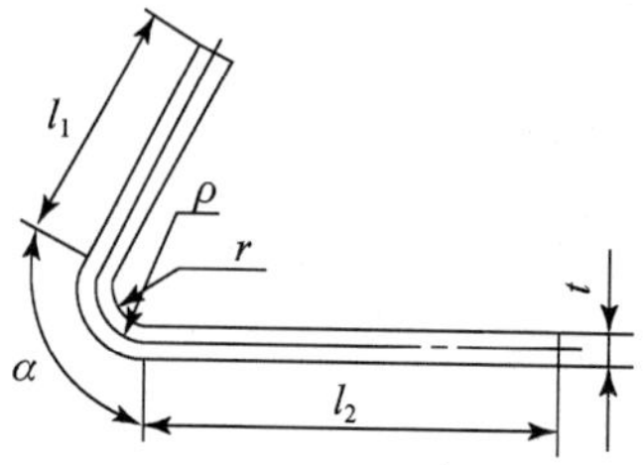	$L = l_1 + l_2 + \dfrac{\pi\alpha\rho}{180°}$ $= l_1 + l_2 + \dfrac{\pi\alpha(r + x_1 t)}{180°}$	此公式也适用于棒料弯曲,此时用 x_3 取代 x_1
弯曲内圆角半径 $r < 0.5t$	弯一个角	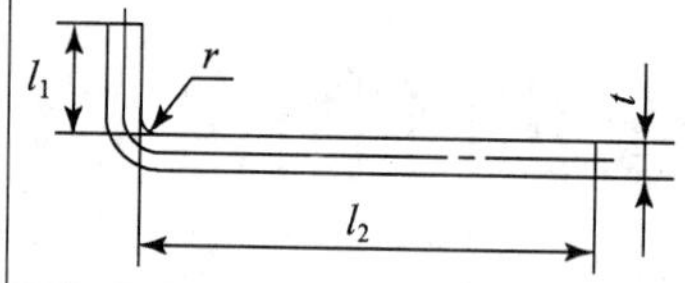	$L = l_1 + l_2 + 0.4t$	此类弯曲弯不仅制件的圆角变形区严重变薄,而且与其相邻的直边部分也变薄。故应按变形前后体积不变原则确定坯料长度
	弯一个角	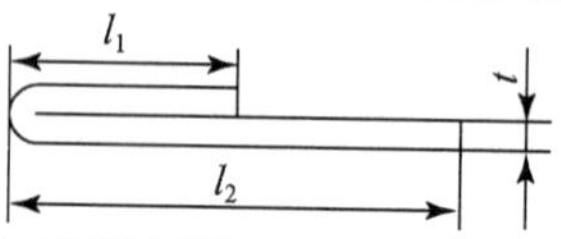	$L = l_1 + l_2 - 0.43t$	
	弯两个角	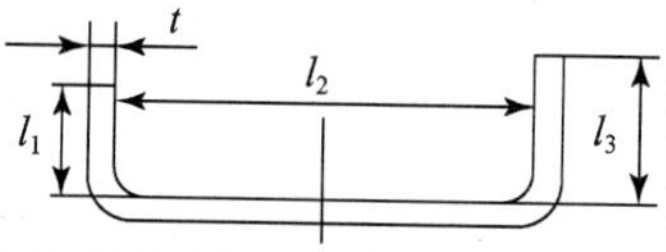	$L = l_1 + l_2 + l_3 + 0.6t$	
弯曲内圆角半径 $r < 0.5t$	弯三个角		一次同时弯三个角 $L = l_1 + l_2 + l_3 + l_4 + 0.75t$ 一次同时弯两个角,第二次弯另一个角 $L = l_1 + l_2 + l_3 + l_4 + t$	
	弯四个角		一次同时弯四个角 $L = 2l_1 + 2l_2 + l_3 + t$ 分两次弯四个角 $L = 2l_1 + 2l_2 + l_3 + 1.2t$	
铰链卷圆		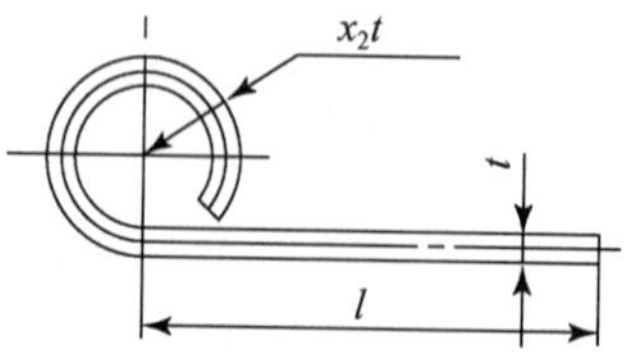	$L = l + 1.5\pi(r + x_2 t)$	

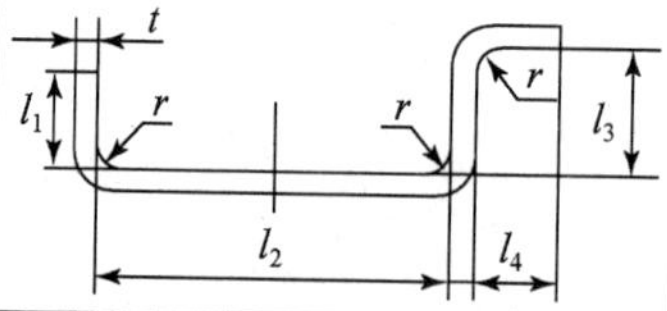

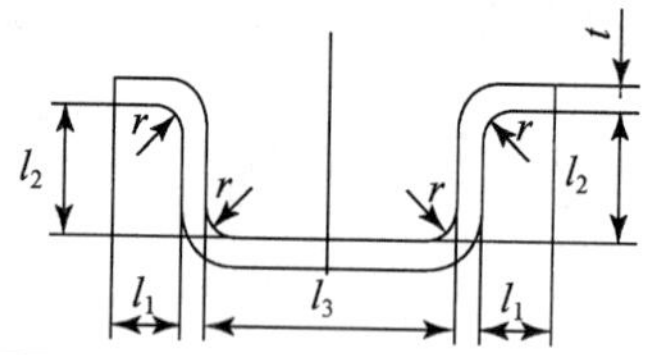

注：1. 表中 L 为坯料展开长度;

2. ρ 为弯曲件中性层弯曲半径,可用经验公式计算: $\rho = r + xt (\text{mm})$;

3. r 为内弯曲半径（mm）;

4. t 为材料厚度（mm）;

5. x 为中性层位移系数,见附表6-2、附表6-3。

附表 6-2 一般弯曲的中性层位移系数 x_1

r/t	0.1	0.2	0.3	0.4	0.5	0.6	0.7	0.8	1.0	1.2
x_1	0.21	0.22	0.23	0.24	0.25	0.26	0.28	0.30	0.32	0.33
r/t	1.3	1.5	2.0	2.5	3.0	4.0	5.0	6.0	7.0	≥8.0
x_1	0.34	0.36	0.38	0.39	0.40	0.42	0.44	0.46	0.48	0.50

对于铰链弯曲件，通常采用推卷的方法成形，板料不是变薄而是变厚，中性层将向外侧移动。此时，中性层位移系数 x_2 见附表 6-3。

附表 6-3 铰链卷圆的中性层位移系数 x_2

r/t	>0.5～0.6	>0.6～0.8	>0.8～0.10	>1.0～1.2	>1.2～1.5	>1.5～1.8	>1.8～2.0	>2.0～2.2	>2.2
x_2	0.76	0.73	0.7	0.67	0.64	0.61	0.58	0.54	0.5

对于棒料弯曲件，中性层一般将向外侧移动。中性层位移系数见附表 6-4。

附表 6-4 棒料弯曲的中性层位移系数

r/t	≥1.5	1	0.5	0.25
x_3	0.5	0.51	0.53	0.55

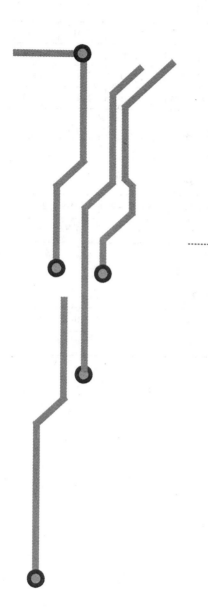

附录 7
角度与弧度换算

1. 概述

角度：将整个圆周分为 360 等分，每一等分弧所对的圆心角叫做 1 度。用度做单位来度量角的单位制叫角度制。如附图 7-1（a）所示。

弧度：与半径等长的弧所对的圆心角叫 1 弧度。用弧度做单位来度量角的单位制叫弧度制。如附图 7-1（b）所示。

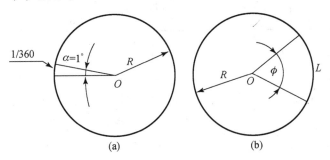

附图 7-1 角度与弧度

1 圆周所对的圆心角 $=360^\circ$

1 圆周所对的圆心角 $=2\pi$ 弧度

根据以上定义可知：

$$\frac{180^\circ}{\alpha}=\frac{\pi}{\phi} \qquad （式中：\alpha 为角度；\phi 为弧度）$$

则：

$$\phi=\frac{\pi\times\alpha}{180^\circ}=0.017453\times\alpha \quad 或 \quad \alpha=\frac{180^\circ\times\phi}{\pi}=57.295764\phi$$

弧长的计算：

$$L=\frac{\pi\times D\times\alpha}{360}=0.008727D\alpha=0.017453R\alpha \quad 或 \quad L=R\phi$$

2. 角度与弧度换算

附表 7-1 角度与弧度换算

角度（秒）	弧　　度	角度（分）	弧　　度	角度（度）	弧　　度	角度（度）	弧　　度
1	0.000 005	1	0.000 291	1	0.017 450	60	1.047 198
2	0.000 010	2	0.000 582	2	0.034 907	70	1.221 730
3	0.000 015	3	0.000 873	3	0.052 360	80	1.396 263
4	0.000 019	4	0.001 164	4	0.069 813	90	1.570 796
5	0.000 024	5	0.001 454	5	0.087 266	100	1.745 329
6	0.000 029	6	0.001 745	6	0.104 720	120	2.094 395
7	0.000 034	7	0.002 036	7	0.122 173	150	2.617 994
8	0.000 039	8	0.002 327	8	0.139 626	180	3.141 593
9	0.000 044	9	0.002 618	9	0.157 080	200	3.490 659

角度（秒）	弧 度	角度（分）	弧 度	角度（度）	弧 度	角度（度）	弧 度
10	0.000 048	10	0.002 909	10	0.174 533	250	4.363 323
20	0.000 097	20	0.005 818	20	0.349 066	270	4.712 389
30	0.000 145	30	0.008 727	30	0.523 699	300	5.235 988
40	0.000 194	40	0.011 636	40	0.698 132	360	6.283 185
50	0.000 242	50	0.014 544	50	0.872 665		

例1 将 $317°36'52''$ 化成弧度。查附表 7-1 得：

$$300° = 5.235988$$
$$10° = 0.174533$$
$$7° = 0.122173$$
$$30' = 0.008727$$
$$6' = 0.001745$$
$$50'' = 0.000242$$
$$+ \quad 2'' = 0.000010$$
$$\overline{317°36'52'' = 5.543418 \text{ 弧度}}$$

3. 弧度与角度的换算

附表 7-2　弧度与角度的换算

弧 度	角 度	弧 度	角 度	弧 度	角 度
0.000 1	$0°00'21''$	0.01	$0°34'21''$	1	$57°17'45''$
0.000 2	$0°00'41''$	0.02	$1°08'45''$	2	$114°35'30''$
0.000 3	$0°01'02''$	0.03	$1°43'08''$	3	$171°53'14''$
0.000 4	$0°01'23''$	0.04	$2°17'31''$	4	$229°10'59''$
0.000 5	$0°01'43''$	0.05	$2°51'53''$	5	$286°28'44''$
0.000 6	$0°02'04''$	0.06	$3°26'16''$	6	$343°46'29''$
0.000 7	$0°02'24''$	0.07	$4°00'39''$	7	$401°04'14''$
0.000 8	$0°02'45''$	0.08	$4°35'01''$	8	$458°21'58''$
0.000 9	$0°03'06''$	0.09	$5°09'24''$	9	$515°39'43''$
				10	$572°57'28''$
0.001	$0°03'26''$	0.1	$5°43'46''$	20	$1145°54'56''$
0.002	$0°06'53''$	0.2	$11°27'33''$	30	$1718°52'24''$
0.003	$0°10'19''$	0.3	$17°11'19''$	40	$2291°49'52''$
0.004	$0°13'45''$	0.4	$22°55'06''$	50	$2864°47'20''$
0.005	$0°17'11''$	0.5	$28°38'52''$	60	$3437°44'48''$
0.006	$0°20'38''$	0.6	$34°22'39''$	70	$4010°42'16''$

续表

弧　度	角　度	弧　度	角　度	弧　度	角　度
0.007	$0°24'04''$	0.7	$40°06'25''$	80	$4583°39'44''$
0.008	$0°27'30''$	0.8	$45°50'12''$	90	$5156°37'13''$
0.009	$0°30'56''$	0.9	$51°33'58''$	100	$5729°34'41''$

例 2　将 2.2537 弧度化成角度。查附表 7-2 得：

$$2.0 = 114°35'30''$$
$$0.2 = 11°27'33''$$
$$0.05 = 2°51'53''$$
$$0.003 = 0°10'19''$$
$$+\ \ 0.0007 = 0°02'24''$$
$$2.2537\ 弧度 = 127°125'159'' = 129°07'39''$$

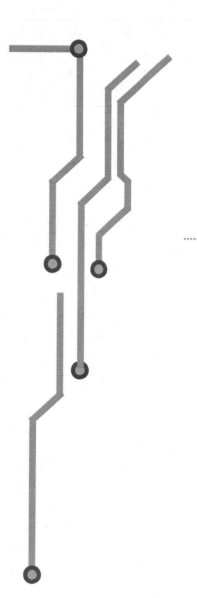

附录 8
渐开线函数表

附表 8-1　渐开线函数表（摘录）

$$\mathrm{inv}\,\alpha_x = \tan\alpha_x - \alpha_x = \theta_x \quad \text{弧度单位}$$

分	0°	1°	2°	3°	4°	5°	6°	7°
0	0.000 000 000 000	0.000 001 77	0.000 014 18	0.000 047 90	0.000 113 64	0.000 222 20	0.000 384 5	0.000 611 5
1	0 008	186	454	871	507	443	877	159
2	0 066	196	491	952	651	668	909	203
3	0 222	205	528	0.000 050 34	796	894	942	248
4	0 525	215	565	117	943	0.000 231 23	975	292
5	1 026	225	603	201	0.000 120 90	352	0.000 400 8	337
6	1 772	236	642	286	239	583	041	382
7	2 814	247	682	372	389	816	074	427
8	4 201	258	722	458	541	0.000 240 49	108	473
9	5 981	270	762	546	693	286	141	518
10	8 205	281	804	634	847	522	175	564
11	0.000 000 010 920	0.000 002 94	0.000 018 46	0.000 057 24	0.000 130 02	0.000 247 61	0.000 420 9	0.000 661 0
12	14 178	306	888	814	158	0.000 250 01	244	657
13	18 026	319	931	906	316	243	278	703
14	22 514	333	975	998	474	486	313	750
15	27 691	346	0.000 020 20	0.000 060 91	634	731	347	797
16	33 606	360	065	186	796	977	382	844
17	40 310	375	111	281	958	0.000 262 25	417	892
18	47 850	389	158	377	0.000 141 22	474	453	939
19	56 276	404	205	474	287	726	488	987
20	65 638	420	253	573	453	978	524	0.000 703 5
21	0.000 000 075 984	0.000 004 36	0.000 023 01	0.000 066 72	0.000 146 21	0.000 272 33	0.000 456 0	0.000 708 3
22	087 364	452	351	772	790	489	596	132
23	099 827	469	401	873	960	746	632	181
24	113 423	486	452	975	0.000 151 32	0.000 280 05	669	230
25	128 199	504	503	0.000 070 78	305	266	706	279
26	144 207	522	555	183	479	528	743	328
27	161 495	540	608	288	655	792	780	378
28	180 212	559	662	394	831	0.000 290 58	817	428
29	200 108	579	716	501	0.000 160 10	325	854	478
30	221 531	598	771	610	189	594	892	528
31	0.000 000 244 431	0.000 006 18	0.000 028 27	0.000 077 19	0.000 163 70	0.000 298 64	0.000 493 0	0.000 757 9
32	268 857	639	884	829	552	0.000 301 37	968	629
33	294 859	660	941	941	736	410	0.000 500 6	680
34	322 486	682	999	0.000 080 53	921	686	045	732
35	351 787	704	0.000 030 58	167	0.000 171 07	963	083	783
36	382 810	726	117	281	294	0.000 312 42	122	835
37	415 607	749	178	397	483	522	161	887
38	450 224	772	239	514	674	804	200	939
39	486 713	796	301	632	866	0.000 320 88	240	991
40	525 122	821	364	751	0.000 180 59	374	280	0.000 804 4
41	0.000 000 565 501	0.000 008 46	0.000 034 27	0.000 088 71	0.000 182 53	0.000 326 61	0.000 531 9	0.000 809 6
42	0 607 898	871	491	992	449	950	359	150
43	0 652 363	897	556	0.000 091 14	646	0.000 332 41	400	203
44	0 698 946	923	622	237	845	533	440	256
45	0 747 695	950	689	362	0.000 190 45	827	481	310
46	0 798 660	978	757	487	247	0.000 341 23	522	364
47	0 851 889	0.000 010 05	825	614	450	421	563	418
48	0 907 433	034	894	742	654	720	604	473
49	0 965 341	063	964	870	860	0.000 350 21	645	527
50	1 025 661	092	0.000 040 35	0.000 100 00	0.000 200 67	324	687	582
51	0.000 001 088 443	0.000 011 23	0.000 041 07	0.000 101 32	0.000 202 76	0.000 356 28	0.000 572 9	0.000 863 8
52	1 153 737	158	179	264	486	934	771	693
53	1 221 591	184	252	397	698	0.000 362 42	813	749
54	1 292 056	216	327	532	911	552	856	805
55	1 365 179	248	402	668	0.000 211 25	864	898	861
56	1 441 011	281	478	805	341	0.000 371 77	941	917
57	1 519 600	315	554	943	559	492	985	974
58	1 600 997	349	632	0.000 110 82	778	809	0.000 602 8	0.000 903 1
59	1 685 250	383	711	223	998	0.000 381 28	071	088
60	0.000 001 772 408	0.000 014 18	0.000 047 90	0.000 113 64	0.000 222 20	0.000 384 48	0.000 611 5	0.000 914 5

续表

分	8°	9°	10°	11°	12°	13°	14°	15°
0	0.000 914 5	0.001 304 8	0.001 794 1	0.002 394 1	0.003 117 1	0.003 775 4	0.004 981 9	0.006 149 8
1	203	121	0.001 803 1	0.002 405 1	302	909	0.005 000 0	707
2	260	195	122	161	434	0.004 006 5	182	917
3	318	268	213	272	567	221	364	0.006 212 7
4	377	342	305	383	699	377	546	337
5	435	416	397	495	832	534	729	548
6	494	491	489	607	966	692	912	760
7	553	566	581	719	0.003 210 0	849	0.005 109 6	972
8	612	641	674	831	234	0.004 100 8	280	0.006 318 4
9	672	716	767	944	369	166	465	397
10	732	792	860	0.002 505 7	504	325	650	611
11	0.000 979 2	0.001 386 8	0.001 895 4	0.002 517 1	0.003 263 9	0.004 148 5	0.005 183 5	0.006 332 5
12	852	944	0.001 904 8	285	775	644	0.005 202 2	0.006 403 9
13	913	0.001 402 0	142	399	911	805	208	254
14	973	097	237	513	0.003 304 8	965	395	470
15	0.001 003 4	174	332	628	185	0.004 212 6	582	686
16	096	251	427	744	322	288	770	902
17	157	329	523	859	460	4.50	958	0.006 511 9
18	219	407	619	975	598	612	0.0053147	337
19	281	485	715	0.002 609 1	736	775	336	555
20	343	563	813	208	875	938	526	773
21	0.001 040 6	0.001 464 2	0.001 990 9	0.002 632 5	0.003 401 4	0.004 310 2	0.005 371 6	0.006 599 2
22	469	721	0.002 000 6	443	154	266	907	0.006 621 1
23	532	800	103	560	294	430	0.005 409 8	431
24	595	880	201	678	434	595	290	652
25	659	960	299	797	575	760	482	873
26	722	0.001 504 0	398	916	716	926	674	0.006 709 4
27	786	120	497	0.002 703 5	858	0.004 409 2	867	316
28	851	201	596	154	0.003 500 0	259	0.005 506 0	539
29	915	282	695	274	142	426	254	762
30	980	363	795	394	285	593	448	985
31	0.001 104 5	0.001 544 5	0.002 089 5	0.002 751 5	0.003 542 8	0.004 476 1	0.005 564 3	0.006 820 9
32	111	527	995	636	572	929	838	434
33	176	609	0.002 109 6	757	716	0.004 509 8	0.005 608 4	659
34	242	691	197	879	860	267	230	884
35	308	774	299	0.002 800 1	0.003 600 5	437	427	0.006 911 0
36	375	857	400	123	150	607	624	337
37	441	941	502	246	296	777	822	564
38	508	0.001 602 4	605	369	441	948	0.005 702 0	791
39	575	108	707	493	588	0.004 612 0	218	0.007 001 9
40	643	193	810	616	735	291	417	248
41	0.001 171 1	0.001 627 7	0.002 191 4	0.002 874 1	0.003 688 2	0.004 646 4	0.005 761 7	0.007 047 7
42	779	362	0.002 201 7	865	0.003 702 9	636	817	706
43	847	447	121	990	177	809	0.005 801 7	936
44	915	533	226	0.002 911 5	326	983	218	0.007 116 7
45	984	618	330	241	474	0.004 715 7	420	398
46	0.001 205 3	704	435	367	623	331	622	630
47	122	791	541	494	773	506	824	862
48	192	877	647	620	923	681	0.005 902 8	0.007 209 4
49	262	964	753	747	0.003 807 3	857	230	328
50	332	0.001 705 1	859	875	224	0.004 803 3	434	561
51	0.001 240 2	0.001 713 9	0.002 296 6	0.003 000 3	0.003 837 5	0.004 821 0	0.005 963 8	0.007 279 6
52	473	227	0.002 307 3	131	527	387	843	0.007 303 0
53	544	315	180	260	679	564	0.006 004 8	266
54	615	403	288	389	831	742	254	501
55	687	492	396	518	984	921	460	738
56	758	581	504	648	0.003 913 7	0.004 909 9	667	975
57	830	671	613	778	291	279	874	0.007 421 2
58	903	760	722	908	445	458	0.006 108 1	450
59	975	850	831	0.003 103 9	599	639	289	688
60	0.001 304 8	0.001 794 1	0.002 394 1	0.003 117 1	0.003 975 4	0.004 981 9	0.006 149 8	0.007 492 7

续表

分	16°	17°	18°	19°	20°	21°	22°	23°	24°	25°
0	0.007 493	0.009 025	0.010 760	0.012 715	0.014 904	0.017 345	0.020 054	0.023 049	0.026 350	0.029 975
1	517	052	791	750	943	388	101	102	407	0.030 039
2	541	079	822	784	982	431	149	154	465	102
3	565	107	853	819	0.015 020	474	197	207	523	166
4	589	134	884	854	059	517	244	259	581	229
5	613	161	915	888	098	560	292	312	639	293
6	637	189	946	923	137	603	340	365	697	357
7	661	216	977	958	176	647	388	418	756	420
8	686	244	0.011 008	993	215	690	436	471	814	484
9	710	272	039	0.013 028	254	734	484	524	872	549
10	735	299	071	063	293	777	533	577	931	613
11	0.007 759	0.009 327	0.011 102	0.013 098	0.015 333	0.017 821	0.020 581	0.023 631	0.026 989	0.030 677
12	784	355	133	134	372	865	629	684	0.027 048	741
13	808	383	165	169	411	908	678	738	107	806
14	833	411	196	204	451	952	726	791	166	870
15	857	439	228	240	490	996	775	845	225	935
16	882	467	260	275	530	0.018 040	824	899	284	0.031 000
17	907	495	291	311	570	084	873	952	343	065
18	932	523	323	346	609	129	921	0.024 006	402	130
19	957	552	355	382	649	173	970	060	462	195
20	982	580	387	418	689	217	0.021 019	114	521	260
21	0.008 007	0.009 608	0.011 419	0.013 454	0.015 729	0.018 262	0.021 069	0.024 169	0.027 581	0.031 325
22	032	637	451	490	769	306	118	223	640	390
23	057	665	483	526	809	351	167	277	700	456
24	082	694	515	562	850	395	217	332	760	521
25	107	722	547	598	890	440	266	386	820	587
26	133	751	580	634	930	485	316	441	880	653
27	158	780	612	670	0.016 011	530	365	495	550	784
28	183	808	644	707	052	575	415	550	0.028 000	784
29	209	837	677	743	092	620	465	605	060	850
30	234	866	709	779	092	665	514	660	121	917
31	0.008 260	0.009 895	0.011 742	0.013 816	0.016 133	0.018 710	0.021 564	0.024 715	0.028 181	0.031 983
32	285	924	775	852	174	755	614	770	242	0.032 049
33	311	953	807	889	215	800	665	825	302	116
34	337	982	840	926	255	846	715	881	363	182
35	362	0.010 012	873	963	296	891	765	936	424	249
36	388	041	906	999	337	937	866	992	485	315
37	414	070	939	0.014 036	379	983	866	0.025 047	546	382
38	440	099	972	073	420	0.019 028	916	103	607	449
39	466	129	0.012 005	110	461	074	967	159	668	516
40	492	158	038	148	502	120	0.022 018	214	729	583
41	0.008 518	0.010 188	0.012 071	0.014 185	0.016 544	0.019 166	0.022 068	0.025 270	0.028 791	0.032 651
42	544	217	105	222	585	212	119	326	852	718
43	571	247	138	259	627	258	170	382	914	785
44	597	277	172	297	669	304	221	439	976	853
45	623	307	205	334	710	350	272	495	0.029 037	920
46	650	336	239	372	752	397	324	551	099	988
47	676	366	272	409	794	443	375	608	161	0.033 056
48	702	396	306	447	836	490	426	664	223	124
49	729	426	340	485	878	536	478	721	285	192
50	756	456	373	523	920	583	529	778	348	260
51	0.008 782	0.010 486	0.012 407	0.014 560	0.016 962	0.019 630	0.022 581	0.025 834	0.029 410	0.033 328
52	809	517	441	598	0.017 004	676	633	891	472	397
53	836	547	475	636	047	723	684	948	535	465
54	863	577	509	674	089	770	736	0.026 005	598	534
55	889	608	543	713	132	817	788	062	660	602
56	916	638	578	751	174	864	840	120	723	671
57	943	669	612	789	217	912	892	177	786	740
58	970	699	646	827	259	959	944	235	849	809
59	998	730	681	866	302	0.020 007	997	292	912	878
60	0.009 025	0.010 760	0.012 715	0.014 904	0.017 345	0.020 054	0.023 049	0.026 350	0.029 975	0.033 947

续表

分	26°	27°	28°	29°	30°	31°	32°	33°	34°	35°
0	0.033947	0.038287	0.043017	0.048164	0.053751	0.059809	0.066364	0.073449	0.081097	0.089342
1	0.034016	362	100	253	849	914	478	572	229	485
2	086	438	182	343	946	0.060019	591	695	362	623
3	155	514	264	432	0.054043	124	705	818	494	771
4	225	590	347	522	140	230	819	941	627	914
5	294	666	430	612	238	335	934	0.074064	760	0.090058
6	364	742	513	702	336	441	0.067048	188	894	201
7	434	818	596	792	433	547	163	312	0.082027	345
8	504	894	679	883	531	653	277	435	161	489
9	574	971	762	973	629	759	392	559	294	688
10	644	0.039047	845	0.049064	728	866	507	684	428	777
11	0.034714	0.039122	0.043929	0.049154	0.054826	0.060972	0.067622	0.074808	0.082562	0.090923
12	785	201	0.044012	245	924	0.061079	738	932	697	0.091067
13	855	278	096	336	0.055023	186	853	0.075057	831	211
14	926	355	180	427	122	292	969	182	966	356
15	997	432	264	518	221	400	0.068084	307	0.083100	502
16	0.035067	509	348	609	320	507	200	432	235	647
17	138	586	432	701	419	614	316	557	371	793
18	209	664	516	792	518	721	432	683	506	938
19	280	741	601	884	617	829	549	808	641	0.092084
20	352	819	685	976	717	937	665	934	777	230
21	0.035423	0.039897	0.044770	0.050068	0.055817	0.062045	0.068782	0.076060	0.083913	0.092377
22	494	974	855	160	916	153	899	186	0.084049	523
23	566	0.040052	939	252	0.056016	261	0.069016	312	185	670
24	637	131	0.045024	344	116	369	133	439	321	816
25	709	209	110	437	217	478	250	565	457	963
26	781	287	195	529	317	586	367	692	594	0.093111
27	853	366	280	622	417	695	485	819	731	258
28	925	444	366	715	518	804	602	946	868	406
29	997	523	451	808	619	913	720	0.077073	0.085005	553
30	0.036069	602	537	901	720	0.063022	838	200	142	701
31	0.036142	0.040680	0.045623	0.050994	0.056821	0.063181	0.069951	0.077328	0.085280	0.093849
32	214	759	709	0.051087	922	241	0.070075	455	418	998
33	287	839	795	181	0.057023	350	193	583	555	0.094146
34	359	918	881	274	124	460	312	711	693	295
35	432	997	967	368	226	570	430	839	832	443
36	505	0.041076	0.046054	462	328	680	549	968	970	592
37	578	156	140	556	429	790	668	0.078096	0.086108	742
38	651	236	227	650	531	901	787	225	247	891
39	724	316	313	744	633	0.064011	907	354	386	0.095041
40	798	395	400	838	736	122	0.071026	483	527	190
41	0.036871	0.041475	0.046487	0.051933	0.057838	0.064237	0.071146	0.078612	0.086664	0.095340
42	945	556	575	0.052027	940	343	266	741	804	490
43	0.037018	636	662	122	0.058043	454	386	871	943	641
44	092	716	749	217	146	565	506	0.079000	0.087083	791
45	166	797	837	312	249	677	626	130	223	942
46	240	877	924	407	352	788	747	260	363	0.096093
47	314	958	0.047012	502	455	900	867	390	503	244
48	386	0.042039	100	597	558	0.065012	988	520	644	395
49	462	120	188	693	662	123	0.072109	651	784	546
50	537	201	276	788	765	236	230	781	925	698
51	0.037611	0.042282	0.047364	0.052884	0.058869	0.065348	0.072351	0.079912	0.088066	0.096850
52	686	363	452	980	973	460	473	0.080043	207	0.097002
53	761	444	541	0.053076	0.059077	573	594	174	348	154
54	835	526	630	172	181	685	716	306	490	306
55	910	607	718	268	285	798	838	437	631	459
56	985	689	807	365	390	911	959	569	773	611
57	0.038060	771	896	461	494	0.066024	0.073082	700	915	764
58	136	853	985	558	599	137	204	832	0.089057	911
59	211	935	0.048074	655	704	250	326	964	200	0.098071
60	0.038287	0.043017	0.048164	0.053751	0.059809	0.066364	0.073449	0.081097	0.089342	0.098224

续表

分	36°	37°	38°	39°	40°	41°	42°	43°	44°	45°
0	0.098 22	0.107 78	0.118 06	0.129 11	0.140 97	0.153 70	0.167 37	0.182 02	0.197 74	0.214 60
1	838	795	824	930	117	392	760	228	802	489
2	853	811	842	949	138	414	784	253	829	518
3	869	828	859	968	158	436	807	278	856	548
4	884	844	877	987	179	458	831	304	883	577
5	899	861	895	0.130 06	200	480	855	329	910	606
6	915	878	913	025	220	503	879	355	938	635
7	930	894	931	045	241	525	902	380	965	665
8	946	911	949	064	261	547	926	406	992	694
9	961	928	957	083	282	569	950	431	0.200 20	723
10	977	944	985	102	303	591	974	457	047	753
11	0.099 92	0.109 61	0.120 03	0.131 22	0.143 24	0.156 14	0.169 98	0.184 82	0.200 75	0.217 82
12	0.100 08	978	021	141	344	636	0.170 22	508	102	812
13	024	995	039	160	365	658	045	534	130	841
14	039	0.110 11	057	180	386	680	069	559	157	871
15	055	028	075	199	407	703	093	585	185	900
16	070	045	093	219	428	725	117	611	212	930
17	086	062	111	238	448	748	142	637	240	960
18	102	079	129	258	469	770	166	662	268	989
19	118	096	147	277	490	793	190	688	296	0.220 19
20	133	113	165	297	511	815	214	714	323	049
21	0.101 49	0.111 30	0.121 84	0.133 16	0.145 32	0.158 38	0.172 38	0.187 40	0.203 51	0.220 79
22	165	146	202	336	553	860	262	766	379	108
23	181	163	220	355	574	883	286	792	407	138
24	196	180	238	375	595	905	311	818	435	168
25	212	197	257	395	616	928	355	844	463	198
26	228	215	275	414	638	950	359	870	490	228
27	244	232	293	434	659	973	383	896	518	258
28	260	249	312	454	680	996	408	922	546	288
29	276	266	330	473	701	0.160 19	432	948	575	318
30	292	233	348	493	722	041	457	975	603	348
31	0.103 08	0.113 00	0.123 67	0.135 13	0.147 43	0.160 64	0.174 81	0.190 01	0.206 31	0.223 78
32	323	317	385	533	765	087	506	027	659	409
33	339	334	404	553	786	110	530	053	687	439
34	355	352	422	572	807	133	555	080	715	469
35	371	369	441	592	829	156	579	106	743	499
36	388	386	459	612	850	178	604	132	772	530
37	404	403	478	632	871	201	628	159	800	560
38	420	421	496	652	893	224	653	185	828	590
39	436	438	515	672	914	247	678	212	857	621
40	452	455	534	692	936	270	702	238	885	651
41	0.104 68	0.114 73	0.125 52	0.137 12	0.149 57	0.162 93	0.177 27	0.192 65	0.209 14	0.226 82
42	484	490	571	732	979	317	752	291	942	712
43	500	507	590	752	0.150 00	340	777	318	971	743
44	516	525	608	772	022	363	801	344	999	773
45	533	542	627	792	043	386	826	371	0.210 28	804
46	549	560	646	812	065	409	851	398	056	835
47	565	577	664	833	087	432	876	424	085	865
48	581	595	683	853	108	456	901	451	114	896
49	598	612	702	873	130	479	926	478	142	927
50	614	630	721	893	152	502	951	505	171	958
51	0.106 30	0.116 47	0.127 40	0.139 13	0.151 73	0.165 25	0.179 76	0.195 32	0.212 00	0.229 89
52	647	665	759	934	195	549	0.180 01	558	229	0.230 20
53	663	682	778	954	217	572	026	585	257	050
54	679	700	797	974	239	596	051	612	286	081
55	696	718	815	995	261	619	076	639	315	112
56	712	735	834	0.140 15	282	642	101	666	344	143
57	729	753	853	035	304	666	127	693	373	174
58	745	771	872	056	326	689	152	720	402	206
59	762	788	891	076	348	713	177	747	431	237
60	0.107 78	0.118 06	0.129 11	0.140 97	0.153 70	0.167 37	0.182 02	0.197 74	0.214 60	0.232 68

参考书目

［1］北京第一通用机械厂．金属切削工人手册［M］．第6版．北京：机械工业出版社，2005．

［2］梁子午．检验工实用技术手册［M］．南京：江苏科学出版社，2004．

［3］晋其纯，张秀珍．机床夹具设计［M］．北京：北京大学出版社，2009．

［4］张秀珍，晋其纯．机械加工质量控制与检测［M］．北京：北京大学出版社，2008．

［5］肖亚慧．模具工工作手册［M］．北京：化学工业出版社，2008．

［6］许发樾．实用模具设计与制造手册［M］．第二版．北京：机械工业出版社，2005．

［7］何建明．机械工人常用计算手册［M］．北京：机械工业出版社，2008．

［8］顾维邦．金属切削机床概论［M］．北京：机械工业出版社，1998．

［9］劳动人事部培训就业局．铣工工艺学［M］．北京：中国劳动出版社，1987．

［10］林文焕，韩世煊．机械制造计算实例［M］．三机部301研究所内部资料，1976．

［11］〔英〕R·托雷特著．金属切削工具的性能［M］．姜龙译．北京：国防工业出版社，1966．